포식자: 박테리아에서 인간까지

포식자

: 박테리아에서 인간까지

정주영 지음

전파과학사

'사자와 호랑이가 싸우면 누가 이길까?' 유치한 질문이지만, 어린 시절 누구나 가져볼 만한 궁금증 가운데 하나다. 자연계에서 적수가 없는 최상위 포식자는 우리에게 늘 동경이 대상이 되곤 한다. 오늘 날 우리는 적극적으로 먹이를 잡는 포식자가 아니라 슈퍼에서 식료 품을 구입하는 평범한 현대인이지만, 그래도 지구 역사상 가장 강력한 포식자였던 티라노사우루스를 보기 위해 영화관이나 박물관을 향한다.

지구 역사상 무수히 많은 포식자가 등장했다 사라졌다. 하지만 그냥 사라지지는 않았다. 그들이 남긴 유산은 현재 지구 생태계에 고스란히 남아있다. 우리가 산소로 숨을 쉬는 복잡한 다세포 동물이 된 것은 먼저 존재했던 단순한 선조들 덕분에 가능한 일이다. 척추동물, 사지동물, 포유류의 진화 역시 모두 이들이 먹고살기 위해 노력한 결과이다. 이들의 유산은 우리 안에 남아있다. 그래서 그 역사를 이해하는 것은 우리를 이해하는 일이기도 하다. 하지만 고대 생물에 대해서 우리가 아는 지식은 매우 단순한 조각에 불과하다. 사실 고생물학은 중고등 교육과정을 통해서 제한적으로 접할 수 있을 뿐이고 대학 이상의 과정에서는 전공과 관련이 없다면 거의 접할 기회가 없다.

다행히 고생물학에 관련된 대중 과학서적들은 제법 나와 있다. 상당수는 해외의 저명 과학자들이 쓴 책을 번역한 것으로 전문성은 물론 번역 상태도 훌륭하지만, 종종 아쉬운 부분도 있다. 너무 한 분야를 전문적으로 파고 들어서 읽기가 어렵거나 혹은 이제는 지식의 유효 기간이 다한 오래된 책인 경우다. 생명의 역사 전반에 대해 좀 더 흥미롭고 쉬운 읽을거리는 없을까? 이런 생각으로 책을 내게 됐지만, 사실 쉬운 일은 아니다.

사실 이 부분은 블로그를 하면서 항상 느낀 부분이다. 과학 관련 블로그로 누적 방문자가 1,900만 명에 이르고 과학과 더불어 IT 관련 글도 8,000편 정도 올렸지만, 과학적 사실을 재미있고 알기 쉽게 전하는 것은 여전히 어렵다. 더구나 전공과 거리가 먼 분야는 말할 것도 없고 심지어 전공 분야인 의학 관련 내용 역시 정확하게 쓰기가 만만치 않다. 지식의 양은 방대하고 모든 학문이 빠르게 발전하고 있어 한 사람이 모두 터득하기가 어렵기 때문이다. 사실 필자가 책을 내기보다 블로그에 집중한 이유도 잘못된 내용이나 이제는 지식의 유효 기간이 끝난 경우 쉽게 수정이나 삭제가 가능하기 때문이다. 물론 모든 사람이 무료로 쉽게 접근할 수 있으며 자유롭게 내용을 참고할 수 있다는 점도 장점이다.

하지만 그렇다고 해서 책의 시대가 끝난 것은 아니다. 블로그의 단점은 단편적으로 쓰기 때문에 한 주제에 대해서 깊게 파고들기 어렵다는 점이다. 물론 여러 편으로 나눠서 연재하는 방법도 있지만, 집중도에 있어서는 책과 비교할 수 없다고 생각한다. 그래서 이번에 책을 쓰면서 과거 블로그에 있는 내용을 그대로 옮기기보다는 모두 새로 쓰는 방법을 택했다. 물론 블로그에 있는 내용을 다시 책으로 낼 필요가 없는 것도 이유다. 일부 내용이 겹치는 부분은 있을 수 있어도 시간의 흐름에 따라 새로운 내용들로 채워진 부분이 많으므로 기존의 블로그 독자들도 중복해서 읽는 부분이 많지 않을 것으로 생각한다.

솔직히 말해 지난 1년간의 결과물을 보면 아주 만족스럽지는 않다. 여전히 부족한 점이 많고 잘못된 내용을 몇 차례 걸쳐 수정했지만 완벽하지 않거나 잘못된 부분이 있을 수 있다. 아무래도 필자가 부족한 탓이겠지만, 그래도 편하고 재미있게 읽을 수 있는 다양한 고생물의 이야기를 최대한 담기 위해 노력했다. 물론 이 책 한 권만으로는 만족할 만한 지식을 얻기는 어려울 것이다. 하지만 이 책이 독자들에게 오래전 살았던 생명에 대한 흥미를 불러일으키기를 기대한다.

생물은 어떻게 분류하는가?

서론은 짧게 쓸수록 좋지만, 내용을 이해하기 위한 간단한 설명은 필요할 것이다. 특히 생물을 분류하는 방법이 그렇다. 학교에서 배우는 생물체의 일반적 분류법은 문phylum - 강class - 목 order - 과 family - 속genus - 종species이다. 예를 들어 인간Homo sapiens은 척삭동물문Chordata 포유강Mammalia 영장목Primates 사람과Hominidae 사람속Homo에 속한 동물이다. 이 정도는 복잡하긴 하지만 그래도 이해하는 데 큰 무리가 없다. 하지만 생물의 종류가 너무 많다 보니 이렇게 단순한 범주로 복잡한 생물군을 분류하기 힘들어졌다. 과학자들은 큰 틀은 유지하면서 생물을 더 자세하게 분류하는 방법을 개발했다.

예를 들어 척삭동물문은 우리에게 더 익숙한 하위 그룹인 척추동물아문Vertebrata를 포함한다. 아래를 뜻하는 접두어 sub를 붙여 아문Subphylum이라는 하위 그룹을 만든 것이다. 그렇다면 위라는 뜻의 super를 붙여 상문Superphylum도 가능하지 않을까? 물론 가능하다. 우리에게 익숙한 표현은 아닐지 모르지만, 우리 척삭동물문은 반삭 및 극피동물문 등과 함께 후구동물상문Deuterostomia을 이룬다. 이는 간단한 해결책이지만, 분류가 더 복잡해지는 문제가 있다.

강단위로 내려와도 마찬가지 상황이 발생한다. 척추동물아문의 주요 상강superclass으로 무악상강Agnatha, 경골어상강Osteichthyes, 사지상강Tetrapoda이 있다. 인간은 경골어상강Osteichthyes에 속하는데 여기에도 조기어강Actinopterygii과 육기어강Sarcopterygii이라는 두 개의 큰 그룹이 있다. 인간을 포함한 포유류는 육기어강의 사지형류Tetrapodomorpha군에 속한다. 포유류의 분류 역시 매우 복잡하다. 위키피디아에서 포유강에 대한 항목을 확인하면 아래와 같이 나온다.

포유강 (Mammalia)

1. 원수아강 (Prototheria)
　　단공목 (Monotremata)

2. 수아강 (Theria)
　　1) 후수하강 (Metatheria)
　　　- 유대하강 (Marsupialia)
　　　　새도둑주머니쥐목 또는 빈구치목 (貧丘齒目, Paucituberculata)
　　　　주머니고양이목 (Dasyuromorphia)
　　　　주머니두더지목 (Notoryctemorphia)
　　　　주머니쥐목 또는 디델피형목 (Didelphimorphia)
　　　　칠로에오포삼목 (Microbiotheria)
　　　　캥거루목 또는 쌍전치목 (Diprotodontia)

　　2) 진수하강 (Eutheria)
　　　- 태반하강 (Placentalia)
　　　　빈치상목(Xenarthra)

유모목 (Pilosa)

피갑목 (Cingulata)

아프로테리아상목 (Afrotheria)

관치목(Tubulidentata)

코끼리땃쥐목 (Macroscelidea)

바다소목 (Sirenia)

바위너구리목 (Hyracoidea)

아프리카땃쥐목 (Afrosoricida)

장비목 (Proboscidea)

로라시아상목 (Laurasiatheria)

고래목 (Cetacea)

고슴도치목 (Erinaceomorpha)

땃쥐목 (Soricomorpha)

말목 (Perissodactyla)

박쥐목 (Chiroptera)

소목 (Artiodactyla)

식육목 (Carnivora)

유린목 (Pholidota)

영장상목 (Euarchontoglires)

나무두더지목 (Scandentia)

날원숭이목 (Dermoptera)

영장목 (Primates)

쥐목 (Rodentia)

토끼목 (Lagomorpha)

아마도 이렇게 상세하게 설명하는 것은 이해를 돕기보다 이해를 불가능하게 만드는 방향으로 작용할 것 같다. 따라서 이 책에서는 복잡한 계통도를 그리면서 모든 종류를 설명하는 것보다는 간단히 말로 설명하고 몇 가지 흥미로운 생물체를 소개하는 방향으로 이야기를 풀어나갈 것이다. 이것이 진화 생물학에 대한 내용을 담고 있으면서도 복잡한 계통도를 그리지 않은 이유다. 다만 상과superfamily나 하나의 목order을 이룰 만큼 다양하게 번성했다는 표현은 사용할 것인데, 그만큼 큰 분류라는 것을 이해하면 문제없이 읽어 나갈 수 있을 것이다.

지질학적 시대 분류

지구의 지질시대 역시 매우 세분해서 나누면 꽤 복잡하다. 일단 고생대의 첫 번째 시기인 캄브리아기 이전을 선캄브리아기라고 하는데, 여기에는 명왕누대, 시생누대, 원생누대 같이 우리에게 친숙하지 않은 표현이 등장한다. 명왕누대Hadean는 46억 년 전에서 40억 년 전의 시기로 어떤 생물체도 없었던 것으로 믿어지는 시기다. 시생누대Archean은 25~40억 년 사이 시기로 최초의 박테리아가 등장한 시기다. 원생누대는 25억 년 전에서 5억 4200만 년 전의 시기로 이 시기에 진핵생물과 다세포 생물의 등장이 이뤄진다. 역시 긴 시기이기 때문에 더 세분해서 나눌 수 있다. 원생누대는 신원생대, 중원생대, 고원생대로 나누며 가장 최근인 신원생대는 에디아카라기, 크라이오제니아기, 토니아기로 나눌 수 있다.

　당연히 이런 분류 역시 독자의 이해를 돕기보다 책을 읽기 어렵게 할 가능성이 높으므로 이 책에서는 중요한 이벤트가 있었던 시기에 대해서만 언급하고 지질 시대 전체를 서술하지 않을 예정이다. 다만 고생대와 중생대의 경우 6개와 3개로 나뉘는 시기가 꽤 유명하므로 소개하는 것이 이해를 도울 수 있다고 생각한다. 고생대는 캄브리아기, 오르도비스기, 실루리아기, 데본기, 석탄기, 페름기로 이뤄지며 중생대는 트라이아스기, 쥐라기, 백악기로 이뤄진다. 복잡한 이야기는 여기까지다. 신생대의 시대 구분은 많은 독자에게 생소할 수 있을 것으로 생각해 과감하게 삭제했다. 전체 시대표는 아래에서 확인할 수 있지만, 본문에서 다루는 내용은 일부에 불과하다.

신생대 ~6600만년 전	제4기 (~258만년 전)	홀로세, 플라이스토세
	신제3기 (258~2303만년 전)	플리오세, 마이오세
	고제3기 (2303~6600만년 전)	올리고세, 에오세, 팔레오세
중생대 6600만년 ~2억5200만년 전	백악기 (6600만년~1억4500만년 전)	후기, 전기
	쥐라기 (1억4500만년~2억130만년 전)	후기, 중기, 전기
	트라이아스기 (2억130만년~2억5200만년 전)	후기, 중기, 전기

	페름기 (2억 5200만년~2억 9890만년 전)	러핑세, 과달루페세, 시수랄리아세
고생대 2억 5200만년 ~5억 4100만년 전	석탄기 (2억 9890만년~3억 5890만년 전)	펜실베니아기, 미시시피기
	데본기 (3억 5890만년~4억 1920만년 전)	후기, 중기, 전기
	실루리아기 (4억 1920만년~4억 4380만년 전)	프로돌리세, 루드로세, 웬록세, 슬란도버리세
	오르도비스기 (4억 4380만년~4억 8540만년 전)	후기, 중기, 전기
	캄브리아기 (4억 8540만년~5억 4100만년 전)	푸룽세, 제3세, 제2세, 테르뇌브세
선캄브리아기 5억 4100만년 ~45억 6700만년 전	원생누대 (5억 4100만년~25억년 전)	시원생대, 중원생대, 고원생대
	시생누대 (25억년~40억년 전)	신시생대, 중시생대, 고새생대, 초시생대
	명왕누대 (40억년~45억 6700만년 전)	신명왕대, 중명왕대, 고명왕대

지질 역사 시대의 일부만 발췌해서 다루는 것은 실제로 관련 분야를 전공한 분들에게는 불편하게 보일 수도 있다. 더구나 이 책에서 소개하는 고생물은 당시 지질 시대를 대표하는 생물인 경우도 있지만, 그렇지 않은 경우도 많아서 고생물학을 공부하는 교재로는 적당하지 않다.

하지만 이 책이 쉽게 읽을 수 있는 대중 과학 서적을 목표로 하는 만큼 너그럽게 용서해 주시길 바란다. 물론 잘못된 내용에 대한 비판은 겸허하게 받아들여(2판 이상 인쇄할 일이 생긴다면) 다음 판에서 수정하거나 블로그에서 설명할 예정이다. 참고로 블로그는 네이버에서 '고든의 블로그'로 검색하거나 주소창에 http://blog.naver.com/jjy0501를 적으면 된다. 블로그를 통해서 책에서는 다 다루기 힘든 내용 역시 연재할 생각이므로 관심 있는 독자라면 한 번 방문하는 것도 좋을 것 같다. 서론이 길었으니 본론으로 들어가 보자.

:
:

chapter 1

먹는다는 것

왜 먹는가?

우리는 먹지 않고는 살 수 없다. 인간을 비롯한 모든 동물의 숙명이다. 좀 비장해 보이지만, 우리는 스스로 영양분을 만들지 못하기 때문에 반드시 먹어야 살 수 있다. 좀 더 유식한 표현으로는 남의 에너지에 종속해서 살아가는 생물이라는 의미로 종속영양생물heterotroph이라고 부른다. 종속영양생물이 남의 유기물을 섭취해 에너지를 얻는 행위를 포식predation이라고 한다. 물론 포식이나 포식자라는 단어에는 고기를 먹는다는 뉘앙스가 포함되어 있지만, 포식의 사전적 정의는 포식자(먹는자)가 피식자(먹히는자)를 잡아먹는 상호작용이라고 할 수 있다. 즉 넓은 의미의 포식은 다른 생물을 먹는 모든 행위를 포함한다. 이에 반해 스스로 영양분을 만드는 식물 같은 생물은 독립영양생물autotroph이라고 부른다. 물론 생물은 기본적으로 주변에서 에너지 대사에 필요한 물질을 흡수해야 한다는 점에서 공통 분모를 가지고 있다.

광합성은 무에서 유를 창조하는 행위가 아니다. 태양 에너지 이외에도 물과 이산화탄소가 없으면 광합성은 일어날 수 없다. 광합성의 전체 반응은 $6CO_2 + 12H_2O \rightarrow C_6H_{12}O_6 + 6H_2O + 6O_2$이기 때문이다. 따라서 독립영양생물의 사전적 정의는 먹지 않고 살 수 없는 생물보다는 스스로 유기물질organic matter을 합성할 수 있어 무기물만 섭취하는 생물이다. 반대로 종속영양생물은 스스로 유기물질을 만들 수 없어 주변에서 무기물은 물론 반드시 유기물을 섭취하는 생물이다. 물론 둘 사이에 있는 예외적인 생물도 있지만, 이렇게 크게 둘로 분류하는 데 무리는 없을 것이다.

하지만 생명을 어떻게 분류하든 이들의 목적은 모두 동일하다. 궁극적으로는 생명 유지에 필요한 에너지를 획득해 번식하고 후손을 남기는 것이다. 만약 여기에 먹는 것에 초연하거나 자손을 남기는데 조금도 관심이 없는 생명체가 존재한다고 가정해보자. 다윈의 적자생존 이론을 떠올릴 것도 없이 이런 생명체는 머지 않아 사라지게 될 것이다. 치열하게 경쟁해 생물 에너지를 확보하고 이 에너지를 이용해서 자손을 남기는 생물만이 후손을 남겨 지구에서 번영을 누릴 수 있다. 물론 말처럼 간단한 이야기는 아니다. 지금 이 순간에도 햇빛을 이용해서 스스로 에너지를 생산하는 식물은 물론 남이 고생해서 모은 에너지를 빼앗으려는 동물까지 수많은 생물이 치열한 생존 경쟁을 벌이고 있다. 이 경쟁에서 밀린 생물은 자신의 존재를 증명할 방법이 화석 이외에는 남지 않게 된다. 동물에게 다른 생물체를 먹느냐 못 먹느냐는 죽느냐 사느냐의 절박한 문제다.

물론 오늘을 사는 우리가 이런 비장한 각오로 먹어야만 하는 것은 아니다. 매일 밥을 먹는 이유는 밥 시간이 됐거나 배가 고프거나 맛있는 게 먹고 싶은 생각이 들었기 때문일 것이다. 당연히 먹는 걸 좋아하는 필자도 이걸 먹어야 살 수 있다는 비장한 각오로 식사를 하는 건 아니다. 그냥 배고파서, 먹고 싶어서 먹는다. 하지만 생물학의 역사를 보면 결국 포식자로서 먹는다는 행위가 오늘의 지구 생태계를 만들고 인간을 만든 것은 부인할 수 없다. 그러니까 포식자의 모습과 그 역사를 찾아보는 노력은 지금의 인간과 생태계를 이해하는 데 필수적일 것이다. 특히 공룡이나 인간처럼 대형 포식자의 모습은 그 시대를 상징하는 의미가 있다.

그런데 한 가지 흥미로운 사실은 시대, 형태, 크기와 관계없이 모든 동물이 먹어서 얻는 에너지의 형태는 동일하다는 점이다. 크릴

새우를 먹는 대왕고래(흰긴수염고래)나 밥을 먹는 인간이나 트리케라톱스 고기를 먹는 티라노사우루스나 모두 그 에너지는 궁극적으로 ATP라는 분자로 치환될 수 있다.

생물 에너지의 기본 단위 ATP

음식을 먹든 아니면 광합성을 하든 간에 지구 생명체는 매우 일관된 방법으로 에너지를 저장한다. 에너지는 ATPadenosine triphosphate, 즉 아데노신삼인산의 형태로 저장, 교환, 사용된다. 이는 모든 지구 생물의 공통분모다. 사실상 에너지의 기축 통화 내지는 공용어라고 할 수 있다. ATP는 질소화합물인 아데닌adenine이 오탄당인 리보스ribose에 결합한 아데노신에 인산기가 결합한 화합물이다. 따라서 ATP는 인산기가 세 개 결합한 구조물이라고 할 수 있다. 이것이 인산기가 두 개 결합한 ADP가 되거나 하나가 결합한 AMP가 될 때 에너지가 방출된다. 물론 대부분은 ATP → ADP + 에너지의 반응이다. 전체 반응식은 다음과 같다.

에너지 방출: $ATP + H_2O \rightarrow ADP + Pi \Delta G° = -0.5 \, kJ/mol$(-7.3 kcal/mol)

$$ATP + H_2O \rightarrow AMP + PPi \Delta G° = -45.6 \, kJ/mol(\text{-10.9 kcal/mol})$$

에너지 저장: $ADP + PO4^{3-} + 7.3 \, kcal/mol \rightarrow ATP$

인체에 있는 ATP의 양은 사실 100g정도에 불과하다. 하지만 하루 소비되는 ATP의 양은 체중과 비슷한 정도로 많다.[1] 다시 말해 ATP 와 ADP가 아주 빠른 속도로 순환되는 것이다. 동물의 경우 ADP에서 ATP를 만드는 데 필요한 에너지는 3대 영양소인 탄수화물, 단백질, 지방에서 얻어진다. 특히 에너지 대사의 기본은 바로 가장 간단한 탄수화물인 포도당이다.

필자가 이전에 낸 책인 『과학으로 먹는 3대 영양소』에서 설명했듯이 인간뿐 아니라 생명체에서 기본적인 에너지원으로 사용되는 물질이 포도당이다. 사실 포도당이 없어지는 것은 생명이 위험해지는 문제이기 때문에 인간을 비롯한 많은 동물에게는 다른 에너지원에서 포도당을 합성하는 능력이 있다. 이를 포도당 신생합성 gluconeogenesis라고 부른다. 인간은 합성하지 못하는 지방산이 있어서 이를 필수 지방산으로 섭취해야 하고 일부 아미노산 역시 합성을 못해 필수 아미노산으로 섭취해야 한다. 하지만 필수 탄수화물은 존재하지 않는다. 가장 기본인 만큼 이것을 합성 못 한다는 것은 말이 안 되기 때문이다.

포도당은 산소를 사용하지 않는 혐기성 과정을 통해서는 ATP 2개만 생성할 수 있다. 하지만 산소를 사용하는 과정이 들어가면 포도당 1분자당 30개 남짓 생성된다. 산소 없이 일어나는 반응은 해당과정 glycolysis라고 불리고 후자는 TCA 사이클 혹은 크렙스 회로로 불리는 과정을 거쳐 이뤄진다. 이 과정은 꽤 복잡하지만, 여기서는 '해당과정(산소 불필요, 소량의 에너지) → TCA 사이클(산소 필요, 대량의 에너지)'의 과정으로 생물체가 에너지ATP를 얻어낸다 정도만 이해해도 충분하다. 우선 해당 과정에 대한 이야기를 해보자.

많은 다른 과학적 발견과 마찬가지로 해당 과정의 연구 역시 전혀 상관이 없는 분야에서 시작되었다. 그 시작은 바로 와인 제조였다. 사실 별로 이상할 것도 없는 게 와인 제조는 19세기에도 매우 큰 산업 분야로 막대한 이해관계가 걸린 반면 기초 생화학은 소수의 과학자만이 관심을 가진 분야였기 때문이다. 미생물학의 아버지 가운데 한 명인 루이 파스퇴르Louis Pasteur 역시 예외가 아니었다. 1856년, 와인을 상하게 하는 원인에 대한 질문을 받은 파스퇴르는 그 대답을 찾기 위해 정상적인 발효가 일어나는 조건을 연구했다. 머지않아 파스퇴르는 두 가지 조건 - 효모균이 있고 산소가 없을 것 - 에서 제대로 된 양주 발효가 가능하다는 것을 알아냈다. 이전에 과학자들은 발효 자체가 생물학적 과정인지를 두고 논쟁을 벌였으나, 파스퇴르가 발효가 미생물(효모)에 의한 생물학적 과정임을 명쾌하게 증명한 것이다. 하지만 이는 해당과정을 이해하는 첫 단계에 불과했다.

다음 단계는 1890년대 에두아르트 부흐너Eduard Buchner가 무생물적 과정으로도 발효가 가능하다는 것을 밝힌 것이다. 부흐너 역시 효모를 가지고 실험을 했는데, 파스퇴르처럼 효모를 길러서 실험한 것이 아니라 오렌지 주스처럼 효모를 압축한 후 효모 주스를 만들어 실험을 했다. 독일산 효모에게는 안된 일이지만, 그의 목적은 살아있는 효모 세포를 파괴해 그 안의 물질을 추출하는 것이었다. 그리고 이들의 희생은 헛되지 않았다. 이 효모 주스는 살아 있는 효모처럼 포도당을 에탄올로 바꿨다. 지금 우리에게는 이게 왜 중요한지 이해가 되지 않을 수도 있지만, 당시에는 놀라운 발견이었다.

아직 화학과 생물학이 크게 발전하지 못했던 19세기까지만 해도 생명현상이 비물질적인 생명력이라는 신비로운 힘에 의해서 일어난다는 생기론vitalism이 존재했다. 생기론은 과학이 발전하지 않았던 시대에 생명현상이 어떻게 일어나느냐는 곤란한 질문에 대한 훌륭한 해결책이었다. 쉽게 말해 신비로운 생기에 의해 모든 생명현상이 일어난다는 이야기로 사실 잘 모른다는 이야기를 돌려서 말한 근대인의 지혜(?)였다. 하지만 살아 있는 효모가 아니라 그 추출물이 발효를 일으킨다는 사실은 생명 활동이 알 수 없는 생기가 아니라 화학 반응을 촉진하는 물질(이제 우리가 효소라고 부르는 것)에 의해 일어난다는 점을 시사했다. 본격적으로 생물학이 화학과 만난 것이다.

| 에두아르트 부흐너의 사진.

그리고 이 업적을 통해 부흐너는 1907년 노벨 화학상을 받았다.

부흐너의 연구 이후 많은 과학자가 발효과정에 관여하는 화학반응과 효소를 찾기 위해서 노력했다. 그 결과 발효과정에 관여하는 효소나 화학 반응은 한 개가 아니라 여러 개라는 사실이 밝혀졌다. 해당 과정은 여러 단계를 통해서 꽤 복잡하게 진행된다. 하지만 과학자들이 여전히 대답할 수 없는 문제가 있었다. 효모가 발효를 통해 에탄올을 만들면 프랑스의 와인 제조업자나 독일의 맥주 제조업자 모두에겐 좋겠지만, 효모는 뭐가 좋을까? 물론 주류 제조업자에게는 큰 문제가 없지만, 과학자들에게는 매우 곤란한 질문이었다. 이 의문이 풀린 것은 1929년 카를 로만Karl Lohmann이 ATP를 발견한 이후다. 효모는 발효를 통해서 포도당 한 분자당 2개의 ATP를 얻고 있었다. 이후 ATP에 대한 연구가 빠르게 진행되면서 이 물질이 발효뿐 아니라 모든 에너지 추출과정에서 등장한다는 사실이 밝혀졌다. ATP는 모든 생명 현상에 에너지를 제공하는 분자였던 것이다.

그런데 한 가지 문제가 해결되자 다른 문제가 등장했다. 그것은 해당 과정이 산소를 필요로 하지 않는다는 것이었다. 이것이 문제가 되는 이유는 우리가 숨을 쉬면서 산소를 이산화탄소로 바꾸기 때문이다. 과학자들은 이 과정에서 에너지를 생산한다고 믿었지만, 해당 과정에서는 산소가 쓰이지 않으므로 우리가 모르는 다른 에너지 생

| ATP의 분자 구조. 이름처럼 인(P)이 세 개인 분자다.

산 경로가 있다는 것을 의미했다. 이 역시 ATP의 발견 이후 얼마 되지 않아 발견된다.

　이 과정은 진핵생물의 미토콘드리아에서 일어나며, 또 다른 뛰어난 과학자인 한스 크렙스Hans Adolf Krebs와 그 동료들에 의해 밝혀졌기 때문에 크렙스 회로 혹은 TCA 회로tricarboxylic acid, 구연산 회로citric acid cycle 등으로 불린다. 그 복잡한 화학 경로를 보면 19세기 이전의 선각자(?)들이 왜 생기론을 만들었는지 이해가 될 정도다. 물론 이 책을 읽는 독자들은 굳이 그 세부적인 내용을 알 필요가 없으며(전공에 따라서는 이미 알고 있는 독자도 있을 것이다) 그 결과만 알면 된다. 산소 없이 일어나는 해당 과정은 단지 2개의 ATP를 만들 뿐이지만, 산소를 이용한 크렙스 회로와 전자 전달계의 힘까지 빌리면 훨씬 많은 30개(본래는 더 많이 생성되지만, 일부 소비되는 것과 새는 에너지를 빼고 나면 이정도다) 정도 되는 ATP 생산이 가능하다.[2] 이 과정은 세포의 발전소로 불리는 미토콘드리아에서 일어난다.

사실 다른 중요 영양소인 아미노산(단백질을 분해해서 생긴다)과 지방산(중성지방이 분해해서 생긴다) 역시 결국은 TCA 사이클과 전자 전달계를 거쳐 많은 ATP를 내놓게 된다. 물론 이 과정 역시 산소와 미토콘드리아가 필요하다. 따라서 산소 호흡을 하고 미토콘드리아가 있는 생물과 그렇지 않은 생물 사이에는 엄청난 차이가 있는 것이다. 전자는 인간을 포함한 진핵생물이고 후자는 박테리아, 고세균 같은 원핵생물이다. 당연히 이 차이는 먹고 사는 행위에도 큰 차이를 만든다. 이제 이 이야기를 해보자.

---
chapter 2

:
:
:

태초에 세포가 있었다

최초의 포식자

동어반복에 지나지 않는 이야기지만, 모든 종속 영양생물은 독립 영양생물의 유기물질을 강탈하는 방식으로 생활을 영위한다. 다시 말해 다른 생물을 먹어야 산다. 그렇다면 그 기원은 얼마나 오래되었을까? 책을 쓰면서 나름 참고 문헌을 검색하고 찾아봤지만, 다른 생물을 먹은 최초의 생물체에 대한 대답은 쉽게 찾을 수 없었다. 사실 당연한 이야기다. 포식 행위가 화석으로 남는 경우는 매우 드물기 때문이다. 화석으로 남는 것은 뜯어 먹힌 불쌍한 생물이나 다른 생물을 먹기 위해 입과 이빨을 진화시킨 동물의 화석이다. 티라노사우루스의 큰 이빨과 뭔가에 뜯어먹혀 이빨 자국이 난 삼엽충의 화석은 움직일 수 없는 포식 행위의 증거다. 하지만 아득한 먼 옛날, 하나의 세포보다 복잡한 생물이 없던 시대에 포식 행위의 증거를 어떻게 찾을 수 있을까? 이 질문에 답하기 위해서 지구 생명의 초창기부터 따져보자.

 지구 생명체의 탄생이 정확히 어느 시점에 일어났고 어떤 방식으로 최초의 생명체가 태어났는지는 꽤 논쟁이 있는 연구 분야다. 그래도 어느 시점에 최초의 생명체가 생겼는지는 어떻게 무생물에서 최초의 생명체가 등장했는지보다는 덜 골치 아픈 질문이다. 이 생물이 지층에 남긴 흔적이 있기 때문이다. 지금까지 연구 결과를 종합하면 아마도 그 시점은 35~38억 년 전일 가능성이 크다.[1] 물론 이보다 오래되었다는 주장도 있지만,[2] 아직 널리 받아들여지는 주장은 아닌 것 같다.

 지구에 최초로 등장한 생명체인 박테리아는 시작할 땐 모두 독립영양생물이었다. 일단 남이 있어야 남의 것을 빼앗지 않겠는가? 그래서 좋든 싫든 간에 스스로 에너지를 조달할 방법을 개발해만 했다. 오늘날과 비슷하게 초기 생명체는 광합성 이외에도 여러 가지 화학 반응을 이용해서 에너지를 추출했다. 물론 이 화학 반응 자체가 화석으로 남지는 않지만, 화학 반응의 결과물은 지층에 남을 수

있다. 예를 들어 남아프리카 공화국의 카프발 크라톤Kaapvaal craton
에 있는 신시생대Neoarchean Eon(25~28억년 전) 지층이 그렇다. 이 지
역은 당시의 초대륙(여러 개의 대륙 지각이 뭉쳐서 하나의 큰 대륙을 형성하
는 것)인 발할라에 가까운 바다로 여러 가지 침전물이 해저 퇴적층을
만든 지형이다. 그 시절 이곳에서 황산화세균sulfur oxidizing bacteria
이 번성한 증거가 지층에 남아 있다. 이 세균의 생존 비결은 화산 활
동에서 나온 황화수소H2S(썩은 달걀 냄새를 내는 물질이다)를 산화시켜
에너지를 추출하는 것으로 이들은 현재도 이런 장소에서 번성하고
있다.[3]

　이들과 함께 초창기 박테리아 가운데 유명한 것으로 스트로마톨
라이트stromatolite를 빼놓으면 섭섭할 것 같다. 스트로마톨라이트
가 등장한 것은 35억 년 전이니까 가장 오래된 생명 활동의 증거 가
운데 하나이기도 하다. 개성 없이 생긴 돌덩이 같은 것들이 바닷가
에 널려 있는 모습을 교과서나 책에서 본 기억이 있는가? 이들은 광
합성을 하는 매우 단순한 세균인 남세균cyanobacteria, 시아노박테리아
의 흔적이다. 학생 때 필자는 이렇게 오래된 생물이 눈으로 보일 만
큼 컸다는 사실에 놀랐지만, 사실 스트로마톨라이는 생물 하나가 아
니라 세균들이 모인 생물막biofilm에 모래 등이 뭉쳐 형성되는 구조
물이다. 마치 흰개미 한 마리는 작아도 흰개미 탑은 거대해서 쉽게
알아볼 수 있듯이 스트로마톨라이트는 눈으로도 쉽게 확인이 가능
하다.

▎ 호주 서부 해안에 형성된 스트로마톨라이트.

  그러면 스스로 유기물을 합성한 박테리아의 영양분을 강탈하는 포식자가 나타난 것은 언제일까? 지구 생명체가 처음 생겨나고 난 이후 적어도 10억에서 20억 년 정도는 지구상에 생명체는 박테리아밖에 없었고 포식자가 될 생명체 역시 박테리아밖에 없었을 것이다. 그러면 박테리아가 다른 박테리아를 먹을 수 있을까? 아마도 그랬을 가능성이 크다. 비록 박테리아를 잡아먹는 박테리아의 행위가 화석 기록으로 남을 순 없지만, 오늘날 적지 않은 수의 박테리아가 박테리아를 먹으면서 살아가기 때문이다. 다만 박테리아를 먹은 최초의 박테리아가 어떤 녀석이었는지는 간단하게 증명하기 어렵다. 초기 박테리아의 식세포 작용에 대해 이야기하기 위해서 잠깐 주제를 바꿔 최초의 진핵세포에 대한 이야기를 해보자.

핵을 지닌 세포가 최초의 포식자?

필자는 진핵세포와 원핵세포의 차이에 대해서 배우기 전에는 단세포 생물이란 모두 다 같은 존재라고 생각했다. 이를테면 아메바나 짚신벌레는 대장균과 대강 비슷한 녀석으로 생각했던 것이다. 아마 필자만의 이야기는 아닐 것이다. 하지만 이 둘의 차이를 배우고 나면 사실상 동물과 식물, 단세포와 다세포 생물보다 더 큰 차이가 있다는 점을 이해하게 된다.

원핵세포prokaryote는 내부에 막으로 구분되는 핵, 미토콘드리아, 그리고 다른 막을 가진 세포 소기관을 가지지 않은 세포로 정의된다. 이 원핵세포 하나가 박테리아 같은 원핵생물을 이룬다. Pro는 그리스어로 이전에before를 의미한다. 프로메테우스Prometheus, 먼저 생각하는 사람에 나오는 Pro의 의미와 같다. 이 명칭에는 원핵세포가 진핵세포 이전에 진화했다는 의미도 있을 것이다.

진핵세포eukaryote는 이름처럼 진짜 핵nucleus를 지닌 세포다. 핵에는 세포막 같은 핵막이 있어 핵의 안과 밖을 구분하는 경계로 작용한다. 핵 안에 있는 DNA는 아데닌A, Adenine, 구아닌Guanine, 사이토신C, Cytosine, 티민T, Thymine의 네 가지 분자를 이용해서 디지털 방식으로 정보를 저장한다. 물론 정보 저장 방식은 원핵생물도 동일하지만, 세균 같은 원핵생물이 DNA는 단백질과 결합하지 않은 채로 세포질 내를 떠다니고 있다. 이를 핵양체Nucleoid라고 부른다. 물론 방식이야 어찌 되든 DNA에서 RNA를 만든 후 단백질을 만들어 생명 현상을 일으키는 방식 자체는 같다. 그런데 원핵세포는 모두 박테리아 같은 단세포 생물이지만, 진핵세포는 혼자서 단세포 생물이 될 수도 있고 여럿이 모여 거대한 다세포 생물이 될 수도 있다. 왜 박테리아가 모여 복잡한 다세포 생물이 될 수 없는지는 잘 모르지만, 더 다양한 능력을 지닌 진핵세포의 복잡성과 관련이 있는 것으로 생각된다.

진핵생물은 핵도 복잡하지만, 그 핵 밖에 또 다른 세상이 펼쳐져 있다. 여기에는 골지체Golgi body, 활면 소포체smooth endoplasmic reticulum, 조면 소포체rough endoplasmic reticulum, 각종 소포Vesicle, 리소좀Lysosome, 미토콘드리아mitochondria, 자유 리보솜ribosome 등이 존재하며 식물 세포라면 엽록체chloroplast도 지니고 있을 것이다. 그 외에 다양한 세포 소기관이나 심지어 세포내 골격 cytoskeleton을 지닌 것도 있다. 이렇게 복잡한 만큼 진핵생물은 원핵생물과는 전혀 다른 생명체라고 할 수 있다. 사실 개념도에서 비슷한 크기로 그리기 때문에 종종 착각하지만, 부피도 원핵생물이 진핵생물보다 수백 배에서 수만 배 이상 크다. 예를 들어 대장균의 길이는 2마이크로미터를 넘지 못하지만, 동물 세포는 보통 지름 10마이크로미터 정도다. 부피는 길이의 세제곱에 비례한다. 모양이 같다고 가정할 때 길이가 5배면 부피는 125배가 된다.

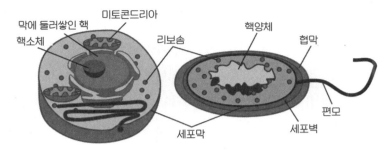

| (진핵세포(왼쪽)과 원핵세포(오른쪽)의 비교. 비슷한 크기로 그렸지만, 사실 진핵세포가 월등히 크다.

　물론 지구상에 먼저 등장한 것은 간단한 구조를 지닌 원핵세포다. 그리고 오랜 세월 원핵세포는 하나의 그룹으로 인식되어 왔다. 하지만 1977년 미국 일리노이 대학의 칼 우즈Carl Woese 등은 16S 리보솜 RNA라는 매우 중요한 물질의 염기 서열을 분석해서 원핵생물이 매우 이질적인 두 개의 그룹으로 나눠질 수 있음을 밝혀냈다.[4] 이들은 기존에 있었던 계kingdom 보다 더 높은 최상위 계층을 제시했는데, 현재 사용되는 역domain이 바로 그것이다. 이에 따르면 생물계는 세균역bacteria, 고세균역Archaea, 진핵생물역Eukarya으로 나눌 수 있으며 다시 이들을 세균계, 고세균계, 원생생물계, 동물계, 균계, 식물계로 나눌 수 있다. 이를 모두 합치면 3역 6계로 나눌 수 있다는 이야기다. 그러면 진핵생물은 세균과 고세균 가운데 어디에서 진화한 것일까? 일반적인 계통수는 고세균 쪽이 진핵생물에 더 가깝게 그려지지만 놀랍게도 진핵생물은 세균과 고세균의 특징을 모두 가

지고 있다. 그리고 세 역의 생물체 모두 공통분모를 지니고 있다.

지구 생물체는 모두 유전 정보 저장을 위해 DNA를 사용하고 에너지 대사의 기본단위로 ATP를 이용하는 등 공통점이 매우 많다. 따라서 하나의 조상에서 기원해서 이런 특징을 공유한다고 보는 것이 가장 합리적인 추론일 것이다. DNA로 유전정보를 저장하고 (그리고 A,C,G,T의 네 개만 정보를 저장하는 데 사용한다) ATP를 에너지 기본 단위로 쓰는 최초의 공통조상은 루카LUCA, last universal common ancestor라고 불리고 있다. 물론 실제로 본 사람은 없고 이론적인 존재다. 물론 여기에도 반론은 있다. 2012년에 작고한 칼 우즈는 1998년에 어쩌면 지구상의 생명체가 하나의 공통조상이 아니라 여러 종의 조상에서 유래했으며 서로 간의 유사성은 수평적 유전자 전달 (Horizontal Gene Transfer. 생물종 간에 유전자를 교환하는 것)에 의한 것일지도 모른다고 주장했다.[5] 반면 루카가 실제로 존재했다는 의견도 만만치 않게 존재한다. 어느 의견이 맞든지 간에 최초의 진핵생물 진화는 다양한 고세균과 세균이 진화한 다음 이뤄졌다. 최초의 진핵생물은 아마도 16억 년 전에서 22억 년 전 사이에 등장한 것으로 보인다.[6, 7]

그런데 이 이야기가 대체 포식자와 무슨 관계가 있는지 궁금해할 독자도 있을 것이다. 아니면 이제부터 무슨 이야기를 꺼낼 것인지를 눈치챈 독자도 있을 수 있다. 세포 내 공생설endosymbiosis을 떠올린 독자가 있다면 정답이다. 그렇다. 지금까지 설명은 진핵생물의 진화와 세포 내 공생설을 설명하기 위한 사전 준비 작업이었던 것이다.

어떻게 단순한 원핵세포가 복잡한 진핵세포로 진화하게 됐을까? 현재 진핵생물 탄생에 대한 가장 그럴듯한 가설은 바로 세포 내 공생설이다. 이를 주장한 것은 저명한 여성 생물학자인 린 마굴리스 Lynn Margulis, 1938-2011다. 그녀는 뛰어난 과학자였던 것은 물론 수많은 대중 과학서적을 통해 지식을 전파했다. 국내에 한글로 번역된 마굴리스 교수의 저서로 『생명이란 무엇인가?』, 『공생자 행성』, 『마이크로 코스모스』 등이 나와 있으니 관심 있는 독자는 읽어봐도 좋을 것 같다. 참고로 그녀는 저명한 과학자인 칼 세이건과 1957년 결혼한 후 1965년 이혼했다.

여러 위대한 과학자들처럼 린 마굴리스 역시 남들이 잘 관심을 가지지 않았던 분야를 개척해 큰 성공을 거뒀다. 1966년 마굴리스는 (참고로 마굴리스는 나중에 결혼한 두 번째 남편인 토마스 마굴리스의 성을 딴 것이며, 당시에는 '린 세이건'이란 이름으로 발표했다) '유사분열의 기원에 관하여 On the Origin of Mitosing Cells'라는 논문에서 진핵세포가 본래 서로 다른 원핵세포들의 공생을 통해서 형성된 것이라고 주장했다.[8] 하지만 많은 과학적 혁신이 그러하듯 이 연구는 처음에는 쉽게 받아들여지지 않았다. 마굴리스에 의하면 이 논문은 여러 저널에 보냈으나 무려 15번이나 거절당했다고 한다. 필자의 연구 업적은 마굴리스에 비견할 수 없을 만큼 초라하지만, 이런 일화를 보면 포기하지 않고 계속 도전하는 일이 정말 중요하다는 걸 느끼게 된다.

아무튼 마굴리스의 이론은 초기에는 많은 비판도 받았으나 여러 과학적 증거가 뒷받침되고 내용이 수정·보완되면서 진핵세포 진화의 정설로 받아들여지게 된다. 반세기가 흘러 오늘날 일반적으로 받아들여지는 이론에서는 초기 원핵세포가 등장한 후 일련의 세포 내 공생 내지는 포획에 의해 미토콘드리아 같은 세포 내 소기관이 형성된다. 이를 '순차적 세포 내 공생 이론SET, serial endosymbiotic theory'라고 부른다. [9]

여기에는 여러 가지 근거가 있지만, 독립생활을 하는 시아노박테리아와 엽록체, 그리고 호기성 박테리아와 미토콘드리아가 매우 비슷한 구조를 지니고 있다는 점이 중요한 근거다. 더 결정적인 증거는 이 세포 내 소기관들이 약간의 핵양체, 즉 DNA를 가지고 있다는 것이다. 이는 이 세포 내 소기관들이 사실 오래 전에는 독립생활을 하던 박테리아란 증거다. 물론 이외에도 증거는 더 있다. 미토콘드리아는 세균이나 고세균처럼 오직 이분법(세포가 둘로 분열되는 것)으로만 증식한다. 여기에 미토콘드리아와 엽록체의 외부 세포막에서 발견되는 포린스porins라는 운반 단백질은 박테리아에서도 동일하게 발견된다. 막지질 카디오리핀membrane lipid cardiolipin이라는 내부 세포막 성분 역시 마찬가지다. 여기에 DNA 분석은 엽록체의 유전자가 시아노박테리아와 비슷하며 미토콘드리아 유전자가 리케차

박테리아Rickettsial bacteria와 유사하다는 것을 시사한다. 여러 가지 증거를 종합하면 이 세포 소기관의 기원은 본래 자유 생활을 하던 박테리아라는 결론에 도달할 수밖에 없다.

그런데 어쩌다가 이 세균들이 세포 소기관이 된 것일까? 초기에 제시된 가장 가능성 있는 가설은 식세포 작용phagocytosis이다. 즉 세포를 잡아먹는 세포가 있었다는 이야기다. 아메바가 위족을 내서 먹이를 둘러싼 후 잡아먹어 세포 속에서 소화시키는 것이 좋은 예다. 물론 백혈구가 세균을 잡아먹는 것도 본질적으로 같은 행위다. 영국의 생화학자 닉 레인은 자신의 저서 『생명의 도약 – 진화의 10대 발명』에서 한 세포가 다른 세포 속으로 들어갈 방법이 달리 뭐가 있겠냐고 반문했다. 분명 세포 안에 세포가 있을 때 가장 먼저 할 수 있는 논리적인 추론은 세포를 잡아먹었다는 것이다. 그런데 그 과정에서 소화되지 않은 세포가 점차 공생 관계가 되면서 오늘의 진핵세포로 발전했다. 그렇다면 우리 진핵세포의 기원은 포식과 떼어놓고 설명할 수 없는 것이 된다. 이 이론대로라면 우리는 모두 20억 년 전 등장한 지구 최초의 포식자의 후손이다. 이 책을 진행하는 데 이보다 더 좋은 도입부는 없겠지만, 사실 이 가설에 문제가 있다.

최초의 식세포를 둘러싼 논란

논란의 여지는 있지만, 초기 식세포는 아마도 혐기성 세균인 것으로 생각된다. 앞서 언급했듯 혐기성 세균은 포도당을 한 분자를 분해해서 겨우 2개의 ATP만을 얻을 수 있다. 만약 스스로 산소를 이용해서 TCA 회로를 돌릴 수 있다면 힘들게 미토콘드리아와 공생할이유가 없다. 이 원시 식세포가 미토콘드리아의 조상을 집어삼켰는데, 그중 일부는 쉽게 소화되지 않고 오히려 그 안에서 살아남았던것 같다. 결국, 시간이 흐르면서 이들은 공생하게 되었고 나중에는세포 속에서만 살 수 있는 세포 소기관이 되었다는 이야기다.

그런데 사실 이 과정도 반대의 관점에서 해석할 수 있다. 어쩌면진짜 포식자는 초기 호기성 세균인 미토콘드리아일지도 모른다. 일부 가설에서는 이 세균이 다른 세균에 기생하면서 필요한 물질을 강탈한 것으로 보고 있다. 이 경우라도 물론 결론은 다르지 않다. 혐기성 세균 안에 자리 잡은 호기성 세균은 서로 협력할 수 있다. 혐기성세균이 해당과정을 마치고 남은 부산물에는 아직 많은 에너지가 남아있다. 이를 산소를 이용해서 TCA 사이클과 전자 전달계에서 분해하면 훨씬 많은 ATP가 생성된다. 혐기성 식세포는 원료를 공급하고호기성 기생 세포는 ATP를 제공하면 서로 이득이다. 결국 시간이흐르면서 이들은 한 몸처럼 진화했다는 것이다.

과학자들은 초기 식세포 가설 쪽에 좀 더 무게를 두고 연구를 진행했다. 옥스퍼드 대학의 생물학자인 토마스 카발리어-스미스 Thomas Cavalier-Smith 교수는 이 원시 식세포에 아케조아 Archezoa 라는 이름을 부여했다.[10] 아케조아는 이제 막 핵을 확보한 원시 진핵생물로 아직 미토콘드리아나 엽록체처럼 현대 진핵생물에서 볼 수 있는 현대적인 문명의 이기를 갖추지 못한 원시 생명체다. 마치 농업혁명 이전에 원시 수렵채집인처럼 아케조아는 다른 세균을 수집·포획해서 영양분을 흡수하지만, 에너지 추출 과정에서 산소를 사용하지 못하는 혐기성 생물이라 에너지 효율은 매우 낮았다. 하지만 한 가지 큰 장점도 가진 생물이었다. 그 장점이란 두꺼운 세포벽이 없다는 점이다.

필자가 어린 시절 봤던 만화 중에는 고무 인간을 소재로 한 것이 있었다. 제목은 기억 안 나지만 몸이 고무처럼 쭉쭉 늘어났다가 본래대로 되돌아오는 초능력을 가진 주인공이 등장한다. 그런데 이 주인공이 딱 맞는 타이트한 정장을 입고 있다면 어떻게 될까? 몸을 길쭉하게 늘어뜨리는 순간 옷이 모두 찢어지면서 만화의 장르가 좀 바뀌게 될 것이다. 세균도 마찬가지다. 세포벽은 원핵생물이 살아가는 데 중요한 기관이지만, 이게 있으면 아메바처럼 흐느적거리는 세포질로 먹이를 둘러싸서 잡아먹는 식세포 작용을 하기 어렵다. 세포벽은 그렇게 유연하게 늘어나는 물질이 아니기 때문이다.

▌미토콘드리아의 전자 현미경 사진. 대부분의 진핵세포에서 발전소 같은 역할을 하지만, 일부 진핵세포는 미토콘드리아가 없다.

　동시에 식세포 작용을 하는 데는 한 가지 더 중요한 물건이 필요하다. 몸이 연체동물처럼 흐느적거릴 뿐 아니라 움직일 수도 있어야 한다. 이를 위한 세포내 골격과 필라멘트 구조물이 있어야 하는 것이다. 따라서 아케조아는 제법 복잡한 조건을 가진 생물이지만, 그래 봐야 세포 하나 크기이므로 이런 모든 특징을 간직한 채 미세 화석이 되어 발견을 기다릴 가능성은 희박하다. 대신 이런 특징을 지닌 후손이 아직 진화되지 않은 채 살아있는 화석으로 존재할지 모른다. 원시적인 진핵세포로 식세포 작용이 가능하지만, 아직 미토콘드리아 같은 문명의 이기를 지니지 못한 원시 세포가 어딘가 있지 않을까?

사실 미토콘드리아가 없는 진핵생물도 존재한다. 다만 이들 중 상당수는 본래는 미토콘드리아가 있었지만, 나중에 필요 없어서 퇴화한(주로는 기생 생활을 하기 때문이다) 녀석들로 아케조아의 후보가 되기에는 적당하지 않다. 그러나 과학자들은 포기하지 않고 아케조아가 후보가 될 법한 아주 원시적인 진핵세포를 찾아냈다. 이 후보 가운데 가장 유력했던 녀석은 바로 이름도 적당한 고아메바Archamoebae 이다. 유전자 분석 결과는 이 하등한 아메바가 진핵생물 진화의 아주 초기인 20억 년 전에 다른 그룹과 갈라졌다는 가설을 지지한다. 동시에 미토콘드리아도 없다.[11] 이 원시 아메바는 ① 핵을 가지고 있는 진핵세포 ② 식세포 작용을 통해 먹이를 먹는 포식자 ③ 미토콘드리아가 없다는 특징을 지녀 아케조아의 매우 이상적 후보로 보였다.

하지만 이 이론에 심각한 문제가 발생한다. 이 문제를 설명하기 위해서 아마존의 깊숙한 오지로 탐험을 떠난 인류학자를 상상해보자. 그는 수렵 채집인 시절 인류가 원시적인 부싯돌을 이용해서 불을 얻었다는 가설을 입증하기 위해 온갖 역경을 이겨내고 한 번도 문명과 접촉한 적이 없는 원시 부족을 찾아냈다. 하지만 이들에게 이방인은 환영받지 못하는 존재였다. 여기에 굴하지 않고 오랜 시간 갖은 노력 끝에 부족민의 신뢰를 얻은 인류학자는 이들의 삶을 더 가까이서 지켜볼 수 있게 된다. 그리고 마침내 그가 목격한 것은 원주민이 라이터를 이용해서 불을 피우는 장면이었다! 사실 아직 말을 못했을 뿐 이 원주민들은 이미 문명인과 오래 전 접촉해서 문명의 이기를 편리하게 사용해 오고 있었다.

아케조아 역시 비슷한 문제를 겪었다. 알고 보니 이들의 유전자에 이전 미토콘드리아에서 유래한 것으로 보이는 유전자가 발견된 것이다. 동시에 아직 미토콘드리아를 일부 지닌 고아메바가 발견되면서 사실 이 녀석들도 기생 생활 등의 이유로 미토콘드리아가 퇴화된 진핵세포라는 사실이 발견되었다.[12] 쉽게 말해 원시적이긴 하지만 문명의 이기라 할 수 있는 미토콘드리아와 전혀 접촉한 적이 없는 세포가 아니었던 것이다. 두 번째 문제는 더 결정적이었다. 진핵생물의 DNA와 여러 세균, 고세균의 유전자 비교는 진핵생물에 가장 가까운 원시 생물이 고세균, 특히 메탄생성균이라는 점을 시사했다. 문제는 이 녀석이 과학자들이 찾던 혐기성 원시 식세포가 아니라는 점이다. 왜일까?

『화성에서 온 남자 금성에서 온 여자』라는 책이 있었다. 필자는 읽어보지는 못했지만, 제목만 보더라도 어떤 내용인지 짐작할 수 있다. 남녀가 다른 행성에서 온 것처럼 다르다는 것은 우리가 익히 아는 사실이니 말이다. 가령 섭씨 500도의 고온과 100기압의 고압 환경인 금성에서 진화한 여성과 지구 기압의 1%에 불과하고 추운 환경인 화성에서 진화한 남자가 어떻게 같이 살 수 있을까? 그런데 미토콘드리아의 조상으로 추정되는 호기성 세균과 핵을 지닌 최초의 세포의 조상으로 생각되는 메탄생성균이 바로 이런 관계다. 호기성 세균은 산소가 있어야 살 수 있지만, 메탄생성균은 산소가 있는 환경을 매우 싫어하는 고세균이기 때문이다. 그래서 아케조아 이론이 폐기된 이후 여러 가지 대안적인 가설이 등장했다. 다만 이미 설명이 충분히 복잡해졌으므로 더 깊게 설명하지는 않을 생각이다.

필자가 이 내용을 처음 구상할 때는 아케조아 가설에 대해서 생각하고 '인류를 포함한 진핵생물의 조상은 바로 포식자였다'라는 식으로 이야기를 끌어내려고 했다. 그러나 지난 수십 년간 많은 연구 결과가 발표되었고 아케조아 가설은 화석처럼 더 이상 살아있지 않은 유물이 되었다. 이 이야기는 닉 레인의 다른 저서인 『미토콘드리아: 박테리아에서 인간으로, 진화의 숨은 지배자』에 잘 설명되어 있다. 사실 이 책의 본래 제목은 'Power, Sex, Suicide - Mitochondria and the Meaning of Life'인데 한국어판이 나오면서 더 점잖은 제목으로 바뀐 것 같다. 재미있는 사실은 바뀐 제목이 내용과 더 부합된다는 것이다. 더 흥미로운 사실은 닉 레인이 아케조아 가설의 대안으로 제시한 수소 가설도 이제는 어려움에 빠졌다는 것이다. 아무튼 최초의 진핵생물이 지구 최초의 포식자의 후손이라고 확언하기는 어려워 보인다. 다만 진핵생물 단계 이전에도 박테리아를 먹는 박테리아는 얼마든지 존재한다.

포식성 박테리아가 인류의 희망?

미국 방위 고등 연구 계획국DARPA, Defense Advanced Research Projects Agency은 군사 기술은 물론이고 여러 가지 선구적인 과학기술을 연구하는 대표적인 미연방정부 기관이다. 이들은 딱딱해 보이는 이름과는 달리 온갖 기상천외한 연구를 지원하는 것으로도 유명하다. 오늘날에는 최첨단 무기의 상징으로 여겨지는 스텔스 전투기 역시 DARPA의 연구 성과 중 하나다. 만약 DARPA에서 박테리아 연구를 지원한다면 어떨까? 처음 들을 때는 생물 무기를 개발하는 것으로 생각될 수 있으나 미국은 '공식적'인 생물 무기 개발을 포기한 상태다. 그런데 DARPA는 몇 년 전부터 공식적으로 포식성 박테리아predatory bacteria 연구를 지원하고 있다.

DARPA에서 박테리아를 먹는 박테리아의 연구를 지원하는 건 물론 그럴 만한 이유가 있다. 이 박테리아가 인간에게 골치 아픈 질병을 일으키는 병원성 박테리아의 자연적 천적이기 때문이다.[13] 예를 들어 델로비브리오 박테리오보루스Bdellovibrio bacteriovorus나 미카비브리오 아에루지노사보루스Micavibrio aeruginosavorus 같은 포식성 세균은 인체에서 병원성을 일으키는 그람 음성균에 천적이다. 그리고 많은 병사가 부상 자체보다 부상 후 입은 2차 감염으로 인해 죽는 점을 감안하면 세균과 싸울 새로운 무기를 찾는 데 DARPA가 막대한 예산을 투입하는 것은 놀라운 일이 아니다. 하지만 좋은 항생제가 많이 나와 있는데 굳이 포식성 세균을 사용할 이유가 있을까?

항생제는 수많은 생명을 구한 현대 문명의 기적이지만, 한 가지 중요한 단점이 있다. 박테리아가 항생제 내성을 획득한다는 것이다. 인류가 페니실린을 비롯한 초창기 항생제를 개발했을 때는 전염성 질환이 머지않아 정복되는 것처럼 보였지만, 내성균이 차례로 등장하면서 감염성 질환은 다시 위험한 존재가 됐다. 문제는 내성균을 치료하기 위해서 새로운 항생제를 만들어도 언젠가는 새 항생제에 대한 내성을 지닌 세균 역시 등장한다는 것이다. 이유는 간단하다. 항생제 자체가 진화를 일으키는 힘으로 작용하기 때문이다.

생물 진화를 부정하는 일부 사람의 희망과는 달리 사실 진화는 어디서나 일어난다. 항생제를 투여한 환자의 몸 안에서도 예외는 있을 수 없다. 항생제에 내성을 지닌 돌연변이가 발생하면 곧 새로운 환경에 적응해서 번성하기 시작하고 우리는 이 과정을 막을 수 없다. 더구나 세균은 다른 세균에서 유전자를 받아들여 다음 세대까지 기다리지 않고도 내성을 빠르게 획득할 수 있다. 그러니 뭔가 항생제 이외에 다른 무기가 필요하다. 박테리아를 먹는 박테리아라니 기발한 대안이 아닌가?

2013년 학술지 플러스 원PLOS One에는 이 포식성 박테리아가 실제로 항생제 내성균을 효과적으로 잡아먹는지에 대한 연구가 실렸다. 연구팀은 세 종류의 포식성 박테리아와 14종 다약제 내성균 MDR, Multidrug-resistant을 테스트했다.[14] 이 다제내성균에는 폐렴간균Klebsiella pneumoniae이나 녹농균Pseudomonas spp, 대장균 Escherichia coli 같은 흔한 병원균이 포함됐다. 연구 결과 내성이 있든 없든 간에 포식성 세균은 음식을 가리지 않고 잘 먹는다는 사실이 밝혀졌다. 더 흥미로운 건 세균이 세균을 먹는 방법이다.

대체 세균이 어떻게 다른 세균을 먹을까? 앞서 살펴봤듯이 식세포작용이 가능하려면 여러 가지 진화적 단계를 거쳐야 한다. 세포벽도 없어져야 하고 세포 내 골격이 변해서 움직일 수도 있어야 하며 앞서 자세히 설명하지 않았지만, 먹이를 잡기 위해서 세포막 표면에 여러 가지 접착제 역할을 할 분자들도 있어야 한다. 사실 이 정도 복잡한 작용을 할 수 있다면 이미 진핵생물 단계에 들어선 것과 다름없다. 단순한 박테리아에게는 어려운 일이다. 그래서 델로비브리오는 정말 독특한 방법으로 세균을 먹는다.

델로비브리오는 세균계의 수영 챔피언이라고 할 수 있다. 이들은 강과 호수에 흔하게 사는 미생물로 이동 속도가 최대 $160\,\mu m/s$, 혹은 1초에 0.16mm에 달할 정도로 빠르다. 0.16mm는 작아 보이지만 세균의 크기를 생각하면 엄청난 속도다. 자기 몸길이의 100배나 되는 거리를 1초에 움직이기 때문이다. 키가 170cm 정도인 사람으로 치면 1초에 170m를 수영하는 것과 비슷하다. 이를 위해 델로비브리오는 한 개의 잘 발달된 극편모polar flagellum(한쪽 방향으로만 있는 편모)를 가지고 있다. 속도를 내기 위해 거추장스러운 장식은 제외하고 큰 엔진 하나를 장착한 것과 같다. 따라서 마치 어뢰처럼 한 쪽으로 움직여 목표를 공격한다.

공격이라는 표현이 잘 어울리는 이유는 빠른 속도와 길쭉한 몸통을 이용해 그람 음성균의 몸에 구멍을 내고 그 안으로 들어가기 때문이다. 일단 들어간 이후에는 잠시 세포 내부에 붙어 있다가 내용물을 파악한 후 극편모가 없는 반대 방향(굳이 표현하자면 머리에 해당하는 부분)을 이용해 완전히 세포 내부에 들러붙는다. 이후에는 세포 내의 물질을 조금씩 소화시켜 먹는 것이다. 다 파먹은 후에는 증식해서 여러 개의 델로비브리오가 된 후 껍데기만 남은 먹이 내부를 빠져나온다.

정말 기상천외한 방식이지만, 잘 생각해보면 그렇게 낯선 장면도 아닌 것 같다. 어딘지 모르게 바이러스나 혹은 말라리아 같은 기생충과 유사해 보이기 때문이다. 델로비브리오는 포식성 박테리아로 분류하지만, 다른 세균에 기생하는 기생성 세균으로 분류하기도 한다. 기생과 포식은 뉘앙스도 다를 뿐 아니라 실제로 다른 의미로 사용되는 경우가 많지만, 남의 영양분을 빼앗아 먹는다는 점에서 큰 틀에서 한 그룹으로 분류할 수 있을 것이다. 단지 주로 몸 밖에서 먹는지 아니면 몸 안에서 먹는지의 차이일 뿐이다. 아무튼 그람 음성 균의 천적이니 이 세균을 이용해서 항생제 대용으로 사용한다는 아이디어는 그럴듯해 보인다.

물론 이 세균들은 아직 항생제 대신 사용하기에는 불안해서 더 연구가 필요하다. 우리 몸에 들어갔을 때 이 세균들이 새로운 병원균이 되면 안 되기 때문이다. 하지만 슈퍼 내성 박테리아에 대한 우려가 커지면서 앞으로 유망한 연구 분야 가운데 하나가 될 가능성이 있다. 만약 인류가 내성균과의 싸움에서 진다면 지금까지 우리가 쌓아 올린 여러 가지 의학적 성과는 물거품이 될 것이다. 그 여파는 엄청나다. 세균 감염이 엄청난 인명을 앗아가던 시절로의 회귀를 의미하기 때문이다. 그런 만큼 내성균에 영향을 받지 않는 포식성 박테리아는 새로운 돌파구가 될 수 있다. 동시에 다른 세균을 잡아먹는 세균의 존재는 아마도 포식의 기원이 진핵생물의 등장 전보다 더 오래되었을 가능성을 시사한다. 어쩌면 우리가 잘 모를 뿐 최초의 박테리아의 등장 직후 이런 포식성 박테리아가 등장했을지도 모른다.

다만 세균을 잡아먹을 수 있는 가장 작은 생명체가 박테리아는 아니다. 바이러스를 생물체로 본다면 바이러스가 가장 작은 포식자다. 바이러스는 그야말로 거두절미하고 다른 세포의 자원을 활용해 자신의 유전자를 무제한으로 증식하는 존재다. 델로비브리오 역시 바이러스처럼 남의 세포에 침투해서 증식하지만, 적어도 완전히 살아

있는 생명체이고 어디까지나 다른 세포의 물질을 소화시켜 증식한
다. 하지만 바이러스는 단순한 효소와 껍데기를 만드는 유전자를 세
포에 침투시킨 후 세포의 효소와 유기물을 이용해서 증식한다. 사실
세포에 침투하기 전 바이러스는 아무 생명 현상 없이 존재하는 무생
물에 가깝다. 이런 이유로 일반적으로 바이러스 감염을 포식 행위로
여기지는 않는다. 그래서 더 언급하지는 않지만, 어쩌면 다른 복잡
한 행위 없이 다른 생물체의 유기물을 이용해 자신의 유전자를 증식
하는 바이러스야 말로 궁극의 포식자일지 모른다.

chapter 3

:

단세포

산소의 시대

지금으로부터 대략 23억 년 전쯤 지구 대기에 극적인 변화가 일어났다. 본래 지구 대기에는 이산화탄소, 메탄 같은 온실가스가 풍부했고 산소는 거의 없었는데 갑자기 산소의 비중이 무시할 수 없을 만큼 높아진 것이다. 이를 대산소화 사건GOE, Great Oxygenation Event이라고 부른다.[1] 대산소화 사건의 배경은 생명 그 자체다. 시아노박테리아를 비롯한 광합성 생명체가 등장한 후 마침내 지구 대기 중 산소 농도가 상승했다.

그런데 사실은 광합성 생물의 등장 자체는 대산소화 사건보다 적어도 5억 년 이전으로 추정된다.[2] 그러면 왜 그 사이에 산소 농도는 증가하지 않았을까? 여기에는 여러 가지 이유가 있다. 대표적인 이유 중 하나는 당시 바다에 철(Fe) 같은 물질이 풍부해 이제 막 분리된 산소와 결합했기 때문이다. 이때 만들어진 산화철은 나중에 중요한 자원이 된다. 하지만 세월이 흐르자 산소가 처리되는 것보다 대기에 축적되는 양이 많아지면서 지구 대기 중 산소 농도가 의미 있게 증가했다.

　산소의 농도가 올라간 것은 지구 생명체의 역사에서 매우 중요한 변화를 일으킨다. 온실효과를 감소시켰기 때문이다. 우리가 쉽게 간과하는 사실 가운데 하나는 태양이 시간이 지남에 따라 점점 밝아진다는 점이다. 태양계 초기의 태양 밝기는 현재의 70~80% 수준에 불과했다. 그런데도 지구는 물론 화성까지 액체 상태의 물이 존재할 수 있었던 것은 강력한 온실효과 덕분이었다. 온실효과는 최근에는 급격한 지구 기온 상승 때문에 악의 축처럼 생각되지만, 사실 우리는 온실효과 덕에 얼어붙지 않고 살 수 있다. 단지 최근에 인간이 배출하는 온실가스가 빠르게 온도를 올리고 있어 문제가 되는 것이다.

　이산화탄소와 메탄이 만든 온실효과는 지금보다 태양이 어둡던 시절 지구를 얼어붙지 않게 하는 데 크게 기여했다. 덕분에 지구에 생명체가 탄생하고 지금처럼 번성할 수 있게 되었다. 그런데 산소가 많이 증가하자 새로운 변화가 나타났다. 이산화탄소는 산소에 크게 영향을 받지 않지만, 메탄의 경우 산소와 만나면 쉽게 반응해서 이산화탄소와 물이 된다. 대산소화 사건 당시 메탄가스가 산소와 반응해서 이산화탄소로 바뀐 것은 온실 효과를 떨어뜨리는 데 크게 기여한 것 같다. 이산화탄소도 온실효과를 지녔지만, 메탄가스에 비하면 매우 약하다. 덕분에 지구는 기온이 떨어지면서 앞으로 일어날 큰 파국을 막았다. 태양이 점점 밝아짐에도 온실효과가 줄어들면서 지구가 금성처럼 뜨거워지지 않았던 것이다. 하지만 이것은 크게 보면 그렇다는 이야기고 24억 년에서 21억 년 사이 지구는 마치 〈투머로우〉 같은 재난 영화의 한 장면을 방불케 하는 상황에 직면했다.

산소는 반응성이 매우 좋은 기체로 다른 분자를 산화시키기 위해 호시탐탐 기회만 노리고 있다. 우리는 산소 호흡을 하니까 인식하지 못하지만, 사실 당시 산소가 없는 혐기성 환경에서 진화한 많은 세균과 고세균들에게는 산소의 증가가 독성물질의 증가나 다름없었다. 더구나 온실효과가 갑작스럽게 감소하면서 지구 기온이 하강해 빙하기가 도래했다. 휴로니안 빙하기Huronian glaciation라고 불리는 역사상 가장 오래된 빙하기가 시작된 것이다. 이 시기 수많은 세균과 고세균이 멸종한 것으로 추정한다. 하지만 다행히 지구 생태계는 어느 정도 균형을 맞출 수 있었다. 온도가 너무 떨어지면 광합성도 감소하면서 다시 온실효과가 증가했고 반대로 온도가 올라가면 광합성이 증가하면서 온실효과가 감소했다. 결국, 어느 정도 균형을 맞추는 가운데 지구 기온이 정상을 찾아갔다.

동시에 지구 대기와 바다에 산소가 증가한 것은 많은 생명체에게 재앙이었지만, 일부 생명체에게는 새로운 기회를 제공했다. 앞서 말한 진핵세포의 진화가 그것이다. 진핵세포는 일부 예외를 제외하면 대부분 산소로 호흡을 한다. 산소 호흡을 한다는 것은 앞서 살펴본 것과 같이 미토콘드리아를 갖춘 복잡한 세포의 진화를 의미한다. 그런데 산소 호흡을 위해 꼭 미토콘드리아가 필요할까? 사실 산소호흡 자체는 미토콘드리아 없이 일어날 수 있지만, 문제는 효율성이다.

우리는 세균이 별 기능이 없는 세포막에 의해 둘러싸여 있다고 생각하지만, 세포 생물학과 미생물학을 배우면 실제로는 반대라는 사실을 알 수 있다. 세포막이야 말로 세포 대사의 중심이다. 산소를 이용해서 ATP를 생산하는 과정도 막을 둘러싸고 일어난다. 미토콘드리아는 외막과 내막 두 개의 막으로 구성된 세포 소기관이라고 할 수 있다.

미토콘드리아에 의지하지 않고 자신의 세포막에서 직접 산소 호흡을 하는 진핵세포를 생각해보자. 물론 이 세포도 산소를 이용해서 ATP를 만들 수 있지만 양은 많지 않다. 질량과 부피만큼 면적이 커지지 않기 때문이다. 이해를 돕기 위해 가로, 세로, 높이가 각각 1cm

인 각설탕을 생각해 보자. 정육면체인 각설탕의 표면적은 $6cm^2$이고 부피는 $1cm^3$이다. 가로, 세로, 높이가 각각 2cm인 경우 표면적은 $4\times6=24cm^2$이고 부피는 $2\times2\times2=8cm^3$이다. 부피는 8배 늘어나는데, 면적은 네 배 증가했다. 즉 부피는 세제곱에 비례하는데 면적은 제곱에 비례하는 것이다. 따라서 작은 세균이라면 문제없는 상황도 크기가 큰 진핵세포에서는 문제가 될 수 있다. 미토콘드리아는 이 문제에 대한 완벽한 해결책이다. 산소 호흡이 사실상 미토콘드리아에서 일어나기 때문에 반응 면적을 늘리기 위해서 세포 표면적을 늘리는 대신 미토콘드리아를 늘리기만 하면 된다. 이는 각설탕 안에 여러 개의 작은 각설탕이 들어가 표면적을 늘리는 것과 같다.

산소가 많아지고 이를 이용할 수 있는 미토콘드리아까지 갖추면 이제 진핵생물이 나아갈 길은 크게 두 가지다. 스스로 유기물을 합성하든지(식물) 아니면 남의 유기물을 사용하는 것이다. 이들 가운데 다른 생물을 잡아먹는 것을 동물이라고 부른다. 하나의 세포에 불과할지라도 단세포 동물은 의문의 여지가 없는 완벽한 사냥꾼이다. 이들 중 대다수는 미토콘드리아가 제공하는 에너지 덕분에 활발히 움직이며 먹이를 잡아먹을 수 있게 됐다. 하지만 일부 동물은 미토콘드리아의 도움 없이도 사냥을 한다. 이 장에서는 단세포 동물 가운데 가장 단순하고 오래된 종류인 아메바를 중심으로 이야기를 해 보자.

아메바 이야기

아메바라는 생물을 모르는 사람은 거의 없을 것이다. 형태가 일정치 않다는 의미의 이 단세포 생물은 사실 하나의 단일한 집단을 이야기하는 것이 아니라 아메바 운동amoeboid movement를 보이는 여러 생물체를 통칭하는 단어로 보통은 원생동물protozoa에 속하는 단세포 동물군을 이야기한다.

아메바라는 명칭이 다양한 생물을 뜻하긴 하지만, 대부분의 아메바는 육질충류Sarodina라는 그룹에 속한다. 육질충류는 강class이나 아문subpylum 정도 되는 지위를 가진 원생동물군으로 역시 다양한 종류가 있는데, 아메바는 이 가운데 근족충류Rhizopoda에 속한다. 앞서 본 고아메바류도 여기 속한다. 아무튼 육질이니 근족이니 하는 이야기를 들으면 아메바의 중요한 특징이 떠오를 것이다. 아메바하면 생각나는 위족pseudopodia이 바로 그것이다.

위족은 세포질 일부가 다리처럼 뻗어 나오는 것이다. 아메바는 단단한 껍데기가 없기 때문에 모든 방향으로 위족을 낼 수 있지만 대신 정해진 형태가 없다. 덕분에 식세포 작용이 가능하지만, 사실 흐느적거리기만 해서는 먹이를 잡을 수 없다. 원하는 방향으로 움직일 수도 있어야 한다. 아메바의 세포질에는 액틴 마이크로필라멘트actin microfilament라는 미세한 섬유가 존재한다. 액틴 마이크로필라멘트는 지름 7nm 정도의 미세한 섬유로 액틴 단백질이 두 가닥으로 결합한 것이다. 이 역시 생물학을 배웠던 사람에게는 낯설지 않은 물질이다. 인간을 포함한 다세포 동물의 근육을 구성하는 중요한 물질 중 하나이기 때문이다. 아메바는 이를 이용해서 위족을 내고 먹이를 먹는다. 여기서는 우리 인간과 깊은 관련을 지닌 아메바인 이질아메바Entamoeba histolytica, 적리아메바의 삶과 사냥 방식을 살펴보자.

이질아메바는 원생동물아계 육질충편모충문 육질충아문 근족충상강 엽상위족강 무각아메바아강 아메바목라는 긴 분류학적인 명칭보다 이질이라는 단어가 들어가는 순간 어떤 문제를 일으키는 아메바인지 쉽게 이해가 가능하다. 우리가 오염된 물이나 음식을 먹으면서 이 녀석을 삼키면 아메바성 이질을 일으켜 복통, 점액변, 설사, 발열 등의 증상을 일으킬 수 있다. 그러나 흥미로운 사실은 90% 정도는 증상이 없거나 가벼워서 감염 여부를 잘 모른다는 사실이다. 이전 연구에 의하면 5억 명이 감염되고 매년 10만 명 정도가 사망한다고 알려져 있다.[3] 다만 이중 상당수는 형태가 비슷하지만 병원성이 없는 동형아메바Entamoeba dispar 감염에 의한 것으로 실제 이질아메바 감염 사례는 이보다는 적은 것으로 추정된다. 더욱 다행인 것은 국내엔 아메바 감염 자체가 드물다는 사실이다.

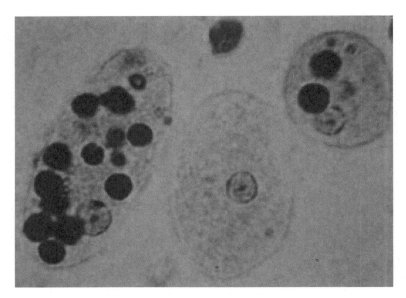

| 적혈구를 먹은 이질 아메바. 검은 색 점처럼 보이는 것이 적혈구다.

    필자가 처음 이 아메바를 본 것은 병리과 슬라이드였다. 아메바 내부에 소화되지 않은 빨간 적혈구가 보이는 슬라이드를 현미경으로 보고 있으면 이 녀석은 사람 적혈구를 주식으로 삼는 나쁜 녀석인 것 같다. 하지만 진실은 좀 다르다. 이 기생충(아메바도 단세포이긴 하지만 분명 동물이므로 기생충이다)은 생각보다 복잡한 생활사를 가진 원생동물이며 사실 적혈구를 주식으로 삼지 않는다.

    이질아메바가 사람 몸에 들어올 때는 물과 토양에 있는 피낭체 cyst 형태로 흡수된다. 아메바는 얇은 세포막만을 가지고 있는데, 이 상태로는 거친 환경에서 견디기 어렵기 때문이다. 장시간 외부 환경에서 견딜 수 있는 피낭체는 위산이라는 강력한 산성 환경에서도 살아남아 목표 지점인 대장까지 도달할 수 있다. 일단 장으로 들어오면 피낭에 숨어있던 아메바가 이제 영양체trophozoite의 형태로 바뀐다. 껍질을 벗어던지고 우리에게 친숙한 아메바 형태가 되는 것이다.

이렇게 사람 대장 속으로 들어온 아메바는 표면의 점액층mucus layer에 보금자리를 만들고 대장 속에 풍부한 장내 세균을 먹으면서 삶을 영위한다. 대장 속에서 번성하는 장내 세균은 그 수가 인간 세포보다 더 많다. 이곳에서 아메바는 인간이 제공하는 음식물을 먹는 박테리아를 먹으면서 장내 생태계의 먹이사슬에서 정상을 차지한다. 이를테면 세렝게티의 초식동물을 사냥하는 사자 같은 존재다.

그런데 좀 더 정확히 말하면 장 속의 이질아메바는 사자와는 비교도 되지 않을 만큼 호사를 누리는 생명체다. 장 속의 세균은 세렝게티의 초식동물과는 비교도 되지 않을 만큼 풍부할 뿐 아니라 얼룩말처럼 사냥하기 힘든 것도 아니어서 아메바는 그냥 근처에 오는 먹이감을 잡아먹기만 하면 된다. 사실 장내 세균의 양으로 생각하면 이들은 먹이가 가득 든 거대한 욕조 안에서 사는 것과 다를 바 없다. 다만 대장 내부는 산소가 희박한 환경이므로 여기에 적응해서 미토콘드리아를 과감히 포기한 것으로 보인다. 한때 이들은 미토콘드리아가 없는 진핵세포라는 이유로 아케조아의 유력한 후보 가운데 하나로 지목되기도 했지만, 앞서 설명했듯이 현재는 가설 자체가 폐기되었다. 결국, 이질아메바는 현생 진핵생물의 조상에서 게으른 기생충의 자리로 다시 돌아왔다.

하지만 기생충이라도 따뜻한 사람 대장 점막층에서 자신의 자리를 지키면서 맛난 장내 세균만 먹을 때는 아무런 문제를 일으키지 않는다. 당연히 대부분 감염은 무증상으로 끝날 수밖에 없다. 그런데 인체의 면역력이 약해지거나 혹은 알 수 없는 이유로 해서 아메바가 점액층을 떠나 더 아래 있는 세포층에 도달하는 경우가 생긴다. 이렇게 본래 위치를 지키지 않으면 본격적으로 염증이 발생하는 것이다. 일단 인체 조직 안으로 침투한 아메바는 생각보다 식성이 까다롭지 않아서 인간 세포도 가리지 않고 잘 먹는다. 그런데 이 역시 이유가 있다.

앞서 자세히 설명하지 않았지만, 사실 식세포 작용 역시 생각보다 복잡한 기전으로 일어난다. 생각해 보라. 눈도, 귀도, 코도 없는 아메바가 어떻게 정확히 먹이를 파악하고 위족을 뻗어 먹이를 잡을 수 있겠는가? 아메바 표면에는 먹이에 결합하는 물질인 렉틴lectin이 존재한다. 렉틴은 당 결합 단백질의 일종으로 세포 표면에 있는 여러 당 분자(이 경우는 galactose와 N-acetylgalactosamine)와 결합한다. 본래 목적은 먹이가 되는 박테리아와 결합해 들러붙는 끈끈이인데, 아쉽게도 인간의 대장 점막 상피세포의 당 분자와도 결합이 가능하다. 사실 이 부분이 중요한데, 감염의 첫 단추는 이렇게 일단 몸 안으로 침투하는 데서 시작하기 때문이다. 첫 5초간이라도 눈길을 사로잡아야 소비자의 관심을 끌 수 있는 광고처럼 모든 일에는 처음이 가장 중요하다.

일단 들러붙는 데 성공하면 다음 단계는 둘러싼 후 먹는 것이다. 단, 인체 감염의 경우 인간 세포가 박테리아보다 훨씬 커서 당연히 꿀꺽 삼키기는 힘들다. 하지만 이 아메바는 다 집어삼키지 못해도 소화효소를 뿌려 먹이를 녹여 먹는 재주가 있다. 사탕을 삼키지 못해도 녹여서 조금씩 먹는 식이다. 물론 사람 세포는 사탕이나 아이스크림이 아니지만, 그래도 이 소화효소 앞에서는 속수무책으로 녹는다. Entamoeba histolytica에서 히스톨리티카는 사실 조직을 파괴한다는 의미다. 세균한테는 효과적인 방어막을 펼치는 장세포도 히스톨리티카의 소화효소 앞에서는 흐물흐물 녹아버린다. 이런 침투능력은 근연관계에 있는 동형아메바와의 차이점이다. 이 녀석은 이질아메바와 구분이 힘들 만큼 비슷하지만, 조직 침투 능력이 없어 인체에서 질병을 일으키지 않는다.[4]

조직 안으로 침투한 이질아메바는 조직을 더 크게 녹여 대장 점막에 궤양을 만들 뿐 아니라 출혈이 일어나면서 빠져나온 적혈구를 하나씩 게걸스럽게 먹는다. 아메바에겐 다행이고 우리에게는 불행으로 적혈구 표면에도 들러붙을 수 있기 때문이다. 이 정도까지 진행되면 이제 본격적으로 복통, 발열, 혈변, 점액변 등의 증상이 발생할 것이다. 그래도 아메바가 장 속에서만 문제를 일으키면 그나마 다행이다. 심한 경우는 아메바가 혈관을 타고 전파되어 간, 폐, 뇌까지 퍼진다. 이곳에서 농양을 만들면 매우 심각한 전신 감염이 되는 것이다. 특히 에이즈 환자처럼 면역력이 약해진 경우 심각한 아메바 감염이 쉽게 발생한다.

재미있는 사실은 에이즈를 일으키는 인간 면역 결핍 바이러스(HIV)에 감염된 조직과 세포를 먹은 아메바 역시 HIV를 가지고 있다는 사실이다. 이 사실은 큰 우려를 낳았다. 워낙 흔한 아메바로 사람에 기생하는 녀석이라 이 아메바가 HIV를 옮기고 다니면 대책이 없기 때문이다. 그러나 천만다행으로 아메바가 먹은 HIV는 감염성을 상실하고 내부에서 증식하지도 않는 것으로 나타났다.[5] 숙주가 워낙 다른 탓이지만, 만에 하나라도 HIV가 아메바 안에서 증식할 수 있거나 감염력을 유지한 채 다른 사람에게 전파될 수 있다면 인류는 큰 위기에 처했을지도 모르는 일이다. 사람 입장에서는 아주 좋은 녀석은 아니지만, 그렇다고 아주 철저한 악당도 아닌 녀석이 바로 이질 아메바다.

농사와 광합성을 하는 아메바

아메바는 인간에게 해를 끼치든 아니든 간에 보통 좋은 뜻으로는 쓰이지 않는다. '아메바 같은 녀석'이라는 말에 좋은 뜻이 담겨있지는 않을 것이다. 대부분 아메바는 오래전 다세포화를 마친 다른 원생동물과 분리된 우리의 먼 친척으로 지금까지 단순한 단세포 생활을 고집하고 있다. 그런 만큼 단순하고 하등한 생물이라는 편견이 우리 안에 자리 잡고 있다.

하지만 이것이 잘못된 편견이라는 사실은 지구상에 박테리아가 가장 흔한 생물체이고 단세포 진핵생물이 여전히 번성하고 있다는 점에서 명확히 증명된다. 만약 진핵생물이 더 우월하다면 현재까지 수많은 세균이 번성하고 있는 이유는 무엇일까? 마찬가지로 다세포 생물이 우월하다면 왜 수많은 단세포 진핵생물이 존재할까? 원핵생물에서 진핵생물로 가는 강력한 진화압이 존재한다면, 다시 말해 진핵생물이나 다세포 생물이 생존에 더 유리하다면 현재는 세균 같은 원핵생물이나 단세포 진핵생물이 자연선택에 의해 도태되어 사라져야 한다. 그렇지 않다는 것이 이들의 삶이 잘못된 것이 아니라는 점을 입증한다.

더구나 이들은 단순하기만 생물체가 아니다. 앞서 살펴본 델로비브리오처럼 박테리아의 생활사 역시 상상을 초월할 정도로 다양하다. 사실 가장 단순한 박테리아라도 보잉 747보다 더 복잡한 구조를 지닌 유기체다. 이보다 더 복잡한 아메바 역시 우리의 상상을 초월하는 다양한 삶의 방식을 가지고 있다. 하지만 박테리아를 키우는 재주를 지닌 아메바가 존재한다는 것은 진핵세포의 복잡성에 익숙한 과학자들에게도 놀라운 발견이다.

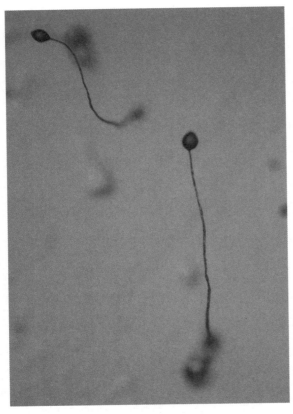

| 딕티오스텔리움 디스코이데움의 자실체

딕티오스텔리움 디스코이데움Dictyostelium discoideum은 여러 가지 독특한 특징을 지닌 토양 아메바로 많은 연구가 이뤄진 단세포 생물이다. 이 아메바는 점균류Mycetozoa에 속하는데 아메바이면서 포자를 만들고 이 포자가 발아해서 독립된 아메바가 되는 독특한 특징을 가지고 있다. 더구나 독립된 토양 아메바로 존재할 수도 있으나 환경이 나쁠 때는 모여서 점액 같은 다세포 덩어리를 형성하는 등 단세포와 다세포의 특징을 동시에 지닌 카멜레온 같은 녀석이다.

하지만 더 놀라운 사실이 2011년에 밝혀졌다. 데브라 브룩Debra A. Brock을 비롯한 연구자들이 이 아메바가 농사를 짓는다는 것을 확인한 것이다.[6, 7] 이들이 먹이로 삼는 박테리아인 슈도모나스 플루오레센스Pseudomonas fluorescens는 인체에는 무해한 토양 내 박테리아로 흔하게 볼 수 있는 세균이다. 토양 아메바인 딕티오스텔리움 디스코이데움은 이 박테리아를 먹고 산다. 그런데 과학자들은 이 아메바가 일부 박테리아를 소화시키지 않고 체내에 보관한다는 사실을 발견했다. 그 이유는 소화불량이 아니라 농부들이 다음 해에 파종할 씨앗을 먹지 않고 남기는 것과 동일하게 종자를 보존하는 것이다.

딕티오스텔리움 디스코이데움은 자실체fruit body, 포자를 만드는 영양체라는 상태에서 농사지을 균을 내부에 보관한다. 이후 아메바는 다른 곳에 정착한 후 주변 토양에 이 박테리아를 뿌리고 키워서 다시 잡아먹는다. 물론 정확히 말하면 식물이 아니라 박테리아를 키우는 것이기 때문에 농사와는 조금 다르지만, 놀라운 일인 건 분명하다. 언제 박테리아를 보존하고 파종한 후 잡아먹어야 하는지 단순한 세포 하나가 모두 알고 있기 때문이다. 하지만 아메바의 다양한 진화는 여기서 멈추지 않는다.

민물에서 사는 아메바의 일종인 파울리넬라Paulinella는 엽록체의 기원을 설명할 수 있는 모델로 과학자들의 주목을 받고 있다. 믿기 어려운 이야기일지도 모르겠지만, 이 아메바는 몸속에 광합성을 할 수 있는 박테리아인 시아노박테리아를 품고 여기서 에너지를 공급받는다.[8] 여기서 중요한 것은 이들이 가진 것이 엽록체가 아니라 시아노박테리아라는 사실이다. 즉, 아직 세포 소기관으로 진화하기 이전의 독립된 박테리아를 품고 있다.

이 현상을 설명할 수 있는 유력한 가설은 오래전 파울리넬라의 조상이 시아노박테리아를 먹으면서 살아가다가 우연히 소화시키지 않은 시아노박테리아를 품게 되었고 시간이 지나면서 이 박테리아를 죽이지 않고 양분을 섭취하는 방식을 진화시켰다는 것이다. 물론 반대로 시아노박테리아가 아메바 내부에 기생하면서 공생 관계가 시작되었을 수도 있지만, 독립 생활을 하는 시아노박테리아가 기생해서 얻을 수 있는 이점이 확실치 않은 점을 생각해보면 아무래도 소화되지 않은 박테리아 쪽이 더 가능성 있는 가설로 보인다. 쉽게 말해 적어도 15억 년 이전에 발생한 엽록체의 세포 소기관화가 다시 일어난 것이다.

　독일과 미국의 연구팀은 파울리넬라와 시아노박테리아의 유전자를 해석해서 이와 같은 세포 내 공생이 발생한 것이 약 1억 년 전이라고 추정했다.[9] 그 사이 상당한 공진화가 이뤄져 이제 이 시아노박테리아와 파울리넬라는 서로가 없이는 못살 정도에 이르렀다. 심지어 일부 파울리넬라는 이제 포식자로서의 과거를 잊고 식물로 살기로 작정한 듯 아예 식세포 작용도 잘 하지 않는다. 하지만 아직 엽록체로 완전히 진화된 것이 아니라 몇 가지 곤란한 문제도 있다. 대표적인 것은 아직 유전자가 시아노박테리아 안에 존재한다는 것이다.

　미토콘드리아나 엽록체의 유전자는 이미 대부분 핵으로 이동했다. 여기에는 몇 가지 이유가 있다. 일종의 발전소 역할을 하는 세포 소기관이다 보니 유전자가 손상될 가능성이 크다. 여기에다 세포 하나에 미토콘드리아는 수천 개가 존재할 수도 있다. 수천 개의 동일한 유전자를 가지고 있는 것은 엄청난 낭비다. 동시에 박테리아가 가진 유전자는 상당히 불안정해 소실되는 경우도 많다. 이런 문제로 인해 항시 대기해야 하는 일부 유전자를 제외한 대부분 유전자가 핵으로 이동한 것이다.

그런데 파울리넬라 안에 사는 시아노박테리아는 아직 이 과정을 거치지 못했다. 따라서 상당히 곤란한 문제가 발생한다. 시아노박테리아가 증식하다 보면 유전자를 잃는 경우가 나오는데 과연 어디서 보충할 것인가? 자유 생활을 하는 박테리아는 상호 간에 쉽게 유전자를 교환한다. 그래서 필요 없는 유전자는 정말 과감하게 버린다. 하지만 핵 속에 많은 유전자를 지닌 진핵생물은 그렇게 하기 힘들다. 안전하게 보관하는 대신 쉽게 꺼내서 교환하기가 어렵기 때문이다. 이런 문제 때문에 파울리넬라는 마치 박테리아처럼 자유 생활을 하는 시아노박테리아로부터 유전자를 받아들이는 방법을 진화시킨 것으로 보인다.[10]

어쩌면 파울리넬라의 사례는 아마도 식물의 조상 역시 한때 단세포 포식자였다는 점을 암시하는 것일지도 모른다. 아메바를 포함해서 단세포 사냥꾼의 다양함은 이루 말할 수 없고 어떤 방향으로든 진화할 가능성이 있다. 초기 단세포 사냥꾼이 식물로 진화했다고 해도 놀라운 일은 아닐 것이다.

chapter 4

:

세포가 여럿인 포식자가 등장하다

왜 다세포인가?

생명의 역사에는 몇 가지 큰 미스테리가 있다. 최초의 세포가 어떻게 탄생했는지 그리고 최초의 진핵생물이 어떻게 등장했는지가 대표적이다. 여기에 더해서 생각할 수 있는 문제가 최초의 다세포 생물이 탄생한 이유와 과정이다. 다행히 이 문제는 앞서 두 질문보다는 그나마 설명이 수월하다. 왜냐하면, 현생 생물 가운데 두 가지 특성을 지닌 생명체들이 존재하기 때문이다. 앞서 예를 든 딕티오스텔리움이 그렇다. 이들은 다세포 집단으로 존재하다 하나의 아메바로 분리되어 생활할 수 있다. 단세포 생물로 존재하다 군체로 모여 생활하는 생물은 의외로 드물지 않다. 다세포 생물의 진화 모델로 많은 연구가 이뤄진 볼복스Volvox의 경우 체세포와 비슷한 역할을 하는 다수의 세포와 생식기능을 담당하는 약간의 세포가 모여 군체를 이룬다. 이들은 다소 불완전한 다세포 생물로 단세포 조상으로부터 진화된 지 2억 년 이내에 불과한 생물이라고 생각되고 있다.[1] 그런데 여기서 근본적인 질문을 하나 해보자. 이들은 왜 모였을까?

백지장도 같이 들면 낫다는 속담처럼 같은 종의 생물이 여러 집단으로 모이면 몇 가지 유리한 상황을 만들 수 있다. 심지어 세균도 모여서 생물막biofilm을 형성해 먹이가 되는 유기물을 분해하거나 성장에 좋은 환경을 함께 만든다. 조금만 주위를 둘러보면 다세포 생물의 장점 역시 분명해 보인다. 다세포 생물이 아니라면 어떻게 거대한 나무, 하늘을 나는 새, 고도의 사고 기능을 지닌 인간 같은 생물이 가능하겠는가? 그러나 사실 이것은 우리의 편견에 지나지 않는다. 초기 다세포 생물은 그냥 세포 덩어리에 불과했을 것이고 이들이 할 수 있는 일은 많지 않았을 것이다.

그리고 언뜻 생각하기에 뭉쳐서 손해 볼일은 없을 것 같지만, 사실은 상당한 비용을 감수해야 한다. 여러분이 광합성을 해서 먹고 사는 단세포 조류algae라고 하자. 햇빛, 물, 이산화탄소 같이 살아가는 데 필요한 물질을 흡수하려면 서로 간격을 지니고 떨어져서 존재하는 것이 가장 유리하다. 자원은 제한되어 있고 서로 한정된 자원을 가지고 경쟁하는 데 너무 가까이 있으면 불리하다. 동물 역시 다르지 않다. 여러분이 박테리아를 먹고 사는 아메바라고 해보자. 자신에게 유리한 환경을 만들기 위해서 서로 뭉치면 좋은 점도 있기는 하겠지만, 머지않아 곤란한 문제에 직면한다. 앞에서 예를 든 각설탕의 문제가 다시 생기는 것이다.

가로, 세로, 높이가 각각 $10\mu m$($1\mu m$는 1,000분의 1mm)인 세포가 8개 모여 $20\mu m$로 커지면 면적은 4배 증가하지만, 부피는 8배 증가한다. 여러분이 위족 운동을 통해서 먹고 산다면 세포 표면은 입이나 다를 바 없다. 이는 다시 말해 체중이 2배 늘었는데 입은 그대로인 상황과 마찬가지다. 문제는 그것만이 아니다. 한 번의 이동을 통해서 잡을 수 있는 먹이의 양이 한정된 만큼 부피만 8배 늘고 먹는 건 거의 비슷할지도 모른다. 호흡 문제도 심각하다. 체중이 8배 증가할 때 폐는 4배 증가하는 셈이므로 어느 정도 크기가 커지면 안쪽에 위치한 세포는 산소 공급도 받기 힘들어진다.

따라서 척추동물처럼 큰 다세포 동물은 매우 발달한 혈관과 폐, 심장을 지니고 있다. 모든 세포가 표면에서 직접 산소를 흡수하고 영양분을 공급받지 못하니 통로를 내고 물질을 순환시키는 것이다. 물론 훌륭한 해결책이긴 하지만, 이것이 과연 문제의 근본적인 해결일까? 우리는 흔히 이렇게 발달된 장기를 고등한 생명체의 증거로 생각하지만, 이것이 항상 유리하지는 않다. 만약 심장의 관상동맥 혈관이 막혀 심장이 제대로 뛰지 않는다고 생각해보자(의학적으로는 급성 심근 경색이라고 부르는 상황이다). 최악의 경우 나머지 세포는 다 멀쩡해도 심장이 뛰지 않아서 개체에 있는 모든 세포가 죽는다. 이런 일이 생기지 않더라도 365일 24시간 쉬지 않고 순환계를 유지하려면 많은 에너지를 대가로 지불해야 한다. 하지만 그래도 다세포 생물이 진화한 것은 이를 상쇄하고 남을 이점이 있었다는 이야기다.

그 이점을 간단하게 설명하기는 어렵지만, 아마도 먹이를 잡는 포식활동과 밀접한 연관이 있을 것으로 추정할 수 있다. 10개의 세포가 모였을 때 혼자보다 먹이를 20배 더 많이 구할 수 있다면 일부 세포가 먹이를 구하지 못해도 문제될 것이 없다. 인류가 농경을 시작하면서 많은 잉여 식량이 남게 되고 그로 인해 직접 식량을 구하지 않아도 되는 계층이 증가하면서 사회가 복잡해진 것과 비슷하다. 사실 관료, 군인, 학자, 종교인, 예술가, 장인, 상인 등 다양한 직업이 등장한 건 농업을 통해서 훨씬 많은 인구를 먹여 살릴 수 있게 된 것과 연관성이 있다. 다세포 동물 역시 소화기관 외에 다양한 세포조직을 분화시킬 수 있는 것은 그만큼 여유가 생겼다는 이야기다. 그러면 그 과정의 시작은 어땠을까? 여기에 단서를 제공하는 몇 가지 생물체가 있다.

다세포 동물의 진화 연구에서 중요한 생물체 중 하나는 동정편모충류choanoflagellate다. 이 단세포 편모충류는 단독으로 생활하지만, 일부 종은 수백 개가 구체로 모인 군체 상태로 영양분을 흡수한다. 물론 볼복스도 비슷해 보이지만, 이 녀석은 광합성을 하는 식물이라는 차이가 있어 다세포 포식자의 기원을 설명하기는 어렵다. 과학자들이 동정편모충류에 큰 관심을 보인 이유는 그 형태가 나중에 이야기할 해면동물의 깃세포choanocyte와 유사하기 때문이다.[2] 동시에 동정편모충류에 대한 유전자 연구는 후생동물metazoa과의 연관성을 보여준다.

후생동물은 어려운 전문 용어처럼 들리지만 사실 간단히 말해 다세포 동물의 의미한다. 하나의 세포로 된 단세포 동물은 원생동물protozoa로 구분한다. 동정편모충류는 이 양자 사이에 특징을 두루 갖추고 있다. 그래서 다세포 동물의 조상이거나 반대로 다세포 조상에서 진화해서 다시 단세포 생활로 돌아간(놀랍지만, 실제로 그런 사례들이 존재한다) 생물로 의심받기도 했다. 하지만 현재 연구 결과는 동정편모충류가 대략 6억 년 전에 후생동물의 조상과 갈라진 매우 가까운 사촌이라는 점을 시사한다. 이들은 다음 장에 설명할 해면동물과 밀접한 연관이 있다.

세포 협동조합

1990년대에 과학계를 뜨겁게 달궜던 가설이 바로 눈덩이 지구 Snowball Earth 가설이다. 하버드 대학의 지질학자인 폴 호프만Paul F. Hoffman 교수 등이 제시한 가설에 따르면 대략 6~8억 년 전 사이 지구는 지표 대부분이 눈과 빙하로 덮여 있었으며 심지어 바다 위의 얼음 두께가 1km에 달하는 지역도 있었다. 과감한 주장을 하는 과학 이론이 항상 직면하는 일이지만, 이 주장은 학계에서 격렬한 논쟁을 일으켰다. 하지만 현재는 대략 7억 2000만 년 전에서 6억 3500만 년 전 사이 실제로 지구가 매우 추워서 대부분 지역이 눈과 빙하로 덮였던 시기가 있었던 것으로 받아들여지고 있다.[3] 이 시기는 크라이오제니아기cryogenian period라고 불린다.

갑자기 눈덩이 지구 이야기를 꺼낸 것은 이것이 최초의 다세포 사냥꾼의 출현과 관련이 있어 보이기 때문이다. 아마 이 시기 등장한 최초의 다세포 동물은 먹이 사냥을 위해 뭉친 단순한 세포 조합수준을 벗어나지 못했을 것이다. 조합원 숫자도 많아야 수백 명 수준에 불과하고 가입과 탈퇴도 자유로운 느슨한 조직이었을 것이다. 그런 만큼 이들이 화석상의 기록으로 남기는 거의 불가능하다. 종종 뭉쳐 있는 세포를 발견하더라도 실제 초기 다세포 동물인지 그냥 화석화 되는 과정에서 뭉친 건지 파악하기도 힘들다. 따라서 최초라고 인정되는 다세포 동물 화석은 이미 어느 정도 형태를 갖춰서 몸이 나타나는 좀 더 큰 형태의 세포 협동조합이다. 이렇게 초기 등장한 다세포 동물로 해면동물이 있다.

사실 해면동물문Porifera은 과거 무생물이나 광물로 분류된 적도 있을 만큼 움직이는 생물이라는 뜻의 동물과는 매우 다른 모습을 하고 있다. 사실 해면은 신경계, 근육, 소화계, 순환계가 따로 분류되지 않아 진정한 의미의 후생동물이 아니라 그냥 세포의 모임에 불과하다는 주장도 있다. 그래서 옆으로 샌 동물이라는 뜻의 측생동물로 분류하기도 한다. 그러나 동정편모충류와 달리 항상 모여서 집단을 이루고 일정한 구조를 형성하기 때문에 다세포 동물로 분류하는 것이 옳을 것이다.

최초의 해면동물 화석 역시 논란의 대상이지만, 2009년 고든 러브 Gordon Love를 비롯한 연구자들은 크라이오제니아기 말에 형성된 것으로 보이는 일반적인 보통 해면demosponges의 증거를 〈네이처〉 지에 보고했다.[4] 따라서 최초의 해면동물은 적어도 크라이오제니기 아기에는 등장했던 것으로 보인다. 해면동물이라고 하면 만화 주인공 스펀지밥의 사는 장소처럼 따뜻한 열대 바다를 먼저 떠올리지만, 의외로 그 시작은 지구가 몹시 추웠을 때다. 왜일까? 정확한 이유는 몰라도, 어쩌면 세포 조합을 이루는 것이 힘들어진 환경에서 살아남은 비결 가운데 하나였을지도 모른다. 해면의 독특한 구조 덕분에 먹이인 박테리아를 더 쉽게 잡을 수 있기 때문이다. 이를 이해하기

| 온갖 형태의 해면동물

위해서는 해면의 몸 구조에 대한 지식이 필요하다.

해면동물은 몸 구조에 따라 크게 아스콘형Asconoid, 시콘형
Syconoid, 류콘형leuconoid으로 나눌 수 있다. 이 중에서 가장 단순하
고 아마도 가장 먼저 생겼을 것으로 추정되는 형태는 아스콘형이다.
아스콘형은 둥근 유리잔에 여러 개의 구멍을 뚫은 구조로 설명할 수
있다. 해면의 몸에는 소공이라고 부르는 작은 구멍이 있고 이 구멍
으로 위강이라고 불리는 내부의 빈 공간으로 물을 빨아들인다. 그
원동력은 깃세포(혹은 동정세포)라는 동정편모충과 비슷하게 생긴 세

포다. 나란히 놓인 깃세포는 마치 노를 젓는 선수처럼 열심히 편모를 저어서 물의 흐름을 만들 뿐 아니라 여기에 실려 들어오는 유기물과 박테리아를 잡아먹는다. 그리고 물은 대공이라고 불리는 구멍으로 내뿜는다. 해면에 있는 위를 향한 큰 구멍이 그것이다. 시콘형과 류콘형은 여기서 통로와 구조가 더 복잡할 뿐 기본적으로 대동소이한 구조를 지니고 있다. 따라서 동정세포가 해면을 이루는 기본적 세포지만, 이외에도 몸 구조를 이루는데 필요한 표피세포, 단단한 구조를 만드는 생골세포 등 생각보다 다양한 세포가 존재하며 적지 않은 수의 공생 박테리아도 같이 생활한다.

동물처럼 보이지 않는 외형과 달리 해면이야말로 최고의 박테리아 사냥꾼이다. 해면 1kg은 하루 수천 리터의 바닷물을 걸러내 그 안에 있는 박테리아를 마음껏 먹을 수 있다. 밀도는 낮을지언정 바다에는 막대한 양의 박테리아가 존재하기 때문이다. 먹이를 잡기 위해 분주히 움직이는 다른 고등한 포식자들을 비웃기라도 하듯이 해면은 먹이를 자기 쪽을 끌어들여 천천히 음미한다. 해면동물이 굳이 근육을 만들어 움직일 필요가 없는 이유다. 하지만 해면동물의 장점은 이것만이 아니다. 해면은 단순한 구조로 말미암아 일부 세포를 제외한다면 대부분 세포가 물과 직접 접촉한다. 이 구조는 조직 tissue이라고 부르기엔 엉성한 구조지만, 대신 물질 교환에는 이상적인 구조로 몸 전체가 폐가 되는 것과 다를 바 없다. 여기에 물도 엄청나게 걸러내 웬만해서는 산소가 부족해질 가능성이 없다. 단순하지만 풍부한 먹이, 그리고 웬만한 저산소 환경에서도 문제없는 몸 구조로 인해 해면은 여러 차례 있었던 대멸종 사건에서도 모두 살아남았다.

예를 들어 지금으로부터 대략 4억 4천만 년 전인 오르도비스기 말에도 전체 생물 종의 85%가 절멸한 대멸종 사건이 있었다. 이 사건 직후에 형성된 중국의 안지 생물군Anji Biota을 조사한 중국과 영국의 과학자들은 다양한 해면 화석을 발견하고 놀라지 않을 수 없었다. 초기 발견단계에서만 100종의 해면 화석이 나왔고 발굴 장소마다 해면의 종류가 다를 만큼 종류가 많았다. 반면 해면 이외의 화석은 거의 없다시피 했다. 한마디로 대멸종 직후 해면 세상이 도래한 것이다.[5] 해면의 생존능력을 생각하면 당연한 일이기도 하다. 해면은 놀랄 만큼 환경에 잘 적응한 동물로 지금도 번성하고 있다. 더욱이 현재 인류가 마구잡이로 환경을 파괴하는 점을 생각하면 황폐해진 미래 바다에서 더 크게 번성할 가능성도 있다.

우리가 편견을 버리고 생각한다면 왜 해면이 6억 년 전부터 지금까지 신경과 근육을 진화시키지 않았는지 충분히 이해가 가능하다. 굳이 필요가 없기 때문이다. 에너지가 많이 드는 조직과 장기를 진화시키지 않았기 때문에 해면은 박테리아만 건져 먹어도 살 수 있다. 해면이야말로 에너지가 많이 드는 장기를 유지하려고 많이 먹어야 하고 다시 그것 때문에 에너지가 많은 장기를 발전시키는 악순환

(?)의 고리를 일찍부터 벗어던진 선각자라고 할 수 있다. 그들을 측생동물로 분류하는 것은 어쩌면 인간의 오만인지도 모른다. 해면은 단세포 진핵생물이 가장 이상적인 상태로 조합을 이룬 것이기 때문이다.

물론 해면의 삶도 물론 훌륭하지만, 모든 다세포 동물이 해면으로 진화하지 않았다는 점은 하나의 정답만 있는 것은 아니라는 점을 보여준다. 해면동물의 단점은 큰 먹이를 사냥하기는 힘들다는 것이다. 해면이 물고기를 사냥한다는 것은 상상하기 힘들다. 하지만 해면과 같이 다세포 동물의 초기 진화에 등장한 다른 동물문이라면 얼마든지 가능하다. 바로 해파리 이야기다.

젤리 사냥꾼

흐물흐물한 젤리 모양으로 생긴 괴물이 촉수를 내밀어 몸에 독을 주입한 후 몸이 마비된 상태에서 입으로 가져가는 모습을 상상해보자. 만약 우리가 바닷속에 사는 물고기라면 해파리의 모습이 이렇게 보일 것이다. 해파리는 자포동물문Cnidaria에 속한다. 젤리류가 아니라 자포동물문으로 분류하는 데서도 알 수 있지만, 독을 쏘는 세포인 자포Cnidocyte가 이 동물문의 특징이다. 자포와 촉수, 그리고 거대한 주머니 구조의 몸 덕분에 해파리는 성공적인 포식자로 6억년 이상 번성하고 있다.

단세포 동물이 모여서 사냥을 하기 위해서는 두 가지 선택이 있다. 하나는 해면동물처럼 본래 먹던 박테리아를 먹기 위해 협력하는 것이다. 그러나 해면의 몸 구조로는 자신보다 큰 먹이는 사냥하기 힘들다. 만약 자신보다 큰 먹이를 사냥하려면 어떻게 해야 할까? 여러 개의 세포가 모여 하나의 밀폐된 방을 이루고 그 안에 먹이를 넣은 다음 소화액으로 녹여 먹으면 된다. 이는 우리에게 친숙한 방법이다. 우리가 항상 하는 포식 행위이기 때문이다. 아마도 해파리나 자포동물만큼 오래된 동물문인 유즐동물에 속하는 빗해파리류가 이런 방식을 사용한 최초의 동물일 것이다.

일단 입과 위를 만들기 위해서는 세포들이 모여 하나의 방이 이뤄야 한다. 가장 간단한 형태는 그냥 작은 세포 주머니지만, 이 상태의 화석은 확인하기 어렵다. 물론 그런 화석들을 발견했다는 주장은 있었다. 예를 들어 버지니아 대학의 연구팀은 중국의 지층에서 지름 1mm이하의 작은 세포 덩어리들을 발견해 〈네이처〉에 발표했다.[6] 이는 최소 6억 년 전의 세포 덩어리들이지만, 정확히 어떤 종류인지는 알기 힘든 그런 화석이다. 초기 다세포 동물이라고 해봐야 사실 가입과 탈퇴가 자유로운 세포 협동조합 수준을 넘어서지 못했을 테니 이런 모양을 해도 이상하진 않지만, 이러면 진짜 다세포 동물인지 확인하기조차 쉽지 않다. 다행히 이 화석의 경우 세포 분화 등의 특징이 보여서 다세포 생물이거나 혹은 그 배아embryo일 가능성이 있다.

　해파리의 조상 역시 이런 작은 세포 덩어리에서 시작했을 것이다. 그런데 여기서 한 가지 의문을 품어볼 수 있다. 당시 먹을 거라고 해 봐야 박테리아나 단세포 생물밖에 없었을 텐데 굳이 그렇게 커질 이유가 있었을까? 6억 년 전 해파리의 조상이 수억 년 후 등장할 물고기를 잡기 위해 당시부터 커져야 하는 이유는 어디에서도 찾을 수 없다. 그 이유에 대한 명쾌한 설명을 찾기는 어렵지만, 어쩌면 진화적 군비 경쟁이 하나의 이유일지도 모른다. 흥미롭게도 현재도 그런 증거를 찾을 수 있다. 예를 들어 고니움 펙토랄레Gonium pectorale는 세포 16개로 구성된 매우 단순한 녹조류이지만, 그래도 이렇게 뭉쳐서 이득을 얻을 수 있다. 덩치가 커진 만큼 이제 단세포 동물이 잡아먹기는 힘들어졌기 때문이다.[7] 대신 이는 더 큰 포식자의 진화를 촉진한다.

　작은 세포 덩어리에서 더 커진 제대로 된 자포동물 화석의 등장은 5억8천만 년 전으로 거슬러 올라갈 수 있다.[8] 중국에서 발견된 미세 화석으로 초기 방사대칭 이배엽 생물의 발달 단계를 보여주는 화석이다. 해파리 같은 자포동물을 전문적으로 설명하면 방사대칭radiata과 이배엽성동물Diploblastica이라고 할 수 있다. 우리는 해파리가 매우 하등한 동물이라고 생각하지만, 그래도 세포 협동조합 수

준인 해면과는 비교할 수 없는 복잡성을 지녔다. 이들은 결코 같은 세포들의 덩어리가 아니다. 내배엽과 외배엽이라는 서로 다른 두 개의 큰 세포 집단으로 구성된 다소 복잡한 존재다.

자세히 이야기하려면 복잡하지만, 간단히 말해 내배엽은 가장 안쪽에 생기는 세포층이라고 생각할 수 있다. 두 개의 세포층으로 주머니를 만들 때 그 안쪽에 있는 세포층인 셈이다. 기능은 쉽게 예상할 수 있듯이 소화액을 분비해 소화를 시키고 그 양분을 모두에게 나눠주는 것이다. 외배엽은 밖에 있는 세포층이다. 밖에 있으니 이 세포층이 표피나 피부로 기능할 것이라는 점은 쉽게 이해할 수 있다. 감각 기관과 신경계 역시 밖에 있어야 하니 외배엽성 기원이다. 자포동물은 이 두 개의 층으로 구성되어 있으며 중간에는 젤리 비슷한 물질로 세포로 채워져 있다. 기본적인 몸 구조가 두 층으로 만든 세포 주머니인 만큼 구조는 단순하지만, 대신 엄청나게 커질 수 있다는 장점이 있다.

최근에 우리나라 앞바다에서 그물이 터질 듯이 잡혀 어민들의 걱정거리가 된 노무라입깃해파리Nemopilema nomurai의 경우 지름 1m, 길이 5m, 무게 200kg까지 커질 수 있다. 여기에 독을 쏘는 자포까지 지녔으니 해파리는 꽤 무시무시한 사냥꾼인 셈이다. 젤리처럼 투명하게 다가와서 독으로 마비시키는 사냥 전략은 수억 년 동안 매우 훌륭하게 해파리를 상위 포식자 목록에 올려놨다.

세포 주머니 디자인의 다른 장점은 물질 교환을 위해 복잡한 구조가 필요 없다는 것이다. 척추동물이 지닌 호흡기와 순환기 계통은 매우 복잡하고 정교하며 값비싼 유지비가 드는 장치다. 물론 몇 가지 큰 장점도 있지만, 적지 않은 비용 부담이 발생하는 것이 사실이다. 그러나 얇은 세포층으로 구성된 해파리는 대부분 세포가 물과 직접 접촉하기 때문에 앞서 설명한 각설탕 문제를 피할 수 있다. 우리는 해파리를 열등한 존재로 바라보지만, 이렇게 뛰어난 몸 디자인 덕분에 이들은 6억 년 가까이 지구에서 번성을 누리고 있다.

그리고 인간 덕분에 앞으로 해파리는 더 번성을 누릴 가능성도 있다. 사실 바다에 물고기 대신 해파리가 늘어난 이유 가운데 하나가 인간이기 때문이다. 인간이 물고기를 남획하면서 해파리의 천적이 줄어들어 해파리의 입지가 커졌다. 실제로 프랑스 연구팀은 해양 과학 회보Bulletin of Marine Science에 어업에 의한 물고기의 남획이 최근 보고된 해파리 개체 수 증가의 원인일 가능성이 크다는 연구 결과를 발표했다.[9] 우리 입맛에 맞는 물고기를 마구잡이로 잡아들이고 바다를 오염시켰으니 당연한 결과다. 물론 지구의 역사를 돌이켜보면 인간 역시 영원히 존재할 순 없을 것이다. 그러나 인간이 사라진 후에도 바다에서 해파리는 여전히 번성할 가능성이 크다.

사라진 낙원, 기묘한 동물

여기까지 내용을 진행했다면 다음 순서는 자포동물보다 더 복잡한 좌우대칭형 삼배엽성 동물이 되리라 예측할 수 있을 것이다. 맞는 이야기지만, 필자는 여기서 한 번 옆으로 샐 생각이다. 왜냐하면, 그냥 지나치기엔 상당히 매력적이고 기묘한 동물들의 이야기가 있기 때문이다.

앞서 말한 눈덩이 지구의 시기가 끝난 후 지구는 다시 따뜻해졌다. 6억 3,500만 년 전의 이야기이므로 앞서 언급한 자포동물이나 해면동물이 진화한 시기와 크게 다르지 않다. 생명의 대폭발이라고 불리는 캄브리아기가 시작되는 5억 4,200만 년 전까지 대략 1억 년이 채 안 되는 긴 세월 동안 지구의 따뜻한 바다 아래 모랫바닥에는 이제까지 보지 못한 기묘한 생물들이 번영을 누렸다.

대부분 모래에 눌린 흔적처럼 남아있는 이 화석의 주인공을 에디아카라 생물군Ediacaran biota라고 부른다. 이 기묘한 생물들이 밀리미터 크기로 등장하기 시작한 것은 대략 6억 년 보다 조금 전이다. 이들의 화석은 19세기에도 가끔 보고되긴 했지만, 고생대의 첫 시기인 캄브리아기 이전에도 복잡한 생물군이 있었다는 사실이 진지하게 받아들여진 것은 20세기 중반 이후다.

그런데 이렇게 발견된 생물이 형태가 큰 논란을 불러일으켰다. 이 시기 생물의 대표인 딕킨소니아Dickinsonia의 경우 한 마디로 번데기를 눌러서 만든 빈대떡처럼 납작하고 방사선의 주름을 지니고 있는데, 대체 어떤 동물문으로 분류할 것인지는 고사하고 동물이 맞는지도 논쟁을 불러일으킨 것이다. 딕킨소니아의 몸길이는 수mm에서 1.4m까지 매우 다양하지만, 대부분 두께가 몇mm 이하로 얇은 점은 동일하다.[10] 한마디로 매우 넓적하게 생긴 괴생명체라고 할 수 있다.

이와 같은 몸 구조의 목적은 햇빛을 많이 받기 위한 것일 수도 있다. 이는 식물이거나 혹은 산호처럼 동물이지만, 공생조류를 지닌 생물체일 수도 있다는 증거다. 과거 이와 같은 공생설 및 광합성 가

┃ 딕킨소니아의 화석. 중간에 금은 화석이 갈라진 것이고 지문처럼 생긴 흔적이 화석이다.

설이 지지되기도 했지만,[11] 다른 과학자들이 발견한 증거는 이 괴생물체가 밑바닥을 기어 다니면서 미생물의 막을 먹었음을 시사한다.[12, 13] 그렇다면 이렇게 넓적하고 평평한 외모는 먹이를 먹기 위한 것일 수도 있다. 그러나 정확히 입이 어디인지는 아무도 모른다.

흥미로운 사실은 이 딕킨소니아를 비롯해 당시를 살았던 여러 괴상한 생물체들 - 이들을 자포동물이나 기타 동물군, 심지어 거대 단세포 생물로 분류해보려는 시도도 있었으나 일부에서는 현생 생물군과는 무관한 벤도비온타Vendobionta로 분류하기도 한다 - 이 살아있을 때 뜯어 먹힌 흔적이나 입에 해당하는 구조물이 없다는 것이다. 따라서 어떻게 먹고 살았는지에 대한 논쟁이 나오는 것도 당연하다.

딕킨소니아의 경우 자세히 보면 좌우 대칭형 생물이라는 것을 알수 있으며 아마도 머리 체절에 해당하는 부위는 있지만, 누구도 눈이나 입에 해당하는 부속지를 발견한 경우는 없다. 이는 이 고대 생물이 적극적으로 사냥을 하던 포식자는 아니라는 점을 시사한다. 벤도비온타로 분류될 수 있는 다른 생물체도 마찬가지다. 이 기묘한 생물체들은 에디아카라의 낙원에서 평화로운 삶을 누렸던 것 같다. 최소한 이들은 누구에게 잡아먹힐 걱정은 하지 않아도 됐기 때문이다. 하지만 눈과 입, 단단한 껍질을 가진 생물이 등장하면서 (이 모두는 사냥을 위해 필요하다) 이 낙원도 끝나고 본격적인 먹고 먹히는 다세포 동물의 시대가 도래한다.

chapter 5

•
•
•

대폭발

혈암속의 괴물들

1909년, 스미스소니언 연구소의 소장인 찰스 두리틀 왈콧Charles
Doolittle Walcott은 그의 연구팀은 물론 가족까지 대동하고 록키 산맥
의 지층을 조사했다. 왈콧은 이 장소에서 뜻밖의 수확을 거두었다. 버
제스 셰일Burgess Shale(버제스 혈암)이라고 명명된 5억 500만 년 전의
캄브리아기 지층에서 기묘한 생물체의 화석이 대량으로 쏟아져 나
온 것이다. 이후 여러 차례(1910~1913, 1917, 1924년)에 나눠 이곳에서
6만 개 이상의 화석 샘플이 발굴되었다.

| 1913년 버제스 셰일 지층에서 화석 표본을 발굴 중인 찰스 두리틀 왈콧.

　　그러나 왈콧 본인은 스미스소니언 연구소의 업무로 바빠 이 화석을 상세하게 분석할 수 없었고 당시에는 학계의 관심 역시 높지 않았다. 이후 다른 연구자에 의해 화석 수집이 이뤄지긴 했어도 1960년대 이전까지 버제스 셰일의 기묘한 화석들은 고생물학자들의 관심 밖이었다. 하지만 이후 이 화석들이 다시 빛을 보면서 고생물학자들은 20세기 고생물학의 가장 놀라운 발견이 이 혈암 속에 숨어 있었다는 사실을 발견했다.

　　캄브리아기 대폭발Cambrian explosion은 고생대의 첫 번째 기간인 캄브리아기(5억 4100만 년 전에서 4억 8540만 년 전까지)에 발생했던 다양한 다세포 동물의 출현을 의미한다. 물론 그전에 에디아카라기에도 온갖 기묘한 생물들이 등장했으나 대부분 현생동물과의 연관성을 찾기 어렵거나 논란의 대상이 된 데 비해, 버제스 혈암과 다른 지층에서 발견된 캄브리아기 생물상은 현재 존재하는 거의 모든 동물문이 이 시기에 등장했음을(물론 앞서 언급했듯이 해면동물이나 자포동물은 그 전에 등장했다.) 말해준다. 여기서 발견되는 동물군만 20문에 달하기 때문이다. 다만 5억 년 전 생물들의 생김새는 매우 이상해서 마치 초현실주의 미술 작품을 보는 것 같다.

캄브리아기 전까지 잠잠했던 다세포 동물의 진화가 이 시기에 극적으로 이뤄진 이유에 대해서는 아직 잘 모르는 부분이 많다. 많은 과학자가 산소가 그 원인이라고 믿고 있는데, 이는 사실 가장 그럴듯한 설명 가운데 하나다. 산소호흡을 통해서 얻어지는 많은 에너지야말로 복잡한 다세포 동물을 유지하는데 필수적이기 때문이다. 지구의 산소는 역사상 여러 차례 농도가 변하긴 했지만, 눈덩이 지구 시기 이후인 5억 8천만 년 전에는 어느 정도 의미 있게 상승해서 에디아카라 동물군의 탄생을 도왔던 것 같다.[1] 물론 그 후에도 높은 산소농도가 유지되면서 캄브리아기가 시작된 후에는 다양한 다세포 생물의 진화가 이뤄질 수 있었다.

캄브리아기 당시의 정확한 산소 농도를 추정하는 것은 어려운 일이지만, 과학자들은 대략 이 시기에 지구 대기 중 산소 농도가 10% 수준에 도달한 것으로 보고 있다. 이전 시대보다 높아진 산소 농도 덕분에 다세포 생물체는 이제 여러 곳에 쓸 여분의 에너지를 생성할 수 있게 되었다. 소득이 적으면 의식주처럼 꼭 필요한 지출만 하고 여행이나 취미에 대한 지출을 줄일 수밖에 없듯이 생물체도 에너지가 한정되어 있을 때는 필수적인 부분 이외에는 투자를 하기 어려울 수밖에 없다. 반면 소득이 높으면 이제 필수적인 지출 이외에 다양한 부분에 투자하거나 지출을 할 수 있게 된다. 다시 말해 복잡한 장기와 구조물을 지닐 수 있는 것이다.

크고 복잡한 건물에 많은 시멘트가 필요한 것처럼 복잡한 생물을 이루기 위해서는 상당히 많은 양의 단백질이 필요하다. 특히 복잡한 조직을 만드는 데 쓰이는 콜라겐collagen같은 구조 단백질을 만드는 데는 적지 않은 에너지가 필요하다. 따라서 산소 농도 증가와 함께 복잡한 생물이 탄생했다는 것은 놀라운 일이 아닐 것이다.[2] 여러 가지 증거를 종합하면 딱딱한 껍질이나 이빨을 가진 생물이 탄생한 것은 산소 농도가 일정 수준 이상 도달한 이후로 보인다.[3] 근육이나 신경 조직, 감각 기관 역시 예외가 아니다.

이렇게 보면 산소가 모든 의문을 말끔하게 해결해주는 것 같지만, 늘 그렇듯이 과학에는 더 복잡한 이야기가 있으며 지금도 논쟁은 계속되고 있다. 그리고 이 논쟁 가운데 재미있는 가설을 제시하는 과학자들도 있다. '눈의 탄생'을 쓴 생물학자 앤드류 파커는 눈 같은 감각기관의 진화가 다양한 진화를 일으킨 원인 가운데 하나였다고 소개하고 있다.

필자 역시 꽤 그럴듯하다고 생각한다. 눈 같은 감각 기관의 진화는 더 다양한 포식 전략을 가능하게 할 뿐 아니라 피식자 역시 대응 전략을 짜게 만든다. 눈으로 보고 먹이를 잡는다면 위장을 통해 천적을 속이거나 모래 속에 몸을 숨기거나 집단을 이루는 방법 등 매우 다양한 방어 전략을 진화시킬 수 있다. 물론 포식자 역시 대응책을 진화시켜 후각같이 다른 감각 기관을 발달시키거나 혹은 몸을 숨겼다가 기습하는 등 다양한 전략을 진화시키게 된다. 결국, 매우 다양한 진화상의 실험이 가능해지면서 다양한 형태의 생물이 등장하게 된다. 앞서 에디아카라 생물군에서 뜯어먹힌 흔적도 없지만, 눈이나 이빨은 물론 집게 같은 다른 부속지가 없다고 언급한 것을 기억하자. 큰 다세포 생물을 사냥할 필요가 없다면 눈이나 이빨도 필요 없다.

아마도 캄브리아기 대폭발은 이런 다양한 요인들이 서로 상승효과를 일으키며 지구 역사상 보기 어려웠던 새로운 생물의 탄생을 유발했을 것이다. 그리고 그 가운데는 진정한 의미에서의 포식자라고 부를 만한 육식 동물들이 대거 포함된다.

무서운 새우

어떤 생물인지는 모르지만, 거대한 이빨과 강력한 촉수를 지닌 생물의 화석을 발견했다면 강력한 육식동물이라는 데 의문을 제기할 사람은 많지 않을 것이다. 하지만 세상일이 종종 그러하듯이 처음에는 오해가 생기는 일도 드물지 않다. 캄브리아기에 가장 강력한 포식자였던 아노말로카리스과Anomalocarididae의 화석이 그 대표적 사례일 것이다. 기묘한 새우라는 뜻의 이 생물은 사실 19세기 말 처음 발견되었을 때 일부 부속지만이 발견되어 새우와 별로 닮지 않았는데도 이런 이름을 얻었다. 한동안 고생물학자들은 아노말로카리스를 적어도 세 가지 이상의 생물로 분류했는데, 심지어 버제스 혈암 생물군을 발견한 월콧마저도 아노말로카리의 입을 해파리의 일종으로 잘못 분류했을 정도다.

아노말로카리스는 큰 몸집을 지닌 생물의 화석이 종종 그렇듯이 일부만 화석화되는 경우가 많았다. 물론 5억 년이란 긴 시간을 감안하면 온전한 화석이 발견되는 일은 평생 착한 일만 하고 3대에 걸쳐 은덕을 쌓은 고생물학자에게도 쉬운 일이 아니었을 것이다. 우리가 박물관에서 보는 복원된 고대 생물과는 달리 실제 화석으로 발견되는 것은 뼈 몇 조각에 지나지 않은 경우가 많다. 그래서 여러 개의 표본을 서로 비교하거나 현생 근연종의 골격을 비교해 복원을 시도하기 마련이다. 그러다 보니 나중에 완전한 골격 화석이 발견되거나 새로운 사실이 발견되어 복원도가 대폭 수정되는 경우가 드물지 않다. 영화 〈쥐라기 공원〉에 등장하는 육식 공룡 랩터raptor(랍토르, 나중에 다시 다룰 것이다) 역시 깃털의 발견으로 인해 최근엔 도마뱀보다는 큰 칠면조와 닮은 모습으로 복원되고 있다. 이것만 해도 극적인 변화지만, 아노말로카리스는 여러 개의 동물이 하나로 합체되는 과정을 겪었으니 이보다 더하다고 할 수 있다.

아노말로카리스는 적어도 11개 이상의 체절로 된 몸통을 가지고 있는데, 현생 갑각류와 유사해 보이기도 하지만 날개처럼 넓적한 구조물이 달린 것이 차이점이다. 단단한 뼈 화석이 발견된 적이 없는 점으로 봤을 때는 절지동물과 흡사한 외골격exoskeleton(단단한 외피가

| 아노말로카리스의 복원 모형.

골격의 역할을 하는 것)을 지닌 동물이었음을 짐작할 수 있다. 머리 부분에는 두 개의 큰 눈과 더불어 펼쳤을 때 최대 18cm나 뻗을 수 있는 두 개의 촉수 같은 부속지appendage(몸통에 붙어있는 다리나 촉수 등을 의미) 가 달려있다. 이 부속지의 역할은 먹이를 입까지 끌어당기는 것으로 생각되는데, 처음에는 이 부속지만 별도로 발견되어 새우와 비슷한 갑각류로 오해받기도 했다. 해파리로 오해받았던 입은 독특한 동그란 모양을 하고 있으며 수십개의 작은 이빨이 하나의 완전한 원을 이루는 방식으로 먹이를 잡아먹었다.

더 흥미로운 부분은 이 생물의 눈과 뇌다. 2011년 호주 캥거루섬에서 발견된 아노말카리스 화석은 눈의 보존 상태가 매우 양호해서 그 미세 구조를 파악할 수 있을 정도였다. 많은 과학자가 아노말로카리스의 눈이 곤충에서 볼 수 있는 겹눈compound eye(여러 작은 눈이 모여서 하나의 큰 눈을 이루는 방식)과 비슷한 방식일 것으로 추정했으나 5억 년 넘은 화석에서 이를 확인하기란 거의 불가능에 가까웠다. 하지만 이 화석은 5억 1,500만 년 전의 것임에도 겹눈의 미세구조를 확인할 수 있을 만큼 보존 상태가 우수했다. 이를 연구한 과학자들은 아노말로카리스의 눈이 16000개의 작은 눈으로 이뤄져 시력 면에서 현생 곤충 가운데 최강인 잠자리와 비슷한 수준이었다고 평가했다.[4] 현생 곤충류 가운데 잠자리는 눈이 좋을 뿐 아니라 매우 뛰어난 포식자이기도 하다. 아노말로카리스 역시 강력한 포식자였을 것이다.

이런 여러 가지 특징을 감안하면 아노말로카리스는 갑각류, 거미류, 곤충류를 포함하는 절지동물의 조상이 아닌가 하는 의심이 들 수 있다. 하지만 그 진화계통수 상의 위치는 다소 복잡하다. 애리조나 대학의 니콜라스 스트라우스펠드Nicholas Strausfeld가 이끄는 연구팀은 5억 2천만 년 전의 아노말로카리스과에 속하는 리라라팍스 운구이스피누스Lyrarapax unguispinus의 화석에서 중요한 단서를 얻었다. 이들이 연구한 화석은 뇌와 신경계통이 매우 잘 보존되어 있었는데, 5억 2천만 년 전의 매우 원시적인 뇌였음에도 그 구조가 현생 동물문의 하나와 흡사했다. 그 동물문은 일반인들에게는 생소한 유조동물Velvet worm 혹은 Onychophora이다. 리라라팍스의 뇌는 입보다 앞에 있고 한 쌍의 신경절이 그 앞에 나오면서 더듬이 같은 부속지와 연결되어 있는데 이는 유조 동물에서 볼 수 있는 특징이기 때문이다.[5]

유조동물은 대부분 열대 및 남반구에 서식하는 작은 벌레 같은 동물로 그 몸 구조를 보면 절지동물 및 환형동물과 연관이 있음을 짐작할 수 있다. 5억 2천만 년 전에는 아마 이 동물들이 완전히 분리되지 않은 상태였을 것이다. 절지동물, 유조동물, 환형동물의 조상 그룹은 이 시기 커다란 진화상의 실험을 하고 있었고 그 가운데 살아남은 일부는 지금 우리가 보는 절지동물, 유조동물, 환형동물의 조상이 되었을 것이다.

아노말로카리스는 이 셋 중 하나로 분류하기 애매한 종류로 과학
자들은 이들과 근연관계에 있는 오파비니아Opabinia를 합쳐 공하
류Dinocardida라는 새로운 강class을 만들었다. 공하류는 공룡처럼
Dino라는 접두어가 붙어 있는데 의미도 동일하다. 다른 것이 있다
면 무서운 도마뱀(공룡) 대신 무서운 새우(공하류)라는 점이다. 과학자
들은 이들이 절지동물과 연관된 그룹이지만, 절지동물과 공통 조상
에서 갈라졌다가 지금은 사라진 고대 동물이라고 보고 있다.

이렇게 오래된 동물임에도 아노말로카리스가 큰 눈과 잘 발달한
뇌, 이빨을 지니고 있었다는 것은 당시 진화 속도가 매우 빨랐다는
것을 의미한다. 앞서 이야기했듯이 눈과 복잡한 신경계의 발달은 지
구 역사상 처음 나타나는 큰 변화이자 다양한 진화를 가능하게 만든
중요한 변화였다. 뇌와 단단한 뼈나 껍질, 입을 찾을 수 없는 에디아
카라 생물군에서 순차적으로 발전하는 대신 캄브리아기에 갑자기
모든 것을 갖춘 강력한 포식동물이 나타난 것은 솔직히 폭발이라는
단어로도 설명이 어려운 수준이다. 그야말로 어느 순간 지층을 파보
니 그곳에는 상상을 초월하는 다양한 생물들이 등장했다. 아노말로
카리스 같은 최상위 포식자Apex Predater를 비롯해 다양한 동식물이
등장할 수 있었던 것은 그만큼 생물 다양성이 커지고 생태계가 복잡
해졌다는 증거다. 동시에 먹고 사는 문제를 해결하는 방식도 다양해
졌다.

공하류는 캄브리아기 말 멸종 사건에서도 살아남아 다음 시기인 오르도비스기에도 번성했다. 오르도비스기(4억 8540만 년 전에서 4억 4380만 년 전, 고생대의 두 번째 시기) 초기에는 역사상 가장 큰 공하류가 등장한다. 아에기로카시스 벤모울래Aegirocassis benmoulae는 몸길이가 2m에 달해 지금까지 발견된 아노말로카리스과 동물 가운데 최대 크기를 자랑한다. 이 동물이 살았던 4억 8천만 년 전 바다에서 가장 큰 생물이었을 것이다. 하지만 더 놀라운 점은 따로 있다. 이 동물이 현재의 수염고래나 고래상어처럼 여과 섭식자filter-feeding라는 점이다.[6]

바다 생물량에서 가장 큰 비중을 차지하는 것은 당연히 단순한 박테리아나 작은 플랑크톤들이다. 이들은 바다 먹이사슬에서 가장 아래를 차지한다. 그리고 그 위로 올라갈수록 생물양은 급격히 감소한다. 따라서 사실 상어나 참치처럼 큰 먹이를 사냥하는 생물은 한 마리 당 몸집은 커도 개체 수는 매우 적다. 먹이가 되는 생물의 생물량이 적기 때문이다. 제한된 자원에서 몸집을 더 키우고 싶다면 어떻게 해야 할까? 먹이 사슬의 가장 밑바닥을 노리는 것이 가장 합리적인 해결책이다. 그래서 가장 거대한 동물인 고래와 가장 거대한 어류인 고래상어가 플랑크톤을 먹고 산다는 것은 놀라운 일이 아니다.

눈에 보이지 않는 작은 플랑크톤을 먹는 가장 좋은 방법은 필터에 물을 여과하는 방법이다. 이렇게 여과해서 먹는 방식을 여과 섭식이라고 부른다. 과학자들은 이미 오르도비스기에 매우 잘 발달된 거대여과 섭식자가 있다는 사실을 발견하고 크게 놀라지 않을 수 없었다. 현재의 수염고래나 고래상어와 비슷한 생태학적 지위를 차지한 동물이 벌써 이 시기에 등장했다는 이야기이기 때문이다. 당시 생물의 다양성이 이미 상당한 수준에 이르렀다는 증거다.

아노말로카리스의 놀라움은 여기서 그치지 않는다. 아에기로카시스보다는 작지만 캄브리아기에도 여과 섭식을 하던 아노말로카리스가 존재했던 것으로 보인다. 타미시오카리스 Tamisiocaris가 그 주인공으로 처음에는 입 쪽에 부속지가 발견되지 않았으나 나중에 빗 모양의 부속지가 발견됨에 따라서 먹이를 걸러서 먹는 생물이었던 것으로 추정되고 있다.[7] 다만 아에기로카시스의 조상이기보다는 단순한 수렴진화에 의한 결과로 해석된다.

지금까지 소개한 아노말로카리스 외에 중요한 공하류는 오파비니아Opabinia이다. 오파비니아가 처음 발견된 20세기 초에는 버제스 혈암군의 다른 생명체와 마찬가지로 별로 주목받지 못했다. 더구나 기묘하기 짝이 없는 생김새로 인해 어떤 동물군으로 분류할지도 오랜 논쟁의 대상이었다(여기서는 아노말로카리스과 같은 공하류로 분류하지만, 사실 지금도 학자마다 의견이 갈리고 있다).

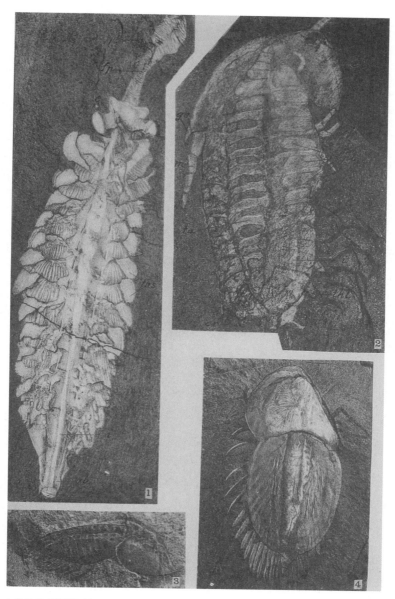
| 왈콧이 발견한 화석들. 1번이 오파비니아다.

화석과 함께 생김새를 묘사하면 기다란 주둥이 앞에 입처럼 보이는 구조물이 있는데, 이는 먹이를 잡는 목적의 부속지로 생각된다. 입이 아니라고 생각한 이유는 소화기관과 연결되지 않았기 때문이다. 이것도 괴상하지만, 더 괴상한 것은 다른 동물에서 유래를 찾아볼 수 없는 5개의 눈이다. 이는 아노말로카리스나 현생 절지동물과 비슷한 겹눈 구조로 추정된다. 이 괴상한 눈을 포함한 머리에 입이 있으며 집게 같은 부속지를 이용해서 먹이를 잡아 입으로 가져가서 먹었던 것으로 보인다. 불행인지 다행인지 오파비니아는 아노말로카리스보다 작아서 조각조각 발견되는 대신 처음부터 온전한 표본이 발견되었다. 하지만 이 기묘한 화석은 이를 발표했던 과학자들을 난감하게 만들었다.

오파비니아는 오랜 세월 과학자들의 관심 밖에 있었다가 영국 케임브리지 대학의 휘팅턴Whittington, H. B. 교수를 비롯한 열정적인 고생물학자들의 노력으로 다시 세상에 나왔다.[8] 그렇지만 1975년 휘팅턴 교수가 학회에서 이를 발표할 때 청중들은 웃음을 참을 수 없었다고 한다. 그 후 40여 년의 세월이 흘러 이제 오파비니아는 아노말로카리스와 함께 캄브리아기 대폭발을 상징하는 생물 중 하나로 인정받고 있지만 역시 그 이상한 생김새는 이 시기가 지금과 얼마나 다른지 보여준다.

우리의 가장 오래된 다세포 조상?

캄브리아기의 독특한 생물은 아노말로카리스나 오파비니아뿐만이 아니다. 이 시기에는 일일이 열거하기 힘든 다양한 생물이 등장했다. 그런데 이 가운데 아주 중요한 화석이 있다. 몸길이 1.2mm에 불과한 작은 세포 주머니로, 눈으로 간신히 보일 정도로 작은 미세 화석이지만 그 의미가 매우 크다. 인간을 포함한 후구동물 Deuterostomia의 조상이기 때문이다. 여기서 잠깐 후구동물 이야기를 해보자.

앞서 소개한 해파리는 이배엽성 동물이지만, 이보다 나중에 등장한 다세포 동물은 더 복잡한 삼배엽성(내배엽, 중배엽, 외배엽) 구조를 지니고 있다. 이들의 특징 가운데 하나는 입과 항문으로 연결된 소화관을 가진 동물이라는 점이다. 그래서 입과 항문이 어떻게 생성되는지에 따라 선구(전구)동물Prostomia와 후구동물deuterostomia로 나눌 수 있다.

인간이든 해파리든 간에 다세포 동물은 모두 하나의 세포에서 시작한다. 세포가 2개, 4개, 8개 하는 식으로 계속해서 분열하면서 세포 덩어리는 내부가 빈 주머니 형태를 이루게 된다. 하지만 우리는 공 모양 생명체가 아니기 때문에 여기서 변형이 필요하다. 공 한쪽에 동그랗게 움푹 팬 곳이 생기는데, 이를 원구blastopore라고 부른다. 이 움푹 들어간 곳이 앞으로 소화기관 같은 내배엽 장기가 생기는 장소다. 이 원구가 그대로 입이 되면 전구동물이라고 한다. 항문은 나중에 별도의 구멍이 생기면서 소화기관과 연결된다. 반대로 입은 다른 장소에서 생기고 원구가 항문이 되는 동물이 있다. 좀 괴상한 방식이지만, 인간을 비롯한 척추동물이 여기에 속한다.

전구동물의 대표는 절지동물이다. 그 외에 편형, 유형, 윤형, 선형, 연체, 환형동물이 전구동물에 속한다. 후구동물의 대표는 척추 동물을 포함한 척삭동물이다. 모악, 유수, 극피, 원색동물도 후구동물로 분류한다. 이 두 그룹의 기원 역시 캄브리아기로 거슬러 올라갈 수 있다.

앞서 소개한 생물체는 라틴어로 주머니 주름이라는 뜻의 사코리투스Saccorhytus라는 이름을 가진 원시적 후구동물이다. 아마도 사코리투스는 5억4000만 년에서 5억3000만 년 전에 등장한 후구동물의 조상으로 추정된다.[9] 그래서 그 발견은 '인간의 가장 오래된 조상'이라는 제목으로 대서특필되었다. 하지만 이 작은 생물의 모습은 판타지 소설이나 만화에서 나오는 괴물과 다를 바 없다. 동그란 작은 생명체에 오직 입에 해당하는 구조물밖에 보이지 않기 때문이다. 이 생물체는 아마도 해파리처럼 소화되고 남은 건 입으로 토해낼 수밖에 없었을 것이다.

사코리투스의 시대에서 불과 500~1000만 년 후에는 기괴한 건 마찬가지지만, 좀 더 현실적으로 생긴 생물들이 버제스 혈암을 채우기 시작했다. 그리고 종류도 매우 다양해졌다. 비교적 짧은 시기에 매우 다양한 적응방산이 이뤄진 셈이다. 아직 그 과정에 대해서는 더 연구가 필요하지만, 작은 크기에도 입을 지닌 사코리투스의 화석은 역시 우리는 먹지 않으면 살 수 없다는 것을 말해주는 것인지도 모른다.

chapter 6

:

바다의 시대

살아있는 화석이지만 전성기는 있었다

창조는 파괴 뒤에 나타난다. 캄브리아기 역시 마찬가지여서 앞서 에디이카라기의 파괴 후에 생명의 대폭발이 발생했다. 캄브리아기 말에도 큰 규모의 멸종 사건이 발생했는데, 이후 지질 시대를 오르도비스기로 구분한다. 당연히 오르도비스기에는 캄브리아기와는 다른 생물상이 펼쳐진다. 아직도 공하류를 비롯해서 전 시대 생물들이 많이 존재하긴 하지만, 새로운 생물들이 눈에 띄기 시작한다. 그리고 이 시대 다양하게 적응방산한 동물 가운데 문어와 오징어를 포함한 두족류cephalopod의 조상이 있다.

보통 한국인의 식탁에 자주 오르기 때문에 무서운 포식자로 생각되지는 않지만, 연체동물 가운데 두족류는 매우 강력한 육식 동물이다. 현재 척추 동물 이외에 지구상에서 가장 크고 강한 육식동물 역시 두족류에 속하는 대왕오징어colossal squid다. 두족류에는 크게 세 그룹이 있는데 우리에게 친숙하고 현재 가장 대세인 그룹이 문어와 오징어, 갑오징어를 묶은 초형류coleoid다. 초형류 이외에 멸종되거나 쇠퇴한 두족류의 주요 그룹으로 중생대에는 대세였다가 공룡과 함께 사라진 암모나이트류와 살아있는 화석으로 불리는 앵무조개류가 있다. 앵무조개nautilus 역시 캄브리아기에 그 조상이 등장했고 고생대에 크게 번성해서 무려 2,500종의 화석이 알려져 있으나 현생종은 몇 종에 불과해 이제는 살아있어도 화석 취급을 받는다. 하지만 이 앵무조개류Nautiloidea(앵무조개목, 혹은 아강으로 분류하기도 한다)가 잘 나가던 시기도 있었다. 바로 오르도비스기의 바다다.

사실 오르도비스기 초반에는 삼엽충 세상이라고 불러도 될 만큼 삼엽충 천하였다. 그러다 오르도비스기 중반에 이르러 바다 생태계가 매우 다양해지면서 온갖 무척추동물이 바다를 채웠다. 두족류의 조상 역시 이 기회를 놓치지 않았다. 아직 바다에 대형 척추동물이 등장하기 전이므로 이 시기에는 두족류가 해양 생태계를 지배하기에 가장 적당한 시기였다. 이 시기 두족류의 성공 비결은 먹이를 잡는 촉수와 더불어 자신의 몸을 보호해주는 단단한 껍데기였다.

　오늘날의 앵무조개는 멸종된 근연 그룹인 암모나이트처럼 나선형으로 돌돌 말린 껍데기를 가지고 있다. 껍데기 안에는 여러 개의 작은 격벽이 있으며 공기가 차 있어 기방이라고 부른다. 마지막 격벽이 있는 곳에는 몸통이 들어가는 곳이 있어 체방이라고 한다. 이 기본구조는 오르도비스기에도 다르지 않지만, 껍데기의 모양은 훨씬 다양했다. 예를 들어 직선 형태의 껍데기나 약간 굽어 있는 고깔모자 같은 괴상한 모양의 껍데기를 가지고 바다를 누볐던 것이다.

| 현재의 앵무조개의 모습

예를 들어 오르도비스기 바다를 누빈 앵무조개류인 오토케라스 Orthoceras의 경우 마치 긴 고깔모자를 쓴 것 같은 외형을 지니고 있다. 오토케라스는 곧은 뿔straight horn이란 뜻이다. 오토케라스과 Orthoceratidae는 오르도비스기에 처음 등장해서 트라이아이스기까지 2억 8000만 년 이상을 살아남는 번영을 누렸다. 인류를 포함한 사람과Hominidae(사람, 고릴라, 침팬지, 오랑우탄을 포함하는 과)의 역사가 1500~2000만 년 정도인 점을 생각하면 얼마나 긴 역사를 누린 생명체인지 알 수 있다.

그런데 곧은 뿔을 가진 앵무조개류는 오토케라스 만이 아니다. 오토케라스의 근연 그룹으로 엔도케라스Endoceras 와 카메로케라스 Cameroceras 역시 고깔모자 같은 껍데기를 지니고 있을 뿐 아니라 엄청나게 커졌다. 카메로케라스chambered horn(방이 있는 뿔이라는 뜻)의 경우 가장 큰 것은 과거 9m에 달하는 것으로 추정되었다. 종종 고대 바다를 다룬 다큐멘터리나 문서에도 이 수치가 인용되긴 하지만, 이후 연구에서는 좀 더 현실적인 크기인 6m 정도로 크기가 줄어들기도 했다.[1] 고대 괴물을 출연시켜야 하는 다큐멘터리 제작자 입장에서는 실망스러운 상황이지만, 이렇게 추정치가 변한 건 그럴만한 이유가 있다. 워낙 오래전 살았던 녀석인 데다 크기가 커서 온전한 뿔 전체가 다 발견되지 않는다. 상당수 고생물의 크기 추정에서 나타나는 문제와 마찬가지로 이들 역시 일부 껍데기만 화석화되어 발견되다 보니 전체 크기를 추정하는 일이 만만치 않다.

엔도케라스는 카메로케라스의 근연속으로 안쪽의 뿔inner horn이라는 뜻을 가지고 있다. 엔도케라스 중 가장 거대한 엔도케라스 기간테움Endoceras giganteum은 가장 최근의 추정치에 의하면 완전한 껍데기의 길이가 5.733m에 내부 공간은 158.6리터에 달한다.[2] 따라서 껍데기 밖의 몸통까지 합치면 대략 8m 이상의 크기였을 가능성이 있다. 정확한 크기 추정이 여전히 어렵다는 점을 감안할 때 엔도케라스와 카메로케라스 중 누가 더 큰지는 분명치 않지만, 이정도 크기면 둘다 오르도비스기 바다에서 최강자로 군림하는데 어려움은 없었을 것이다. 당시에 척추동물의 조상은 대부분 작고 원시적인 형태의 생명체로 이 거대 앵무조개의 상대가 될 수 없었다. 기껏해야 거대한 앵무조개류의 간식거리에 지나지 않았을 것이다. 앞서 설명한 거대 아노말로카리스도 상대가 되지 않을 최상위 포식자였다. 하지만 그 외형을 보고 있으면 한 가지 의문이 떠오른다. 과연 저렇게 크고 긴 껍데기가 움직이는데 무겁고 거추장스럽지 않았을까? 여기에 촉수와 입, 눈 등이 모두 껍데기 아래 있는 만큼 사실 껍데기 위는 잘 보이지도 않는다. 과연 이런 무겁고 거추장스러운 껍데기를 가지고 사냥이 가능했을까? 합리적인 의심이지만, 당시 생태계는 지금과 달랐다는 점도 생각해야 한다.

오르도비스기에는 지금처럼 발달된 어류와 해양 포유류 (고래 등)가 등장하기 전이기 때문에 어차피 같이 경쟁할 다른 대형 포식자가 없었다. 어쩌면 큰 껍데기를 가지고 사냥을 하는 일도 생각보다 어렵지 않았을지 모른다. 당시는 지금과 달리 앵무조개보다 훨씬 빠르게 움직이는 민첩한 해양생물도 별로 없었기 때문이다. 이들의 주요 먹이는 당시 생태계에 큰 비중을 담당하는 삼엽충이나 다른 연체동물로 상당수는 바닥에서 생활했다. 오르도비스기 중기의 바다는 엄청난 수의 연체동물이 번성했다.[3] 따라서 이들은 껍데기를 위로 올리고 바닥에서 비교적 느리게 움직이는 먹이를 사냥할 수 있었다.

하지만 아직 우리는 당시 생물들의 생활상에 대해서 잘 모르는 것이 많다. 앞으로 더 많은 연구가 필요한 이유다. 물론 이런 거대 포식자가 존재할 수 있었다는 것 자체로 당시 생태계가 풍요로웠다는 것만은 자신 있게 이야기할 수 있다. 거대 포식자가 진화하려면 튼튼한 먹이사슬과 다양한 먹이가 필요하기 때문이다.

턱 없는 조상

그러면 절지동물과 연체동물이 잘나가던 시절에 척추동물의 조상님은 대체 뭘 하고 있었을까? 척추동물의 조상은 사실 절지동물이나 연체동물만큼 역사가 오래된 동물문이다. 하지만 캄브리아기의 화창한 어느 날 갑자기 현대적이고 복잡한 척추동물이 등장한 건 아니었다. 첫술부터 배부를 순 없는 법이다. 원시적인 고대 생물이 현재의 척추동물의 모습을 갖추기까지는 많은 시간이 필요했다. 우선

| 밀로쿤밍기아의 복원도. 물론 현재의 어류와 다르지만, 약간 비슷한 부분도 있는 생명체였다.

제대로 된 등뼈를 가지기 전 등장했던 가장 원시적인 어류의 후보로 밀로쿤밍기아Myllokunmingia와 하이코익시스Haikouichthys가 캄브리아기 전반기에 등장한다.[4,5] 이들의 등장은 5억 2500만 년 전까지 거슬러 올라갈 수 있다.

하이코익시스는 25mm, 밀로쿤밍기아는 28mm 정도 되는 몸길이를 지닌 작은 생명체인데, 사실 척추는 물론 뼈가 있었던 증거가 없다. 대신 이들은 척삭notochord이라는 몸을 지지하는 단단한 막대기와 연골로 된 기본적인 골격을 지니고 있었다. 척추동물이 그 대표이긴 하지만, 우리가 속한 생물군은 사실 척삭(척색)동물문이라고 불리는 더 큰 그룹이다. 척삭에 더해서 단단한 등뼈인 척추를 진화시키기 전 척삭동물의 조상이 이미 초기 어류와 비슷한 형상을 했다는 증거가 바로 하이코익시스와 밀로쿤밍기아다. 하이코익시스나 밀로쿤밍기아는 등뼈 대신 몸을 지지해주는 척삭, 그리고 6~9개 정도 되는 아가미로 캄브리아기의 바다를 누비면서 살았던 것으로 추정된다. 구체적으로 어떻게 먹고 살았는지는 알 수 없지만, 이들은 턱이 없던 무악어류Agnatha의 조상이었을 것이다.

일반적으로 우리가 생각하는 포식자의 입은 강력한 턱과 이빨을 가지고 있다. 턱이 없는 사자나 티라노사우루스를 생각할 수 있을까? 최상위 포식자가 턱과 이빨을 지녔다는 것은 너무나 당연해서 우리는 그 이외의 가능성을 생각하기 힘들지만, 사실 원형의 입도 있을 수 있다. 앞서 본 아노말로카리스가 그랬고 사실 현재의 두족류 역시 마찬가지다. 가장 하등한 척추동물인 무악류 역시 원형의 입을 지니고 있다. 칠성장어와 먹장어(꼼장어)가 현재까지 생존한 무악류다. 마치 괴물처럼 생긴 이들의 원형 입은 피를 빨아먹거나 살을 파먹는 데 최적화되어 있다. 척추동물의 조상은 한동안 이렇게 턱이 없는 입에 만족했던 것 같다. 턱 없는 척추동물이 계속 등장하기 때문이다.

캄브리아기부터 트라이아이스기까지 해양 지층에는 코노돈트 Conodont(추치류)라는 이빨만 있는 화석이 발견되었다. 도대체 무슨 동물인지는 알 수 없는데, 다양하기 짝이 없는 이빨이 발견되어 지층을 연대를 추정하는 데 큰 도움을 줬다. 당연히 고생물학자들은 이 화석의 주인공이 어떤 생물인지 궁금해했으나 한 세기가 넘도록 그 정체를 알 수 없었다. 이 화석의 주인공은 이빨처럼 보이는 부위 이외에는 단단한 골격이 없었던 것이다.

그러다 1980년대 이후로 마침내 이들의 정체가 드러나기 시작했다. 부드러운 조직이 보존된 화석들은 (물론 매우 드물게 화석으로 남는다) 이 동물이 아마도 척추동물의 일종이라는 점을 시사한다. 예를 들어 오르도비스기 지층에서 발견된 프로미슘Promissum의 경우 40cm 정도 되는 길이에 큰 눈을 지닌 뱀장어 비슷한 생물이었다.[6] 아무튼 코노돈트는 오랜 세월 번영을 누리다 중생대 첫 시기인 트라이아이스기에 사라진다. 대략 3억 년 정도 살았을 뿐 아니라 지층에 많은 화석을 남겼으니 성공적인 생물이었던 셈이지만, 아마도 턱을 진화시키지는 않았던 것 같다.

다른 한편으로 강력한 포식자들이 등장하면서 턱은 없어도 갑옷은 진화시킨 무리도 등장했다. 오르도비스기 다음 시기인 실루리아기Silurian(4억 4380만 년 전부터 4억 1930만 년 전 사이)에는 딱딱한 표피를 지닌 고대 물고기가 등장했는데, 이들이 바로 갑주어Ostracoderm, armoured fish다. 사실 분류학상 정확한 이름은 아니지만, 단단한 갑옷을 입고 있는 외형을 보면 딱 맞는 이름이라고 할 수 있다.

여기서 잠깐 분류를 살펴보면 칠성장어와 먹장어 같은 원시적인 무악류를 원구류Cyclostomes라고 하고 이들 갑주어를 합쳐 무악강으로 분류한다. 이들은 현존하는 척추동물 중 가장 원시적인 그룹인데, 뒤집어 말하면 가장 역사가 오래된 그룹으로 역시 한때는 잘나가던 시절이 있었다. 고생대 초기인 오르도비스기나 실루리아기에는 턱을 갖춘 강력한 포식자가 없다 보니 턱이 없다는 것이 큰 약점이 되지는 않았을 것이다.

　이 시기에 무악류는 코노돈트와 더불어 지구의 바다를 다채로운 형태의 원시 어류로 채웠다. 고생물학자들은 이 시기 지층에서 코노돈트의 '이빨' 화석과 함께 매우 다양한 외형을 지닌 갑주어들을 발견했다. 마치 패션쇼에 나오는 모델처럼 이들은 다양한 모습으로 경쟁하고 있었다. 하지만 턱 없는 물고기의 시대는 실루리아기 말에 이르러 턱이 있는 물고기가 나타나면서 저물기 시작한다. 이렇게 척추동물에서 턱이 있는 그룹을 유악하문Gnathostomata이라고 부르며 사실상 현존하는 거의 모든 척추동물을 포함한 그룹이라고 할 수 있다.

당신에게 턱이 있다는 것

　먹는다는 관점에서 보면 턱의 진화는 불의 발견이나 바퀴에 발명에 견줄만한 큰 사건이다. 아니라고 생각하면 턱의 도움 없이 음식을 먹는 자신을 상상해보자. 물론 칠성장어처럼 원형의 입도 가능하긴 하지만, 양쪽으로 닫히는 구조의 입은 더 큰 가능성을 가지고 있다. 턱이 있는 입은 좌우나 아래 위로 크게 벌어진다. 따라서 매우 큰 먹이를 삼킬 수 있다. 그리고 강력한 근육의 힘으로 달아나는 먹이를 도망가지 못하게 잡을 뿐 아니라 먹이에 큰 상처를 입힐 수 있다. 입이 단순히 음식을 먹는 통로가 아니라 먹이를 사냥하는 강력한 무기가 되는 것이다. 자신보다 큰 덩치를 가진 먹이라도 크게 벌어지는 턱과 날카로운 이빨이 있다면 뜯어먹는 데 문제가 없다.

이런 이유에서 지구상에 존재하는 가장 성공적인 두 다세포 동물무리가 턱을 독립적으로 진화시켜, 먹는 용도는 물론이고 무기로 활용하고 있다. 바로 척추동물과 절지동물이다. 이들이 지구 역사상 가장 성공적인 포식자인 것은 물론 우연의 일치가 아니다. 우선 척추동물 이야기부터 먼저 해보자.

가장 먼저 턱을 진화시킨 척추동물 무리는 판피류placoderm(판피어강 혹은 판피어라고 부른다)로 이들 역시 갑옷을 두른 물고기인데, 언뜻 보기에는 갑주어와 비슷해 보이지만 턱이라는 놀라운 발명품을 지녀서 확실히 구분된다. 최근에 초기 판피어의 진화를 알려주는 귀중한 화석들이 발견되었다. 중국에서 발견된 엔텔로그나투스 프리모디알리스Entelognathus primordialis가 그것으로 원시적인 완전한 턱이라는 뜻의 물고기다. 2013년 보고되었으며 대략 20cm 정도 길이의 원시 어류다.[7] 살았던 시기는 실루리아기에서 데본기로 넘어가는 4억 1900만 년 전이다. 이보다 좀 더 전인 4억 2300만 년 전의 원시 판피류인 퀼리뉴Qilinyu의 화석은 2016년 보고되었다.[8]

이렇게 턱이 있는 물고기가 등장하면서 서서히 어류가 바다 생태계의 최강자로 등장하게 된다. 이 시기가 바로 고생대의 네 번째 시기인 데본기Devonian다. 데본기는 4억1920만 년 전부터 3억 5890만 년 전까지 대략 6000만 년 정도 시기다. 당시에 어류가 크게 번성해서 이 시기를 어류의 시대Age of Fish라고 부른다. 거대한 갑옷을 입은 판피어가 바다를 헤엄치는 복원도는 이 시기를 묘사한 것이다. 이 시기를 대표하는 가장 강력한 포식자는 바로 둔클레오스테우스

▎둔클레오스테우스의 골격 화석. 대부분 단단한 갑주를 지닌 머리 부분만 화석화되기 때문에 이렇게 전시되는 경우가 많다.

Dunkleosteus다.

지금까지 대략 10종의 둔클레오스테오스가 발견되었는데, 모두 중대형의 강력한 포식자들이다. 그 가운데 가장 큰 종인 둔클레오스테우스 테렐리D. terrelli는 10m에 달하는 몸길이를 가진 종으로 소개된다. 하지만 최근의 추정으로는 이보다 작은 6m 정도 되는 어류였을 가능성이 있다.[9] 몸무게도 1.1t 정도로 과거의 추정보다 작아졌다. 이렇게 추정값이 변하는 것은 흔히 있는 일이긴 하지만 둔클레오스테우스의 추정이 더 어려운 이유는 투구처럼 머리를 덮고 있는 단단한 부위 이외에는 화석이 잘 발견되지 않기 때문이다. 판피어는 현생 경골어류의 선조격으로 생각되긴 하지만, 그렇다고 해서 이들이 몸 전체에 단단한 골격을 지닌 것은 아니다. 따라서 단단한 갑옷 부위 이외에는 잘 화석으로 남지 않는다. 더구나 골판도 몸 전체에 있는 것이 아니라 머리 부분만 덮고 있다. 아마도 지나치게 무거워지는 것을 방지할 목적이겠지만, 이렇게 되면 머리 골판 이외에 다른 부분은 어떻게 되어 있는지 알 수 없다.

하지만 크기나 다른 부분을 제외하고 생각해도 둔클레오스테우스가 당대의 최강 포식자가 되는데 부족함이 있는 건 아니다. 이 정도만 해도 엄청나게 큰 덩치일 뿐 아니라 강력한 무기까지 지녀 무시무시한 최상위 포식자로 군림했음이 분명하다. 둔클레오스테우스의 가장 강력한 무기는 의심할 나위 없이 크고 강력한 턱이다. 마치

로마 군단병의 투구처럼 생긴 턱은 매우 단단한 골판으로 되어 있으며 이 골판이 칼날처럼 날카롭게 자라나서 이빨의 역할을 대신한다. 거대한 턱과 날카로운 이빨 끝을 보면 일단 물리면 살아남기 힘들 것이라는 점을 쉽게 짐작할 수 있다. 사실 근처만 가도 살아남기 힘들다.

둔클레오스테우스는 현대의 경골어류처럼 빠르게 입을 벌려 물을 빨아들여 먹이를 잡는 방법을 사용했을 것이다. 따라서 일단 사정거리 안에 들어오면 진공청소기처럼 먹이를 빨아들이기 때문에 살아나오기 쉽지 않다. 강력한 턱 주위 근육 덕분에 무는 힘도 엄청나서 가장 큰 개체의 경우 6,000N의 힘을 턱 끝에 가하고 7,400N의 힘을 칼날 같은 이빨 끝에 가할 수 있다.[10] (참고로 뉴튼 (N)은 1kg의 물체에 1m/s 의 가속도가 생기게 하는 힘이다) 이정도 힘이면 삼엽충이나 다른 절지동물은 말할 것도 없고 제법 큰 단단한 표피를 지닌 판피류도 무사할 수 없다. 실제로 둔클레오스테우스의 주변에서는 작게 부서진 화석이 발견되는데, 판피류를 먹고 남은 부분으로 추정된다. 오늘날의 상어처럼 둔클레오스테우스 역시 먹을 수 있는 건 가리지 않고 먹으면서 먹이 사슬의 정상에 위치했을 것이다.

하지만 아무리 강해도 영원할 수 없다. 둔클레오스테우스는 대략 3억 5800만 년에서 3억 8200만 년 전 사이 번성하다가 자취를 감춘다. 동시에 다른 판피류 역시 턱의 발명이라는 큰 족적을 남긴 채 데본기말 멸종에서 살아남지 못하고 사라진다. 하지만 그들의 유산은 턱의 형태로 우리에게 남아있다. 턱으로 음식을 씹을 때마다 데본기의 바다를 누비던 선조에 대해서 감사할 필요까지는 없겠지만, 우리에게 이 귀중한 선물을 남긴 고대 어류가 있었다는 것만은 기억해두자.

절지동물이 바다를 지배했을 때

절지동물은 캄브리아기에 처음 등장한 이후 계속해서 지구 생태계에서 가장 중요한 위치를 차지했다. 비록 그 크기는 작을지 모르지만, 워낙 숫자가 많아 전체 생물량으로 따진다면 척추동물을 압도한다. 그리고 사실 생명의 역사에서 항상 작기만 했던 것도 아니었다. 고생대는 거대한 크기의 절지동물이 등장해 최상위 포식자의 자리를 차지하기도 했다.

여기서 잠시 절지동물의 간단한 분류를 알아보자. 절지동물은 몇 개의 큰 아문subphylum으로 나눌 수 있다. 멸종된 그룹이지만, 당시에는 크게 번성한 삼엽충아문Trilobitomorpha, 그리고 앞으로 설명할 협각을 지닌 협각아문Chelicerata, 다리가 여섯인 곤충을 포함한 육각아문Hexapoda, 다양한 갑각류를 포함한 갑각아문Crustacea, 지네처럼 다리가 많은 종류를 묶은 다지아문Myriapoda 등이 그것이다.

협각아문이라고 하면 어떤 생물인지 감이 잡히지 않겠지만, 거미, 전갈, 진드기류라고 하면 대략 느낌이 올 것이다. 협각chelicerae은 작은 집게발 같은 부속지로 거미의 입 바로 앞에 있으며 독니가 달려 독을 주입하거나 먹이를 잘게 잘라내는 역할을 한다. 거미 같은 협각류는 6쌍(12개)의 부속지가 있는데 가장 앞에 한 쌍은 협각이 되고 다음 한 쌍은 더듬이 다리(촉지)가 된다. 나머지는 우리가 거미에서 보는 4쌍의 다리다. 전갈류는 4쌍의 걷는 다리와 집게형으로 발달된 더듬이 다리가 있다.

오늘날의 협각류는 대부분 작은 생명체지만, 고생대의 바다에는 엄청나게 큰 괴물 협각류가 살았다. 이들은 사실 전갈보다는 거미 쪽에 더 가까운 녀석이지만, 외형은 전갈류와 좀 더 닮아서 바다전갈이라는 별명을 얻었다. 광익류 혹은 유립테루스Eurypterid라고 불리는 이 절지동물은 역사상 가장 큰 절지동물 가운데 하나다. 최초의 유립테루스는 오르도비스기 중기인 4억 7000만 년 전 발견되었다. 이후 다양하게 진화된 유립테루스는 바다에서 큰 번영을 누렸다.

유립테루스는 12개의 체절과 6쌍의 부속지를 가지고 있다. 가장 앞의 작은 부속지는 협각으로 먹이를 쉽게 먹을 수 있게 찢고 자르는 역할을 했다. 협각은 대부분 입 바로 앞에 작게 위치해 복원도에서는 잘 보이지 않는다. 참고로 현대의 근연종인 거미나 전갈의 경우 매우 작은 소화기관을 가지고 있어 사실상 액체 상태의 음식밖에

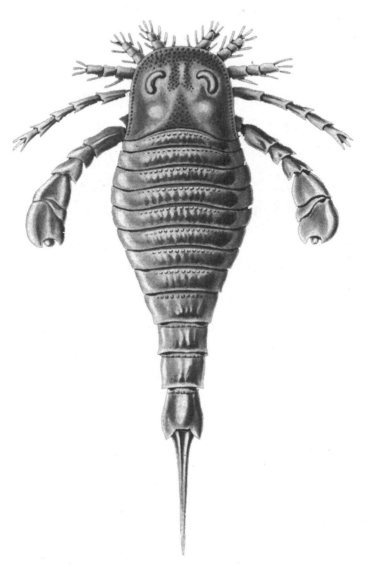

┃에른스트 헤켈의 광익류 복원도. 단순한 그림이지만, 광익류의 부속지와 체절을
 정확하게 묘사하고 있다.

먹을 수 없다. 따라서 소화액을 주입한 후 외부에서 먹이를 녹여 빨아먹는 방식을 택한다. 일부 거미류는 협각과 더듬이 다리를 이용해 먹이를 잘게 자른 후 조금씩 소화시켜 먹기도 한다. 아마도 유립테루스 역시 먹이를 잡으면 협각을 이용해서 먹이를 잘게 잘라 먹었거나 소화시킨 후 먹었을 가능성이 크다.

유립테루스의 두 번째 다리는 전갈처럼 집게 모양 부속지로 발달한 것이 많다. 나머지 4쌍의 다리는 뒤로 갈수록 커지는데 지느러미 역할을 하는 마지막 한 쌍을 제외하면 먹이를 잡는 데 사용한 것으로 보인다. 물론 유립테루스도 매우 다양한 종이 있으며 지금까지 발견된 것만 246종에 이른다. 그런 만큼 그 형태 역시 매우 다양하다.

다큐멘터리 등에서 거대하게 묘사되는 것과는 달리 유립테루스는 대부분 20cm 이하의 크기였으나 일부 종은 1미터가 넘는 크기를 지니고 있었다. 가장 거대한 종은 야이켈롭테루스 레나니아이 *Jaekelopterus rhenaniae*로 46cm에 달하는 거대한 집게발이 발견되었는데, 전체 길이는 2.5m에 달했을 것으로 추정된다.[1] 이는 역사상 가장 거대한 절지동물이라고 해도 무방한 수준이다. 사람보다 더 큰 거대한 전갈처럼 생긴 생물체가 사람 손보다 더 큰 집게를 지니고 있다고 상상하면 괴물이라는 표현이 절대 과장이 아님을 깨닫게 될 것이다. 다만 바다전갈이라는 별명과는 달리 실제 야이켈롭테루스는 강과 호수에서 살았던 종이었으며 수많은 바다전갈이 실제로는 민물에서 살았다.

거미와 전갈의 근연종임을 생각하면 이들이 어떻게 사냥을 했는지 역시 궁금한 부분이다. 이들이 현대의 후손처럼 독을 사용한 사냥꾼이었는지는 아직 밝혀지지 않았다. 만약 독까지 사용했다면 더 무시무시한 최상위 포식자로 군림했겠지만, 현재의 거미나 전갈과는 비교되지 않는 크기를 감안하면 독이 반드시 필요하지는 않았을 것이다. 하지만 바늘같이 생긴 꼬리의 정체는 과연 무엇일까? 아무래도 이런 이상한 꼬리는 헤엄치기에 적합하지 않은 것 같다. 하지만 그렇다고 이 꼬리에서 독침이나 독샘의 증거가 발견되지도 않았다.

따라서 여기에 대해서 여러 가지 가설이 나왔는데, 캐나다 앨버타 대학의 스콧 퍼슨스Scott Persons를 비롯한 연구자들은 먹이를 붙잡는 용도였다는 주장을 내놓았다.[12] 이는 현재의 협각류에서는 보기 어려운 방식으로, 날카로운 바늘 같은 꼬리를 전갈처럼 구부려 먹이를 도망가지 못하게 잡는 것이다. 연구팀은 4억 3천만 년 전 살았던 유립테루스의 일종인 슬리모니아 아쿠미나테Slimonia acuminate에서 독특한 톱니 모양 구조물을 발견했다. 꼬리가 단지 헤엄치는 용도나 독을 주입하는 용도라면 이런 구조는 설명하기 어렵다. 따라서 연구자들은 꼬리가 먹이를 잡는 용도라고 주장했으나 아직 논쟁이 있다.

아무튼 유럽테루스가 번성하던 오르도비스기의 바다에서 초기 척추동물의 조상은 좋은 단백질 공급원에 불과했다. 유럽테루스는 물론 식욕이 왕성한 두족류의 선조들이 지금 우리가 먹장어를 즐겨 먹는 것 이상으로 원시적인 무악어류를 즐겨 먹었을 것이기 때문이다. 당연히 무악류는 대책을 마련하지 않을 수 없었다. 단단한 껍데기를 갖춘 갑주어의 등장은 그렇게 해석할 수 있을 것이다. 하지만 껍데기만이 대책은 될 수 없었다. 결국, 턱이라는 강력한 새로운 무기가 생기면서 어류는 생태계에서 지배적인 위치에 설 수 있었던 것이 아닐까? 입은 단순히 먹기만을 위한 도구가 아니라 많은 생물체에서 가장 강력한 무기다.

4억 년을 한결같은 벌레

2009년에 영국의 한 수족관에서 수족관 내의 물고기가 하나씩 사라지는 미스터리한 사건이 발생했다. 더구나 상처 입은 물고기도 있었고 산호초가 잘린 채 발견된 적도 있었다. 당연히 수족관에서는 범인 색출에 나섰지만, 수조에는 다른 물고기를 잡아먹을 만한 물고기가 없었다. 범인의 정체는 수족관을 청소하면서 드러났다. 1.2m 길이의 거대한 왕털갯지렁이가 수족관 모래 속에 숨어있었던 것이다. 왕털갯지렁이는 주로 모래 속에 몸을 숨기고 기습공격을 하는 방식으로 사냥을 하는 데다 야행성이어서 아무리 찾아도 수족관에

물을 빼고 청소하기 전에는 찾지 못했다. 다행히도 수족관에서는 왕털갯지렁이에게 배리Barry라는 이름도 지어주고 다른 수조도 내주었다. 물고기가 갯지렁이를 먹는 게 아니라 갯지렁이가 물고기를 잡아먹었다는 점 때문인지 이 사건은 뉴스를 타고 널리 알려졌다.[13]

우리가 아는 환형동물Annelida은 주로 지렁이, 갯지렁이, 거머리같이 약해 보이거나 기생을 하는 생물체다. 하지만 털갯지렁이과는 예외적으로 강력한 포식자다. 이들은 한 쌍의 거대한 턱을 지니고 있는데, 그 생김새는 턱이라기보다는 인형 뽑는 기계에 있는 집게처럼 생겼다. 다만 이 집게는 헐렁하게 목표물을 잡는 것이 아니라 강력한 힘으로 낚아채기 때문에 한 번 걸리면 거의 살아나오기 힘들다. 집게처럼 생긴 턱은 먹이를 씹거나 먹는 것보다는 도망가려는 먹이를 잡는데 최적화되어있기 때문이다. 실제 먹이를 죽이는 것은 독이다. 독이 주입되면 먹이는 기절하거나 죽기 때문에 더 이상 저항이 힘들다.

보통 털갯지렁이는 5~20cm 정도 몸길이를 가지고 있으나 가장 큰 현생종인 왕털갯지렁이Bobbit Worm, Eunice aphroditois의 경우 3m까지 보고된 적이 있다. 몸의 굵기는 25mm 정도다. 여러 개의 체절을 가지고 있어서 마치 다리가 없는 지네처럼 보이기도 하지만, 독특하게 생긴 머리의 촉수와 반짝반짝 빛나는 몸통 때문에 쉽게 구분이 된다. 모래 속에 숨어 사는 녀석이 왜 이런 몸통을 지녔는지는 모르겠지만, 아무튼 이것 때문에 생김새가 더 징그러워서 가장 징그러운 벌레 가운데 하나로 손꼽히기도 한다. 하지만 이들은 생각보다 역사가 깊은 포식자다. 이들의 화석은 심지어 오르도비스기의 지층에서 발견되기도 한다.[14]

브리스톨 대학, 룬드 대학, 온타리오 왕립 박물관의 과학자들은 4억 년 전 지층에서 왕털갯지렁이의 화석을 찾아냈다. 웹스터로프리온 암스트롱기Websteroprion armstrongi라고 명명된 이 화석종은 턱과 입의 너비가 1cm 정도로 현재의 근연종과 비교하면 1m 정도의 몸길이를 지녔던 것으로 추정된다. 놀라운 점은 이들의 집게 같은 턱이 4억 년 전에도 현재와 큰 차이가 없었다는 점이다. 사냥 방식도 동일하게 모래 굴 속에 몸을 숨겼다가 지나가던 불운한 생명체(초기 어류는 물론 다양한 삼엽충이 그 대상이었을 것이다)를 습격해 잡아먹었던 것 같다. 분류학적으로 털갯지렁이Eunicidae는 환형동물문 다모강 유영목의 한 과에 불과한데, 목은 물론 강 단위로 생물체들이 멸종된 상황에서도 꿋꿋하게 생명을 이어나가고 있다는 점이 놀랍다.

이렇게 오랜 세월 큰 변화 없이 살아남았다는 것은 이들이 그만큼 성공적인 포식자라는 의미다. 동시에 이들의 사냥 전략이 비록 오래되었지만 아직도 효과적이라는 이야기이기도 하다. 4억 년이라는 세월은 우리가 상상하기 힘든 천문학적인 단위다. 만물의 영장이라면서 현재 먹이 사슬에 있는 인류는 탄생한 지 20만 년 정도밖에 되지 않았지만, 벌써 심각한 문제에 직면해 100년, 200년 후에도 생존할 수 있을지 모르는 처지다. 하등한 환형동물이라고 생각하기 전에 이렇게 오래 강력한 포식자로 군림한 왕털갯지렁이 앞에 우리는 조금 겸손해질 필요도 있지 않을까?

:

chapter 7

절지동물의 시대

육지로 가는 길

고생대는 크게 6개의 시기로 나눈다. 앞서 본 캄브리아기, 오르도
비스기, 실루리아기, 데본기에 이어 석탄기와 페름기가 그것이다.
석탄기에는 이름처럼 거대한 석탄층이 형성되었는데, 북미의 경우
이를 두 개로 나눠 미시시피기와 펜실베니아기로 나누기도 한다. 이
시기를 대표하는 것은 하늘 높이 치솟은 거대한 나무와 이제 막 상
륙한 육지 동물들이다. 석탄기는 3억 5890만 년 전부터 2억 9890만
년 전까지의 시기로 대략 6000만 년 동안의 시간이다. 이렇게 긴 시

간이 있었던 만큼 이 시기에 바다와 육지 모두에서 다양한 포식자들이 흥망성쇠를 거듭했지만, 이 장에서는 육지로 진출한 절지동물에 집중할 것이다. 그런데 여기서 한 가지 근본적인 질문을 해보게 된다. 왜 그들은 물에서 나왔을까?

지구는 물의 행성이고 최초의 생명체 역시 물에서 탄생했다. 물은 생명 활동의 기반이 되는 물질일 뿐 아니라 그 자체로 외부의 충격에서 생물체를 보호해준다. 온도 변화가 덜하고 지구 초기 쏟아지던 강력한 자외선과 방사선에서도 안전하다. 더구나 바다의 면적과 부피가 매우 커서 생활 공간도 크고 그런 만큼 먹을 것도 풍부하다. 따라서 생명의 역사에서 물에서 육지로 진출한 사례는 몇 차례 두드러진 예외를 제외하면 별로 없다. 반대로 육지 생물이 바다에 적응해서 다시 바다로 돌아간 사례는 무수히 많다. 앞으로 계속해서 살펴보겠지만 파충류, 포유류, 조류 등을 가리지 않고 많은 생명체가 다시 물로 들어갔다. 그만큼 물은 생물이 살기에 적합한 공간이다.

그렇다면 최초의 육지 식물과 육지 동물은 왜 올라왔을까? 그 이유는 잘 모르지만 아마도 치열한 경쟁을 피해 비어 있는 공간을 차지한 데서 시작했을지도 모른다. 사실 이 과정은 석탄기보다 훨씬 전인 4억 년 이전에 이미 시작되고 있었다. 4억 5천만 년 전에 나타난 최초의 지상 식물처럼 보이는 화석의 보고가 있고[1] 4억 4천만 년 전에 나타난 단순한 균류 화석 역시 육지 생활에 적응을 시작했다는 증거를 보여주고 있다.[2] 물론 이들은 우리에게 친숙한 식물과는 거리가 멀지만 이런 최초 상륙자들의 노력에 의해 단순히 암석 알갱이에 불과했던 육지의 모래가 유기물과 미생물이 넘치는 토양으로 진화하기 시작했다. (참고로 이보다 훨씬 전에 육지 식물이 존재했다는 보고들도 있으나 더 검증이 필요하다)

데본기에는 이미 숲의 전조가 나타나기 시작했다. 영국 카디프대학의 크리스 베리Chris Berry가 이끄는 연구팀은 노르웨이령 스발바르 제도에서 최대 4m 높이의 식물이 불과 20cm 정도 간격으로 빽빽이 들어선 숲의 화석을 발견했다.[3] 나무 하나가 아니라 숲이 통째로 화석이 된 것이다. 당시 식물들은 초식동물에 뜯어먹힐 염려 없이 새로운 영토에서 크게 번성했을 것이다. 이렇게 육지까지 식물이 번성하면서 지구 대기 중 산소 농도는 더 올라갔고 마침내 지구 역사상 가장 산소 농도가 높았던 시기로 추정되는 석탄기가 도래한다.

석탄기에는 막대한 양의 식물이 화석화되어 현재도 엄청난 양의 석탄으로 채굴되고 있다. 동시에 이렇게 풍부한 지상의 식물 생태계는 물에서 살던 동물들에게 새로운 먹이와 생활 공간을 마련했다. 다만 식물의 육지 상륙과 마찬가지로 최초의 육지 동물이 어떤 것인지에 대해서는 논쟁의 여지가 있다. 일부 흔적 화석은 초기 절지동물의 육지 상륙이 캄브리아기에 이뤄졌을 가능성도 시사하지만, 이 글을 쓰는 시점에서 확실한 화석상의 기록은 프네우모데스무스 뉴마니

Pneumodesmus newmani라는 노래기millipede가 남긴 것이 처음이다.[4]

이들이 지상에 작지만 큰 발걸음을 남긴 것은 실루리아기 후반인 4억 2800만 년 전이다. 다만 이 노래기는 생각보다 육지 생활에 잘 적응한 신체 구조를 지녀 사실 절지동물을 포함한 동물의 육지 진출이 이보다 이전이었을 가능성도 있다. 더구나 초기 육지 생물체는 완전히 물을 떠나지 않은 수륙양용형amphibious 생명체로 육지에서 생활한 시간이 길지 않았을 것이다. 따라서 우리가 바다에서 살았다고 믿은 생물 역시 사실은 육지에 종종 올라와 일광욕을 즐겼을지도 모른다.

사실 우리는 과거 살았던 종의 극히 일부만을 확인할 수 있을 뿐이다. 아직 발견을 기다리는 더 오래된 육지 동물이 어딘가 있을지 모른다. 물론 그래도 그들이 척추동물일 가능성은 희박하다. 초기의 육상동물은 노래기나 그 비슷한 작은 절지동물이었을 것이다. 지금도 지상에서 가장 번성하는 동물이 바로 그들이기 때문이다.

절지동물은 왜 거대해지지 못했을까?

절지동물이 지상을 지배한 시기는 사실 고생대부터 현재까지라고 해도 무방할 것이다. 곤충류를 비롯한 절지동물은 지상 동물 가운데

수적으로 가장 우세할 뿐 아니라 생물량으로 따져도 절대적 우위를 점하고 있다. 절지동물은 현존까지 보고된 것만 100만 종에 달하며 기술된 전체 동물종의 80%에 달할 만큼 숫자가 많다. 사실 그 일부만으로도 인간의 생물량과 견줄 수 있거나 비슷한 수준의 음식을 섭취할 수 있다. 예를 들어 거미가 먹는 고기의 양은 인간보다 많다.

바젤 대학과 룬드 대학의 연구팀은 전 세계에 분포하는 거미의 양을 2500만톤으로 추정했으며 이들이 1년간 먹는 먹이의 총량이 4억~8억톤에 이른다는 추정치를 내놓았다. 이는 인류가 1년간 섭취하는 육류와 어류의 총량인 4억톤보다 더 많은 것이다.[5] 물론 사람이 고기만 먹는 건 아니기 때문에 같이 비교할 순 없지만, 그래도 엄청난 양이라는 점은 의심의 여지가 없다. 그런데 이렇게 숫자도 많고 오래전 등장한 생물이 왜 공룡이나 코끼리처럼 대형 동물로 진화하지는 못했을까?

물론 수많은 SF 영화와 소설, 만화에서 사람보다 큰 벌레가 등장한다. 아예 벌레를 닮은 족속이 우주를 정복하는 내용도 있다. SF 거장인 로버트 A. 하인리히의 소설을 영화로 만든 〈스타쉽 트루퍼스 Starship Troopers〉나 공전의 히트를 친 게임 스타크래프트 모두 사람보다 큰 정도가 아니라 거대한 건물 크기의 곤충형 외계 생명체가 등장한다. 그러나 앞서 소개했듯이 역사상 가장 거대한 유립테루스도 몸길이는 2.5m 정도에 불과하다. 현존하는 가장 거대한 절지동물인 일본 거미게Japanese Spider Crab, Macrocheira kaempferi의 경우 대나무 같은 다리와 집게가 매우 길어 몸길이가 최대 3.8m까지 보고된 바 있지만, 몸무게는 가장 큰 개체도 19kg 정도에 불과하다. 다리가 긴 것이지 실제 몸통이 큰 건 아니기 때문이다. 사실 역사상 가장 큰 절지동물이라고 해도 대형 척추동물에 비하면 왜소한 크기를 지니고 있다. 왜일까?

| 1920년 보고된 3.8m에 달하는 몸길이를 지닌 일본 거미게. 물론 크긴 하지만 사실 길이가 긴 것은 다리 덕분이다.

절지동물은 지구상에서 가장 성공한 동물문이지만, 크기가 커지는 데 몇 가지 제약점을 가지고 있다. 절지동물은 척추동물과는 달리 외골격exoskeleton을 가지고 있다. N-아세틸글루코사민 N-acetylglucosamine이라는 물질이 긴 사슬 형태로 연결되어 만들어진 중합체인 키틴chitin과 기타 성분들이 단단한 외피를 만들고 이 외피 안쪽에 근육이 붙어 관절을 움직이는 것이다. 단단한 외피는 몸을 지탱하는 역할과 방어하는 역할을 동시에 수행할 수 있게 만든다. 어렵게 생각할 필요 없이 게를 먹을 때 단단한 껍질 안에 살과 근육이 있는 것을 생각해보자. 방어와 골격의 역할을 동시에 수행하는 껍데기 안에는 부드럽고 맛있는 속살과 내장밖에 없다. 거북이처럼 단단한 갑옷을 지녀도 다시 몸을 지탱하는 뼈가 별도로 필요한 척추동물보다 효율적인 구조다. 이 발명품 덕분에 곤충류를 포함한 절지동물문은 크게 번성할 수 있었다.

하지만 외골격에도 단점은 있다. 대표적인 문제는 크기가 커질 때다. 앞서 각설탕의 딜레마에서 설명한 것처럼 몸길이가 2배 길어지면 부피는 8배 커진다. 무게도 대략 8배로 늘어날 수밖에 없다. 그런데 같은 비율로 모든 것이 증가한다면 두께는 두 배 증가할 뿐이다. 이런 문제를 해결하기 위해 대형 갑각류는 탄산칼슘을 이용해서 외피를 더 단단하게 만들긴 하지만, 이보다 더 커지게 되면 몸을 지탱하기 힘들다. 반면 척추동물과 같은 내골격 동물은 덩치를 키우는 데 유리하다. 단단한 골격이 안에 있고 내장과 근육이 붙는 구조는 철골 콘크리트 구조물에 빗대어 설명할 수 있다. 당연히 더 튼튼할 뿐 아니라 들어가는 뼈의 양도 줄일 수 있다. 사실 몸길이가 2배 길어지면 무게가 8배 증가하는 문제는 척추동물도 다를 것이 없다. 그래서 코끼리의 다리뼈가 사슴의 다리뼈보다 훨씬 굵다. 하지만 외골격이 아니기 때문에 그렇지 않아도 굵은 뼈 안에 근육을 집어넣을 필요가 없고 몸 전체를 뼈로 둘러쌀 필요도 없다. 따라서 척추동물은 큰 크기에 유리하고 절지동물은 작은 크기가 유리하다.

물론 절지동물의 크기를 결정하는 요소는 외골격 하나뿐만이 아니다. 여기서 자세히 다루기는 힘들지만, 여러 가지 다른 이유가 있다. 예를 들어 호흡 역시 생물의 크기를 결정하는 중요한 요소다. 왜냐하면, 육상 절지동물은 척추동물의 폐와 같은 대용량의 호흡 기관이 없기 때문이다. 대신 몸 표면에 여러 개의 구멍이 있고 여기에 연결된 기관이라는 작은 관이 있어 공기를 몸 안으로 넣고 호흡을 한다. 따라서 몸의 부피가 커질 수록 더 크고 복잡한 기관 시스템이 필요한데 당연히 커지는 데 한계가 있다. 하지만 산소 농도가 높다면 지금보다는 더 커질 수 있다. 이를 보여주는 좋은 증거가 바로 석탄기의 거대 절지동물이다. 코끼리나 공룡 크기의 절지동물은 없었지만, 지금보다 훨씬 큰 절지동물이 있었기 때문이다.

하늘을 지배한 잠자리

　1880년, 프랑스의 석탄기 지층에서 그물처럼 보이는 날개 파편의 화석이 발견되었다. 고생물학자들은 이 화석에 거대한 신경이라는 뜻의 메가네우라Meganeura라는 속명을 붙였다. 과학자들은 완전한 표본을 통해 이 생물의 정체가 펼치면 날개 너비가 65cm에 달하는 거대 잠자리임을 확인했다. 이후 메가네우라는 석탄기를 대표하는 곤충으로 널리 알려졌다. 물론 이런 거대 곤충의 등장은 산소 농도와 연관이 있을 것이다.

　3억 년 전 세상의 산소 농도를 구하는 일은 매우 어렵지만, 과학자들은 석탄기의 산소 농도가 지금보다 높았다는 데는 대부분 동의한다. 일부 연구자들은 30~35%나 되었다고 주장한다.[6] 이런 높은 농도에서는 육상 절지동물의 단순한 호흡기관으로도 지금보다 덩치가 훨씬 더 커질 수 있다. 하지만 동시에 당시 산소와 이산화탄소 농도는 꽤 다양하게 변화했던 것 같다.[7] 사실 산소 농도가 매우 높은 환경은 안정적으로 유지되기 힘들다. 잘못해서 산불이라도 나면 맹렬한 기세로 번져서 대륙 전체가 활활 불탔을 것이다. 이런 여러 가지 요인으로 인해 산소 농도와 이산화탄소 농도는 다양하게 변화했을 것이다.

　아마도 산소 농도가 불안정하기는 했는데, 석탄기 후반에 들어 산소 농도가 더 올라갔던 것 같다. 따라서 메가네우라 같은 거대 잠자리는 사실 석탄기 전체가 아니라 석탄기가 거의 끝날 무렵인 3억 년 전에 등장했다. 다른 거대 절지동물 역시 마찬가지다. 메가네우라 속은 지구상 산소 농도가 절정에 이른 석탄기 말에 등장했다가 석탄기 말 대멸종 사건 때 사라진다. 지금까지 발견된 메가네우라 속의 곤충은 3종으로 Meganeura brongniarti, Meganeura monyi, Meganeura vischerae 이 중에서 가장 큰 것이 메가네우라 모니 Meganeura monyi 다. 날개 폭이 70cm에 달하는 거대 잠자리는 보통 메가네우라 모니를 의미하는 것이다.

메가네우라는 지금의 잠자리와 마찬가지로 먹성 좋은 포식자였다. 석탄기의 하늘에는 대형 척추동물이 아직 나타나기 전이므로 메가네우라는 중생대의 익룡이나 현재의 독수리 같은 생태학적 지위를 누렸을 것이다. 이제 육지로 올라온 지 얼마 되지 않은 작은 양서류는 메가네우라의 식사 거리가 되었을 것이다. 그러나 석탄기가 끝나고 산소 농도가 낮아지자 다시는 이런 대형 비행 곤충은 나올 수 없었다.

여기까지가 일반적으로 나오는 메가네우라의 이야기지만, 사실은 좀 더 복잡하다. 메가네우라과 Meganeuridae는 현생 잠자리류와 연관이 있는 그룹으로 여러 멸종 곤충을 합해 오도나토프테라 Odonatoptera 상목이라는 큰 그룹의 일종이다. 이 그룹은 3억 2000만 년 전 등장했는데, 사실 석탄기 말 대격변에서도 살아남았다. 메가네우라과 역시 한때 시련을 이기고 더 큰 비행 곤충으로 페름기에 다시 나타났다. 메가네우롭시스Meganeuropsis 속의 거대 잠자리들이 바로 그들이다.

현재까지 알려진 메가네우롭시스는 두 종으로 1937년 발견된 메가네우롭시스 페르미아나Meganeuropsis permiana는 몸길이 43cm, 날개 폭 71cm로 날아다니는 곤충 가운데 가장 거대하다.[8] 사실 메가네우라 모니와 오차 범위 이내의 차이긴 하지만, 척추동물 이외의 날짐승 가운데 가장 큰 것이라고 해도 무방할 것이다. 두 번째 종은 1940년 발견된 메가네우롭시스 아메리카나Meganeuropsis americana로 이보다 약간 작다. 이들은 2억 9000만 년 전에서 2억 8300만 년 사이 페름기의 하늘을 지배했을 것이다. 문제는 이 시기의 산소 농도가 석탄기보다 낮다는 것이다. 물론 페름기도 짧은 시기가 아니므로 이 시대 역시 산소 농도가 오르락내리락 했지만, 지금보다 훨씬 높다고 볼 근거는 희박하다. 그렇다면 이 거대 잠자리는 어찌 된 것인가?

메가네우롭시스의 존재는 곤충의 크기를 결정짓는 요인이 여러 가지라는 점을 시사한다. 즉, 산소 이외에도 다른 요인이 잠자리류의 크기를 결정하는 것이 분명하다. 가장 그럴듯한 설명 가운데 하나는 다른 포식자의 존재다. 당시 하늘에는 다른 포식자가 없었지만, 중생대 이후에는 대형 척추동물이 하늘을 날아다녔다. 내골격은 물론이고 매우 발달된 호흡계, 순환계를 지닌 척추동물은 몸집을 키우는 데 절대적으로 유리하다. 이렇게 되면 곤충은 몸집으로 경쟁하기 보다는 본래 강점을 지닌 작은 크기로 승부를 보는 것이 유리하다. 작다고 꼭 나쁜 게 아니다. 오히려 절지동물의 우수성은 작은 크기에서 제대로 발휘될 수 있다. 만약 메가네우라나 메가네우롭시스만한 크기의 잠자리가 지금 존재한다면 대형 조류의 손쉬운 먹이감이 될 가능성이 크다. 따라서 크기를 줄이고 숫자로 승부를 보는 것이 보다 올바른 선택이다.

물론 그렇다고 해서 산소 농도가 영향이 없다는 건 아니다. 호흡 문제는 독수리만 한 잠자리가 등장하지 않은 이유를 쉽게 설명할 수 있다. 다만 생물의 크기를 결정짓는 요소는 여러 가지라는 의미다. 참고로 산소 농도가 상대적으로 내려갔던 페름기에도 대형 잠자리류가 등장할 수 있었던 것도 그럴만한 이유가 있다. 이 잠자리들은 날개는 무척 컸지만 몸통은 그렇게 두껍지 않다. 사실 메가네우리나 메가네우롭시스 모두 현대의 가장 큰 곤충들과 비교해도 몸통 부분이 더 두껍지 않기 때문에 기관을 통해서 충분한 산소를 공급받을 수 있었다.

석탄기를 누빈 거대 노래기

석탄기에 가장 거대한 절지동물은 하늘이 아닌 지상에 있었다. 하늘을 날기 위해서는 가벼운 몸이 필요하지만, 지상 생물은 상대적으로 이런 제약에서 자유롭기 때문에 더 커질 수 있다. 산소 농도가 높아진 석탄기 후기의 울창한 열대우림에는 거대하다는 표현이 모자랄 정도인 노래기가 살았다. 아르트로플레우라Arthropleura는 최대 몸길이 2.3m, 최대 폭 50cm에 달해 지상 절지동물 가운데 가장 클 뿐 아니라 지상 무척추동물 가운데서도 가장 거대했다. 19세기 말의 지질학자들은 이 시기 지층에서 마치 미니 열차 선로 같은 두 줄의 긴 발자국 화석을 발견했는데, 처음에는 이것이 어떤 생물의 흔적화석인지 알지 못했으나 지금은 이 발자국이 아르트로플레우라의 발자국이라는 것을 알고 있다. 이 흔적 화석은 폭 50cm급 거대 절지동물이 있었다는 사실을 말해준다.[9]

아르트로플레우라 속의 거대 노래기는 3억 1500만 년 전에서 2억 9900만 년 전까지 번성했으며 적어도 7종 이상 알려져 있다. 이 노래기는 현존하는 어떤 육상 절지동물보다 더 굵은 몸통을 가지고 있는데, 현재보다 훨씬 높은 농도의 산소가 아니라면 이런 생물이 가능한 이유를 설명할 방법이 없다. 당시에는 거대한 열대우림 지형이 펼쳐져 있었고, 아르트로플레우라는 덥고 습하면서 산소 농도가 높은 정글에서 먹이를 찾아다녔을 것이다. 구체적으로 뭘 먹고 살았는지는 알기 어렵지만, 채식주의자였을 가능성은 별로 없고 자신보다 작은 절지동물 및 척추동물을 먹이로 삼았을 것이다.

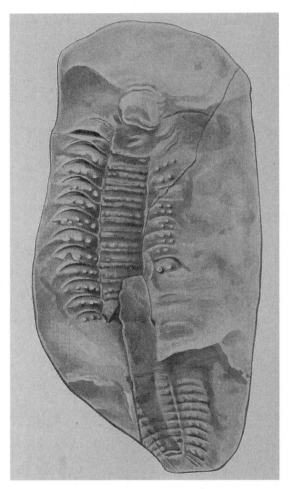

| 아르트로플레우라의 화석 스케치. 중간에 잘린 부위가 있지만 전체 모습을 유추하기는 어렵지 않다.

참고로 현존하는 가장 큰 노래기는 자이언트 아프리카 노래기 Archispirostreptus gigas로 최대 38.5cm 정도지만 지름은 수 cm에 불과하다. 다리가 256개나 되는 이 노래기는 징그럽게 생긴 건 마찬가지지만, 다리 사이에 공생 진드기가 있어 외골격을 청소해주고 그 대신 노래기의 보호를 받는 상부상조 정신을 보여준다. 인간의 관점이 아니라 노래기의 관점에서 보면 오히려 주변 환경을 다 파괴시키는 인간 쪽이 더 징그러운 존재일지 모른다.

아무튼, 메가우네라나 아르트로플레우라는 여러 번 방송도 탄 (이 녀석이 나오는 다큐멘터리는 우리 나라에서도 몇 차례 방영되었다) 경력이 있어 이 분야에 관심 있는 독자들에게는 그다지 낯설지 않은 존재일 것이다. 그런데 당시 산소가 높은 환경과 다른 천적 (주로 척추동물)이 없는 환경에서 거대화 된 것은 당연히 아르트로플레우라만이 아니다. 석탄기에는 앞서 설명한 협각아문의 생물들도 뭍으로 기어 올라와 크게 번성했는데, 이 가운데 역사상 가장 거대한 전갈인 풀모노스코르피우스 커크토네시스Pulmonoscorpius kirktonensis가 있다. 이 전갈은 현재의 전갈과 상당히 유사한 구조를 가지고 있는데, 큰 집게발을 고려하면 독침이 있더라도 독은 그렇게 강하지 않았을지 모른다. 집게발과 독 모두 상당한 비용이 드는 구조물이기 때문에 동시에 투자하기는 힘들기 때문이다. 크기는 대략 70cm 정도로 사람을 잡아먹을 수준은 아니지만, 만약 우리가 마주친다면 기겁하지 않을 수 없는 크기이기는 하다.[10] 흥미로운 점은 생김새는 현대 전갈과 큰 차이가 없다는 것이다. 전갈 역시 최적화된 형태로 진화한 후 모습이 수억 년간 극적으로 변하지 않았던 것 같다.

물론 이 시기에 이렇게 현대적 형태를 갖춘 전갈이 있었다는 이야기는 그 전에 전갈류가 진화했다는 이야기와 같다. 앞서 자세히 서술하진 않았지만, 사실 전갈류의 조상은 4억 3천만 년 전 등장했다. 당시에는 물론 육지에서 생활하지는 않고 얕은 바다에서 살았다. 같은 협각아문에 속하는 바다전갈은 이름과는 달리 전갈류가 아니라 그 친척 그룹이라는 건 앞서 설명했다. 흥미로운 건 바다전갈은 민물에서 살았지만 육지로 올라온 흔적이 없는 반면 전갈류와 거미류의 조상은 상당히 일찍부터 지상 생활에 적응했다는 것이다.

전갈과 거미는 다른 절지동물과 다르게 책 허파 혹은 폐서book lung이라는 호흡기관을 발달시켰다. 이는 표피의 일부가 들어가서 마치 책갈피처럼 접힌 것으로 여러 층의 호흡층이 존재한다. 책 허파의 기원은 데본기인 4억 1000만 년 전으로 거슬러 올라간다는 증거가 있다.[1] 그렇다면 이들의 조상이 지상에 올라온 것도 그 정도로 오래되었다는 이야기가 된다. 석탄기 후기는 그로부터 1억 년 이후이므로 거미와 전갈류가 다양하게 진화해서 적응 방산할 기회는 얼마든지 있었다. 그리고 아직 육지에는 대형 척추동물이 등장하기 전이므로 지금은 누릴 수 없는 최상위 포식자의 지위를 누린 전갈류나 거미류가 있었다는 건 그다지 놀라운 일은 아닐 것이다.

흥미로운 사실은 석탄기 말에 다른 거대 절지동물과 견줄만한 거대 거미류는 아직 발견되지 않았다는 점이다. 과거 석탄기 말 지층에서 발견된 메가라크네 세르비네이Megarachne servinei가 발견되어 거대 거미류로 해석되었던 적이 있다. 이 고대 짐승은 다리 사이의 너비가 50cm에 달하고 몸통 길이는 30cm에 달해 오늘날 존재하는 가장 거대한 거미보다 몇 배나 거대했다. 하지만 거미 같은 외형에도 불구하고 실제로는 민물에 살았던 유립테루스의 일종이라는 사실이 밝혀졌다.[12] 이 사실이 밝혀지기 전 나왔던 다큐멘터리에는 지상에 살았던 거미로 묘사된 적이 있었으나 실망스럽게도 진실은 달랐다.

하지만 우리는 크기만이 성공적인 포식자의 척도가 아니라는 점도 알아야 한다. 사실 성공적인 포식자는 모든 크기에서 다양한 생태적 지위를 누린다. 다양한 크기로 진화한 수각류 공룡은 성공적인 표식자의 좋은 예다. 거미류 역시 마찬가지다. 다양한 크기의 거미가 수억 년에 걸쳐 번성하고 있으며 현재도 그 다양성이 크게 줄어들지 않고 있다. 치명적인 독니와 거미줄의 발명은 거미를 독보적인 포식자의 지위에 올려놓았다. 인류의 미래가 어찌 될지는 분명하지 않지만, 1억 년이 지난 후에도 거미의 후손들이 지구에 번성할 가능성은 대단히 크다.

chapter 8

:

육지로 상륙한 척추동물

뼈가 있는 물고기가 등장하다

데본기에서 석탄기에 이르는 시기 동안 육지에서는 절지동물의
시대가 이어졌다. 그러나 척추동물의 조상 역시 그동안 놀기만 한
것은 아니다. 판피류의 등장과 그다지 멀지 않은 시점에 턱이 있는
물고기들은 판피류와 더 진화된 종류인 연골어류와 경골어류로 갈
라졌다. 이번 장에서 주로 설명할 녀석들은 우리 인간을 포함하는
사지동물의 조상과 그 외 단단한 뼈를 가진 물고기 그룹을 포함하는
경골어강Osteichthyes or bony fish다. 이들은 여러 강class을 포함하

는 종류이므로 경골어상강으로 분류하기도 한다. 경골어류를 나누면 크게 조기어강Actinopterygii과 육기어강Sarcopterygii으로 나눌 수 있다. 전자는 우리의 식탁에 오르는 고등어를 비롯한 일반적인 물고기이며 후자는 우리 인간을 포함해서 지상에 존재하는 사지동물과 실러캔스 같은 살아있는 화석류를 포함한다. 이들의 기원 역시 오래 됐다.

중국에서 발견된 귀유 오네이로스Guiyu oneiros는 가장 오래된 경골어류 가운데 하나로 육기어강의 특징을 지닌 물고기다.[1,2] 이 말은 이미 경골어류의 조상이 이전에 등장해서 조기어강과 육기어강으로 분화되기 시작했다는 이야기다. 이 물고기는 적어도 4억 1900만 년 전 존재했다. 실루리아기 경골어류인 메가마스탁스 Megamastax는 4억 2300만 년 전 살았던 것으로 추정된다.[3] 메가마스탁스는 큰 입이라는 뜻으로 턱 이외에 다른 부분이 발견되지 않아 조기어강인지 육기어강인지 판단은 어렵지만, 몸길이가 1m에 달했을 것으로 추정하고 있다. 당시에는 작지 않은 크기의 포식자로 거의 먹이 사슬의 상위권에 위치한 녀석이었을 것이다.

이렇게 빠르게 진화한 물고기는 데본기에 번영을 이루면서 바다를 지배했다. 사정이 이렇다 보니 물고기가 육지로 상륙하는 것도 시간 문제였다. 위험한 포식자를 피하거나 육지에 풍부한 먹이를 노리기 위해서 지상으로 상륙하려는 시도가 이어진 것이다. 하지만 모두가 성공한 건 아니다. 우선 땅 위에 걷기 위해서는 중력을 이길 튼튼한 골격이 필요하다. 모든 골격이 단단한 뼈로 되어 있지 않은 연골어류는 일단 제외해야 한다. 단단한 뼈를 지닌 경골어류 역시 모두 사지동물로 진화하기는 어렵다. 팔과 다리로 진화할 수 있는 부속지가 필요하다.

이해를 돕기 위해 우리의 식탁에 오르는 경골어류이자 조기어류에 속하는 고등어를 유심히 살펴보자. 수중 생활에 최적화된 유선형의 몸을 생각하면 네발 달린 고등어로 진화하기는 쉽지 않아 보인다. 하지만 진짜 문제는 몸통보다는 지느러미다. 노릇노릇 잘 구운 고등어를 먹으면서 닭 다리처럼 지느러미 뼈 주변에 붙은 살코기를 먹어본 기억이 나는가? 그렇지 않을 것이다. 조기어류를 뜻하는 ray-finned fish는 얇은 막의 지느러미를 의미하고 있기 때문이다. (혹시 샥스핀을 떠올리는 독자도 있을지 모르겠는데, 상어는 연골어류다) 물론 망둑어처럼 조기어류에 속하는 일부 물고기들이 뭍으로 올라오긴 했지만, 그들 가운데 누구도 튼튼한 네 다리를 진화시키지 못한 건 그럴 만한 이유가 있다.

반면 살 지느러미를 지닌 물고기 lobe-finned fish (육기어류라고 하면 너무 어렵게 다가오니 이렇게 별명을 붙여보겠다)는 지느러미에 뼈와 근육이 붙어 있고 이 지느러미가 팔다리처럼 골격에 연결되어 있다. 그리고 실제로 지느러미가 팔다리로 진화했다. 육기어류를 뜻하는 lobe-

| 실러캔스의 사진. 팔 같은 구조물에 지느러미가 달린 모습이다.

finned는 나뭇잎 모양의 엽상형 지느러미라는 뜻인데 뼈와 근육 덕분에 그렇게 보인다. 현생종인 폐어나 실러캔스의 경우 지느러미에 단단한 뼈가 있고 여기에 근육이 붙어 지느러미를 더 강하게 움직일 수 있다. 물론 희귀어종이기 때문에 우리의 식탁에 오르지는 않겠지만, 고등어와 달리 실러캔스의 지느러미 사진을 보면 살이 꽤 붙어 있을 것 같은 생김새다.

그런데 이 방식이 헤엄치는 데 더 유리했던 것은 아니다. 고등어나 참치처럼 꼬리 부분에 온몸의 힘을 집중시켜 힘차게 나가는 편이 더 나은 선택일 수 있다. 결국 시간이 지나면서 살 지느러미 물고기는 우리가 아는 대부분의 물고기인 조기어류에게 밀려 지금은 매우 드문 존재가 되었다. 하지만 처음부터 그랬던 것은 아니다.

데본기만 해도 살 지느러미 물고기의 전성시대로 크기와 다양성 모두 조기어류에 뒤지지 않았다. 데본기 후기인 3억 7400만년 전에서 3억 9700만년 전 살았던 대형 살 지느러미 물고기인 오니코두스 Onychodus의 경우 뾰족하고 거대한 이빨을 지닌 포식자로 가장 큰 것은 몸길이가 2~4m에 달했다.[4] 데본기 말에 살았던 하이네리아 Hyneria 역시 2.5m에 달하는 대형 어류였다.[5] 이들은 모두 당시 생태계에서 상위 포식자에 속했다.

이렇게 많은 살 지느러미 물고기가 존재했던 데본기 말에는 여러 종류의 물고기가 강과 호수로 들어와 새로운 삶의 터전을 잡았던 것으로 보인다. 물론 조기어류도 같이 강을 거슬러 올라왔을 것이다. 아마도 망둑어처럼 육지로 나온 녀석도 있었을지 모르지만, 이들의 지느러미는 팔과 다리로 진화하기에는 너무 가늘었던 것 같다. 반면 살 지느러미 물고기의 넓적한 지느러미는 네 다리로 진화를 준비하고 있었다. 물론 살 지느러미가 있다고 바로 팔다리로 바뀔 수 없는 데다 본래 아가미로 호흡하던 녀석이 갑자기 폐호흡을 할 수도 없다. 그래서 살 지느러미 물고기는 여러 단계를 거쳐 육상 사지류로 진화했다. 그리고 그 과정 역시 먹고 사는 문제와 밀접한 연관이 있다.

사지동물 진화의 아이콘. 틱타알릭과 이크티오스테가

물고기가 네발짐승이 되려면 영겁의 세월이 필요하다. 하지만 그 사이 모든 기록이 화석으로 남지는 않는다. 수억 년 전의 화석이 우리에게 발견되려면 석탄기 식물처럼 엄청나게 양이 많던가 운이 매우 좋아야 하기 때문이다. 사실 살 지느러미 물고기에서 육지 사지류의 진화 과정 역시 오랜 세월 잘 밝혀지지 않았다가 다행히 최근에 새로 등장한 화석들 덕분에 그 과정을 잘 이해할 수 있게 되었다. 이 여러 네발 물고기 (?) 가운데 가장 유명한 진화의 아이콘이 2004년 발견된 틱타알릭Tiktaalik이다.[6] 캐나다 북쪽의 외딴 섬인 엘즈미어에서 발견된 이 화석은 물고기에서 양서류로 진화하는 과정을 잘 보여준다.

틱타알릭의 지느러미는 과거 등장했던 살 지느러미보다 더 다리에 근접한 모습을 지니고 있다. 여전히 지느러미줄을 가지고 있지만, 발목 관절이 있어 여러 방향으로 움직일 수 있기 때문이다. 이런 지느러미 구조는 사실 헤엄칠 때보다 기어 다닐 때 유리할 수 있다. 여기에 자유롭게 움직일 수 있는 목과 넓적한 가슴뼈는 어류보다는 양서류에 더 가까워 보인다. 물 위로 향한 눈 역시 마찬가지다. 마지막으로 틱타알릭은 원시적인 폐까지 갖춰 육지 생활에 어느 정도 적응한 것으로 보인다. 하지만 대부분의 시간은 현재의 악어와 비슷하게 얕은 물가에서 살면서 사냥을 했던 것으로 보인다. 노처럼 생긴 지느러미와 넓적한 가슴뼈, 위로 향한 눈은 이런 환경에 적응한 산물일 것이다.

그런데 한 가지 흥미로운 가설은 이 몸 구조가 물 위에 있는 절지동물을 사냥하기 위해서라는 가설이다. 사실 물 위에 있는 먹이를 잡기 위해서가 아니라면 굳이 눈이 위로 이동한 이유를 설명할 수 없다. 노스웨스턴 대학의 말콤 맥클버Malcolm A. MacIve와 그의 동료들은 육지 생활을 위해 먼저 진화한 것이 다리가 아닌 눈이라는 내용을 미국립과학원회보PNAS에 발표했다.[7] 이들은 3억 8000만 년 전에 살았던 어류인 판데리크티스Panderichthys와 3억 6500만 년 전에 살았던 초기 사지 동물인 이크티오스테가Ichthyostega의 중간에 있는 틱타알릭에서 가장 두드러지게 커진 부위가 다리가 아니라 눈이라는 사실을 발견했다. 조상에 비해 틱타알릭은 눈이 위로 이동한 것만이 아니라 매우 커졌는데 (안구지름이 13mm에서 36mm로 거의 3배 커졌다), 이는 시력이 생존에 강력한 이점을 제공하지 않고서는 설명되지 않는 변화다. 그런데 왜 하필 눈이 커졌을까?

이유는 가시거리다. 밀도와 굴절율의 차이 때문에 공기 중에서 물속보다 70배 정도 먼 거리를 볼 수 있다. 사실 틱타알릭이 살았던 얕은 호수와 강가는 물이 탁해서 물속에서는 멀리 보기 힘들었을 것이다. 대신 현재의 악어처럼 위로 향한 눈을 이용해서 먹이를 확인하고 물가 주변의 먹이를 사냥했을 가능성이 크다. 물론 당시 육지에는 절지동물 이외의 다른 먹잇감이 없었으므로 먹이는 절지동물이었을 것이다. 틱타알릭은 큰 개체의 경우 2미터에 달하므로 당시 호수와 하천 생태계에서 최강 포식자의 위치를 차지했을 가능성이 크다. 하지만 바다에 비해서 상대적으로 작은 강과 호수에서 몸집을 유지하려면 이것저것 가리지 않고 먹을 수 있는 능력이 필요하다. 육지의 절지동물은 틱타알릭 같은 초기 사지류에게 아주 탐나는 먹잇감이었을 것이다.

틱타알릭의 시대로부터 좀 더 세월이 흐른 후에 양서류에 가까운 무리가 등장하기 시작했다. 이를 대표하는 생물이 이크티오스테가로 가장 오래된 양서류의 조상으로 생각되는 동물이다. 1931년 최초로 발견된 이후 4종이 보고되어 있는데, 몸길이가 1.5m에 달해 틱타알릭과 비슷하게 당시 생태계의 상위 포식자면서 얕은 강과 호수에서 서식했던 것으로 보인다. 이크티오스테가는 어류와 비슷하게 지느러미가 있는 꼬리를 지니고 있지만, 사지동물에 가까운 네 다리를 가지고 있고 허파를 갖춰 보다 육상 생활에 적응한 동물이었다. 현재의 양서류와 달리 큰 이빨이 달린 두개골은 이 동물이 당시 생태계에서 꽤 무시무시한 포식자였음을 보여준다.

데본기 말에 등장한 이크티오스테가에서 가장 중요한 특징은 바로 발에 있다. 아직 효과적으로 육지를 걸을 수 있는 능력은 없기 때문에 대부분 얕은 물속에서 생활했을 것으로 보지만, 그래도 틱타알릭에 비해서는 확실히 진보된 다리를 지녀 육지에서도 어느 정도 몸을 움직일 수 있었다. 하지만 진정한 의미의 사족 보행은 어려운 구조이기도 했다.[8] 일부 과학자들은 이크티오스테가가 현재의 물개처럼 몸을 질질 끌면서 앞으로 움직였을 것으로 보고 있다. 독특한 부분은 발가락이 7개라는 점인데, 그 후손들이 육지 생활에 적응하면서 대부분 가장 적합한 숫자인 5개 이하의 발가락을 가지기 전 사지동물의 조상이 가졌던 모습을 보여준다.

물론 데본기 말 육지에 상륙한 양서류와 비슷한 생물은 이크티오스테가 하나만은 아니다. 역시 비슷한 시기에 발견된 아칸토스테가 Acanthostega 역시 일생의 대부분을 강과 호수에서 살았지만, 다리를 진화시킨 생물로 물고기에서 양서류로 진화하는 단계를 보여주고 있다. 대략 60cm 정도 되는 몸길이를 지닌 이 생물은 발가락이 무려 8개다. 이런 발가락과 물갈퀴는 걷기보다는 헤엄치는 데 훨씬 유리하다. 대중적인 인지도는 낮지만, 이외에도 다양한 양서형 생물이 데본기 말기를 장식하며 수중 생태계에서 그 자리를 차지했다. 그리고 이들은 모두 육식성이었다. 육지에 상륙한 우리의 먼 조상은 뛰어난 포식자로 사냥을 위해 물 밖으로 나온 것으로 보인다.

양서류의 시대

데본기가 어류의 시대라고 불린다면 다음 시기인 석탄기는 양서류의 시대라고 부를 수 있다. 이 시기 양서류가 울창한 숲을 형성한 석탄기의 숲과 강, 호수에서 최강자의 위치에 올라섰기 때문이다. 하지만 역시 석탄기 모든 시기에 양서류가 큰 번영을 누린 것은 아니다. 이 시기도 신생대 전체와 거의 비슷한 세월인 만큼 많은 변화가 있었다. 사실 데본기 말 대멸종 이후 한동안은 초기 양서류를 포함한 사지류의 화석이 발견되지 않는 것으로 보아 이 시기에 엄청난 피해를 입어서 다시 다양성을 회복하는 데 상당한 시일이 걸린 것으로 보인다.

대략 3억 6,000만 년 전에서 3억 4,500만 년 사이의 이 간극을 로머의 간극Romer's Gap이라고 부른다.[9] 물론 대멸종 당시 큰 타격을 입어 숫자가 크게 줄어들었다고 해도 그게 멸종되었다는 의미는 당연히 아니다. 만약 그랬다면 이 책을 쓰는 필자를 포함하여 독자들도 없었을 것이다. 당연히 당시 살아남은 사지류의 조상이 있었고 이들이 진화해서 현생 양서류와 다른 양막류 (양막을 갖춘 척추동물. 물론 인간 포함)의 조상이 되었으니 말이다. 다만 숫자가 적다 보니 대체 누가 살아남아 양서류와 여기서 진화한 양막류의 조상이 되었는지 알기 어려웠다.

다행히 지난 수십 년간 스코틀랜드를 비롯한 여러 장소에서 새로운 화석들이 발견되어 석탄기 초기 사지류의 진화에 대한 비밀이 서서히 풀리고 있다. 석탄기 초기에는 (물론 그 전후로도 마찬가지지만) 지금은 상상할 수 없는 독특한 육식 동물이 존재했다. 이 시기 등장한 괴생명체 (?) 가운데 하나가 크라시지리누스Crassigyrinus다.[10] 괴생명체라고 부른 이유는 몸길이는 2미터에 달하는데 팔다리는 막 팔다리가 생기기 시작한 올챙이처럼 엄청나게 작기 때문이다. 그래서 두꺼운 올챙이라는 의미의 크라시지리누스라는 이름을 얻었다. 한마디로 이빨이 달린 거대한 입과 몸통, 그리고 꼬리 이외에 나머지 부분은 퇴화한 생물이다.

우리는 진화가 한 방향으로만 진행된다고 믿기 쉽지만, 사실 적자생존의 법칙은 한쪽으로만 손을 들어주지 않는다. 크라시지리누스와 앞서 설명한 이크티오스테가를 포함한 초창기 사지 동물을 견두류Stegocephalia라 부르는데, 이 가운데 살아남기 위해서 최대한 환경에 적응하면서 다시 다리를 퇴화시킨 크라시지리누스 같은 생명체도 있었던 것이다. 하지만 이 시기에는 좀 더 양서류 같은 생명체들이 등장해 서서히 다양성을 키워나가는 동시에 한 걸음 더 나아가 다음장에서 설명할 양막류의 조상도 등장했다.

사실 개구리가 멀리뛰기 위해 웅크리는 것처럼 사지동물 역시 육지에서 번영을 누리기 위해 준비가 필요하다. 앞서 데본기가 다리와 폐를 진화시키는 시기였다면 석탄기 초기에는 육지 생활에 적응된 다리와 골격, 눈, 귀의 진화가 이뤄진 시기였다. 이렇게 준비를 한 만큼 기회가 오자 양서류는 매우 다양하게 적응방산했다. 석탄기의 후기의 울창한 숲과 풍요로운 강은 양서류의 조상이 살기에 최적의 조건이었으므로 지금은 상상하기 힘든 다양한 양서류가 등장해 강력한 포식자로 군림했다.

석탄기 최대의 사지동물은 원시적 양서류인 에오기리누스 Eogyrinus이다. (나중에 설명할 파충류형 양서류로 분류하기도 한다) 가장 큰 종Eogyrinus attheyi은 몸길이 4.6m에 체중이 560kg나 나갔던 것으로 보인다. 아마도 현재의 악어와 같은 생태적 지위를 누린 생물체로 길고 잘 발달된 꼬리로 물속에서 매우 빠르게 헤엄칠 수 있었던 것으로 보인다.[11] 석탄기 중기 양서류의 다양한 진화를 보여주는 다른 사례 가운데 하나는 사각형의 머리를 한 양서류인 스파티케팔루스Spathicephalus가 있다. 고생물학자들은 가로 세로 22cm인 사각형 두개골을 발견하고는 대체 어떤 생명체였는지 고민에 빠졌다.[12] 더구나 이 생물체는 지름 3mm에 불과한 작은 이빨이 위아래로 무수히 일렬로 있었다. 이를 설명할 가장 좋은 방법은 스파티케팔루스가 여과 섭식자였다는 것이다. 아마도 강과 호수에서 작은 무척추동물들을 걸러서 먹는 방식을 택한 것으로 보인다. 이런 다양한 생존 방식이 있다는 것은 그만큼 생태계의 주도적 생물로써 당시 양서류의 위상을 보여준다.

하지만 석탄기 중후반에 큰 번영을 누린 양서류의 조상은 아직 물속에서 주로 살았던 동물로 육지에 있는 절지동물을 제압할 수준은 되지 못했다. 근본적으로 물가를 떠나 살 수 없었는데다 솔직히 물속에서 삶의 대부분을 보냈기 때문이다. 하지만 당시 강과 호수, 그리고 석탄기의 거대한 숲에서 번성하던 기이한 생물들은 지금으로부터 3억 년 전 발생한 약간 규모가 작은 멸종 사건인 석탄기 열대우림 붕괴CRC, Carboniferous Rainforest Collapse라는 사건과 더불어 다시 한 번 타격을 받아 한 시대의 종말을 고하게 된다. 그 이후 시기가 고생대의 마지막 시기인 페름기다. 이 시기에도 여전히 다양한 절지동물과 양서류가 번성했지만, 이제 양막을 지닌 동물이 나와 육지의 나머지 부분을 척추동물로 채우게 된다.

진정한 육지동물

지구 생명체의 기원에 대해서는 아직도 밝혀지지 않은 부분이 많지만, 물에서 탄생했다는 것만큼은 자신 있게 이야기할 수 있다. 모든 생물의 세포가 대부분 물로 채워져있고 물 없이는 살 수 없다. 더구나 지구 초기에는 물속 이외에는 생명이 안정적으로 생존할 수 있는 장소도 없었다. 이점은 캄브리아기 대폭발 때도 마찬가지였다. 당시 발생한 모든 동물문은 모두 바다에서 진화된 것이다. 이후 여러 동물문이 육지로 상륙했는데, 그 가운데는 물론 척추동물의 조상도 있었다.

양서류는 척추동물의 육지 상륙을 위한 여러 가지 기념비적 과정을 상징하지만, 그렇다고 해서 완전한 육지동물이라고 보기는 어렵다. 결국 일생의 전부 혹은 일부를 물속에서 살아가는 생물이다. 양서류에서 진화한 완전한 육지동물이 바로 양막류Amniota다. 양막은 아직 태어나기 전 배아를 보호하는 막으로 물속에서 알을 낳는 양서류에게는 필요 없는 조직이다. 이것이 필요하다는 것은 물속에 알을 낳지 않는 생물이라는 뜻으로 해석할 수 있다. 양막류는 본격적인 육지 척추동물로 과거 생존에 필수적이던 아가미도 과감히 포기했다. 하지만 아가미를 포기한 건 훗날을 생각하면 아쉬운 일일지도 모른다. 수많은 파충류, 포유류, 조류가 다시 바다로 돌아가 물에서 살기 때문이다. 이들은 어쩔 수 없이 아가미 대신 폐로 호흡한다.

물론 초기 양막류의 조상에게는 별로 선택의 여지가 없었을 것이다. 폐나 아가미 모두 상당한 비용이 소모되는 장기이기 때문에 양서류처럼 양쪽에서 살 생물이 아니라면 굳이 필요하지 않은 장기다. 더구나 물 밖에서 살려면 많은 비용을 지불해야 하기 때문에 낭비할 자원도 별로 없다. 사실 초기 양막류는 엄청난 비용을 지불하고 육지에 적응했다. 평생 지상에서 살려면 중력을 이기고 몸을 지탱할 수 있는 튼튼한 다리가 필요하다. 물 위는 물속과는 달리 그냥 네 발로 서있기만 해도 에너지를 소모하는 불리한 구도다. 더구나 세포 단위에서 생각하면 별로 변한 게 없어서 여전히 몸의 대부분의 물이고 물이 없으면 살 수가 없다. 수중 생활에서는 배설로 소모되는 물을 얼마든지 보충할 수 있지만, 물 밖에서는 갈증을 해결하기 위해 항상 물을 찾아야 한다. 물론 수중 생활이라고 항상 편한 건 아니겠지만, 육지에서의 삶은 여러모로 더 힘들다.

하지만 육지 생활에도 몇 가지 매력이 있다. 일단 내륙으로 들어가면 아직 다른 대형 척추동물이 진화하기 전이기 때문에 생태학적으로 유리한 지위를 차지할 수 있다. 손쉽게 상위 포식자가 되어 작은 절지동물을 마음껏 잡아먹을 수 있는 것이다. 널려 있는 식물 역시 새로운 식량 공급원이 될 수 있어 일부는 초식동물이라는 새로운 삶의 방식을 선택했다. 물론 천적을 피해 달아난 종류도 있을 것이다.

초기 양막류의 진화는 비교적 빠르게 이뤄졌던 것으로 생각된다. 석탄기 중기 이후에 양막류와 근연관계에 있는 것으로 보이는 생물체들이 다수 나타났기 때문이다. 파충류형 양서류Reptiliomorpha로 불리는 웨스트로시아나Westlothiana가 그 대표적 생물체로 3억 3800만 년 전 등장했다.[13] 네발로 걷는 20cm 정도에 불과한 작은 생물체였지만, 초기 파충류의 특징을 지녀 적어도 석탄기 중기 이전에 양막류의 조상이 등장했음을 보여준다. 비슷한 시기에 살았던 작은 도마뱀 같은 생물로 카시네리아Casineria가 있다. 대략 15cm 정도 되는 도마뱀 같은 생명체로 3억 4000만 년 전 지층에서 등장한다.[14]

참고로 앞으로 -형-morpha이라는 표현이 등장하는데 이는 파충류, 포유류 등의 직접 조상은 아니지만, 조상 그룹과 근연 관계에 있는 생물로 양쪽의 특징을 가진 생물을 의미한다. 포유류형 파충류가 가장 대표적이지만, 그전에 파충류형 양서류 혹은 파충형류 (사실 이쪽이 더 정확한 표현인데 이해를 돕기 위해 양서류를 붙였다)가 있었던 것이다.

이들 파충류형 양서류를 근거로 생각해보면 초기 양막류의 조상은 작은 육식 동물로 상위 포식자는 아니었던 것으로 보인다. 하지만 물가를 떠나서 생활하면 당시 석탄기의 숲에서 번성하던 작은 절지동물을 사냥할 수 있을 뿐 아니라 더 거대한 양서류나 어류로부터 도망칠 수 있다. 물론 앞서 언급했듯이 석탄기 후반에 등장하는 거대 절지동물도 있긴 하지만, 아마도 물속이 더 위험했을 것이다.

다양한 파충류형 양서류를 거쳐 석탄기 말에는 현생 양막류의 조상이 등장했다.[15] 이들은 크게 두 그룹으로 나뉘는데, 석형류 Sauropsida와 단궁류Synapsids가 그것이다. 단궁류는 포유류와 그 근연 그룹을 의미하며 석형류는 파충류, 조류 및 멸종한 공룡 등 근연 그룹을 의미한다. 석형류는 무궁류Anapsida와 이궁류Diapsida로 다시 나눌 수 있다. 하지만 복잡하게 생각할 것 없이 포유류와 그 친구들, 그리고 파충류 및 조류와 그 친구들 (멸종된 녀석들도 포함)의 두 그룹이라고 생각하면 된다.

이들의 시대는 석탄기 다음 시기인 페름기로 이때 더 자세한 이야기를 해보기로 하고 잠시 석탄기 말의 괴수 대결을 상상해보자.

석탄기 최강 괴수는?

2005년 BBC에서 방영된 다큐멘터리인 〈공룡 이전의 생물체 Walking with Monsters〉에는 다양한 고대 괴수들이 등장한다. 시대가 흘러서 당시 방영된 내용 가운데 일부는 잘못된 부분도 있다는 것이 밝혀졌지만, (대표적인 것은 앞장에서 본 메가라크네로, 여기서는 거대 거미로 등장한다. 참고로 이런 문제는 과학 논문을 포함해서 모든 과학 관련 저술과 영상에서 피할 수 없는 문제다. 항상 나중에 새로운 사실이 밝혀지기 때문이다) 매우 흥미로운 다큐멘터리인 점은 분명하다.

3억 년 전의 세계를 묘사한 부분에서는 두 괴물의 가상 대결을 다루는데 여기에 등장하는 괴수가 아르트로플레우라와 프로테로기리누스Proterogyrinus다. 전자는 육상 절지동물 대표주자고 후자는 앞서 소개한 파충류형 양서류(파충형류)의 일종이다. 파충류형 양서류는 완전한 파충류는 아니지만, 양서류보다 훨씬 멀리 물을 떠나 생활할 수 있었으며 따라서 육지 생활에 더 적응한 양서류라고 볼 수 있다. 석탄기에서 페름기 사이 이들은 하나의 큰 그룹을 형성하여 다양하게 적응방산했다. 그리고 그 가운데 최상위 포식자인 프로테로기리누스가 있었다. 프로테로기리누스는 몸길이가 2.5m에 달해 현존하는 코모도 왕도마뱀에 견줄만한 강력한 포식자였다. 당시 지상에는 큰 포식자가 별로 없어서 이들의 존재는 더 유별났을 것이다. 프로테로기리누스는 육지로 더 멀리 갈 수 있어 당대의 대형 절지동물도 사냥할 수 있었다.[16]

물론 3억년 전 프로테로기리누스가 아르트로플레우라와 한 판 승부를 벌였는지는 알기 어렵다. 하지만 당시 다양한 파충류형 양서류 및 대형 양서류가 존재했던 점을 감안하면 아르트로플레우라와 목숨을 걸고 싸운 육지 척추동물이 있었다고 해서 이상할 것은 없다. 물론 현생 대형 육식 동물들이 대개 서로 목숨을 걸고 싸우지 않는 점을 감안하면 다큐멘터리에서의 묘사는 다소 극적인 요소가 가미된 점이 있다. 훨씬 쉬운 사냥감이 많은데 굳이 목숨을 걸어야 하는 상대와 싸울 이유가 없다.

한편 범위를 강과 호수로 넓혀보면 여전히 물속에서 살아가는 강력한 포식자들이 더 많았다. 데본기 말에 민물에는 리조돈트 Rhizodont라는 매우 강력한 살 지느러미 포식자가 등장했다.[17] 이들은 독립된 목order를 이룰 만큼 크게 번성했으며 3억 1000만 년 전까지 화석이 발견된다. 이들의 화석을 보면 아주 크고 잘 발달된 이빨을 가졌음을 알 수 있는데, 이 중 가장 대형종은 리조두스 히베르티Rhizodus hibberti다. 이들의 특징은 22cm에 달하는 거대한 송곳니

같은 이빨이다. 이렇게 거대한 민물고기가 존재했다는 것은 당시에 지금의 스코틀랜드 지방에 아마존 강 유역을 방불케하는 호수와 강, 그리고 열대 우림이 존재했다는 이야기다.

　　참고로 현존하는 가장 거대한 민물고기는 피라루크pirarucu라고도 불리는 아라파이마Arapaima다. 아마존 유역에 사는 이 거대 물고기는 가장 크 개체가 4.5m까지 보고된 바 있다. 하지만 최근에는 남획과 환경파괴로 2~3m 정도가 최대 개체다. 정확한 크기 추정은 어려워도 리조두스 히베르티는 이보다 더 거대했을 것으로 보인다. 이들의 존재는 당시 민물 생태계가 지금의 아마존보다 더 풍성했을 가능성을 시사한다. 이런 거대 최상위 포식자가 있으려면 피라미드의 하단부처럼 크고 튼튼한 기반이 있어야 가능하기 때문이다.

　　그런데 석탄기에는 이런 거대 민물고기 최상위 포식자가 하나만이 아니었다. 리조두스 히베르티가 스코틀랜드와 아일랜드, 북미 지역에서 발견되었다면 호주의 석탄기 지층에서는 역시 리조돈트목에 속하는 바라메다Barameda 속의 거대 민물고기가 존재했다. 이들역시 22cm에 달하는 거대한 이빨을 가지고 있었으며 몸길이는 6m가 넘었을 것으로 보인다.[18] 물론 이 역시 당시 생태계의 다양성을 보여주는 증거다. 이들은 역사상 가장 큰 민물고기들로 당시 양서류나 파충류형 양서류와 물속에서 경쟁을 벌였을 것이다.

석탄기는 이렇게 풍요로운 열대 우림의 숲과 강에서 절지동물, 양서류, 파충류형 양서류, 살 지느러미 물고기 등 다양한 종이 번성했던 시기이다. 그러나 이 열대 낙원은 3억 년 전 찾아온 석탄기 열대 우림 붕괴CRC 사건과 같이 종말을 고했다.

.
.
.

chapter 9

공룡 이전의 괴수들

포유류 같은 파충류

페름기는 고생대의 마지막 시기로 2억 9890만 년 전부터 2억5200만 년 전까지 대략 4700만 년 정도의 기간이다. 페름기의 가장 상징적인 사건은 거의 모든 생명체가 사멸한 대멸종이지만, 페름기 역시 짧은 시기가 아니기에 이 시대에도 다양한 생물이 흥망성쇠를 거듭했다. 석탄기에 번영을 누린 양서류와 파충류형 양서류는 이 시대에도 여전히 번성했지만, 페름기 육지에서 가장 주목을 끄는 생물은 포유류의 조상과 연관이 있는 단궁류였다. 앞서 소개했던 것처럼 양막류 진화의 초기에 이미 단궁류와 석형류로 분리되어 각자의 길을 걷게 되는데, 전자는 포유류와 그 비슷한 친구들이며 후자는 파충류, 조류, 공룡 등을 포함한 좀 더 다양한 그룹이다. 이들 가운데 포유류 친구들이 우리와 밀접한 연관이 있다.

포유류형 파충류mammal-like reptiles라는 단어에는 이들이 파충류와 포유류의 특징을 동시에 갖춘 전이형 생물체라는 의미가 담겨있다. 하지만 그 가운데 일부만 우리 포유류의 직접 조상이고 나머지는 현생 포유류와 관련이 없으므로 이들 모두를 포유류의 조상이라고 소개하는 대신 포유류형 파충류라고 부른다. 초창기 포유류형 파충류는 단궁류 무리 가운데 가장 원시적인 종류인 반룡류Pelycosaur다. 과거에는 파충류로 분류하기도 했으나 현생 파충류의 조상과는 이미 석탄기에 결별한 그룹이다.

반룡류라고 하면 어떤 생물인지 쉽게 감이 오지 않지만, 거대한 돛을 가진 고대 육식 동물을 다큐멘터리 혹은 과학 도서에서 본 독자들이 있을지 모른다. 그 주인공은 페름기 반룡류의 대표격인 디메트로돈Dimetrodon이다. 거대한 돛이 가장 인상적이기 때문에 이를 기준으로 이름을 붙였을 것 같지만, 사실 이름의 기원은 이빨이다. 디메트로돈은 두 가지 크기의 이빨이라는 뜻이다. 이는 포유류의 가장 큰 특징 가운데 하나다. 현생 포유류는 똑같은 모양이 아니라 서로 다른 기능을 하는 어금니, 송곳니, 앞니가 있어 음식물을 편하게

| 디메트로돈의 복원도

자르고 효과적으로 씹을 수 있다. 디메트로돈은 크기가 크고 날카로운 두 쌍의 송곳니와 큰 앞니를 가지고 있고 뒤에 있는 이빨은 크기가 작은 편이다.[1] 이는 파충류에서는 보기 어려운 특징으로 포유류와의 연관성을 보여준다.

디메트로돈이라고 하면 보통 하나의 종이라고 생각하는 경우가 많지만, 사실 이 책에서 소개하는 다른 동물처럼 하나의 속이며 실제로는 여러 종이 존재한다. 디메트로돈 속genus에는 적어도 10여 종 이상이 알려져 있는데, 현재의 고양이과 포식자처럼 수천 만년 동안 크게 번성하면서 매우 다양하게 분화했다. 따라서 크기와 무게, 모양이 다양하다. 대부분의 디메트로돈은 0.6~4.6m 사이의 몸길이를 가지고 있으며 28~250kg 사이의 체중을 지니고 있다.[2,3] 가장 큰 종은 디메트로돈 안겔렌시스Dimetrodon angelensis로 4.6m에 달한다. 체격이나 무게를 감안하면 현생 사자와 비슷한 대형 포식자가 이미 페름기에 존재했던 것이다. 동시에 다양한 크기의 디메트로돈이 번성했다는 것은 이미 페름기 전반에 육상 생태계가 지금처럼 풍성하게 발달했다는 이야기다. 이 점은 해석하기 어렵지 않지만, 여전히 해석이 곤란한 부분은 거대한 돛의 존재다.

가장 큰 것은 무게가 250kg이나 나가는 대형 육식동물이 멀리서도 잘 보이는 돛을 가지고 있다는 것은 상식적으로 잘 이해가 되지 않는 부분 중 하나다. 이런 큰 돛을 가지고 있으면 사냥감의 눈에 잘 보일 수밖에 없기 때문이다. 나중에 소개할 스피노사우루스의 경우 주로 물속에서 사냥했던 것으로 추정되기 때문에 큰 문제가 되지 않을 수 있지만, 지상에서 이런 큰 돛을 가지고 사냥을 한다는 것은 먹잇감들에게 내가 여기 있다고 광고하고 다니는 것이나 마찬가지다. 그럼에도 불구하고 이런 돛을 진화시킨 데는 뭔가 불리함을 극복할 수 있는 유리함이 숨어있다는 이야기다.

가장 널리 알려져 있고 쉽게 생각할 수 있는 가설은 체온 조절 기능이다. 아마도 디메트로돈은 현재의 파충류와 비슷하게 태양열을 이용해서 몸을 데우는 방식을 택했던 것 같다. 따라서 빠르게 태양 에너지를 얻으려면 표면적을 넓힐 수 있는 구조물이 필요하다. 반대로 체온을 신속하게 내릴 때는 햇빛이 비치지 않는 곳에서 빠르게 온도를 낮추는 기능도 겸했을 것이다. 이 가설을 검증하기 위한 실험에서는 200kg 체중의 디메트로돈이 체온을 섭씨 26도에서 32도까지 올리는데 1시간 반이 필요하다는 결과가 나왔다.[4] 디메트로돈이 몸을 따뜻하게 데워 사냥을 하려면 상당히 예열 시간이 필요한 셈이다. 심지어 더 시간이 필요할 것이라는 주장도 있다.[5] 하지만 그래도 먹이가 되는 동물보다 체온을 빨리 올릴 수 있다면 문제가 없다. 지금처럼 24시간 365일 항상 몸을 따뜻하게 유지하는 포유류가 등장하기 전이므로 사냥감보다 약간 체온을 빨리 올려 이들보다 조금만 빨리 움직일 수 있으면 된다. 이렇게 보면 돛의 이점은 분명해 보인다.

하지만 일부 연구자들은 어쩌면 이 돛이 짝짓기를 위한 성적인 상징일지 모른다고 생각하고 있다. 왜냐하면, 일부 개체들의 크기가 서로 달라 성적 이형성sexual dimorphism(암수의 모양이 서로 다른 것)이 의심되기 때문이다.[6] 만약 사냥을 위한 것이라면 형태나 크기가 모든 개체들에서 큰 차이가 없을 것이다. 그러나 여기에 대한 반론도 적지 않다. 돛에 있는 풍부한 혈관은 체온 조절 기능도 했을 것이라는 주장을 뒷받침하기 때문이다. 좀 더 타협해서 생각하면 다목적으로 진화시킨 것일 수도 있다. 본래는 체온을 조절할 목적이었는데, 이것이 시각적으로 눈길을 잡아끄는 역할을 하면서 짝짓기에서 상징으로 쓰일 수 있기 때문이다.

예를 들어 공작의 깃털 역시 짝짓기 용으로 진화한 것은 아니다. 하지만 화려한 깃털을 지닌 수컷에 대한 성 선택이 이뤄지면서 경쟁적으로 깃털이 크고 화려해져 지금처럼 진화되었다. 디메트로돈도 비슷했을 가능성이 있다. 필요 이상으로 거대한 돛이 튼튼하고 강한 수컷의 상징으로 여겨져 여기에 대한 암컷의 성 선택이 이뤄진다면 수컷이 특히 더 큰 돛을 가질 수도 있다. 디메트로돈은 공룡 이전에도 우리의 상상력을 자극하는 독특한 생물들이 얼마든지 있다는 것을 보여주는 좋은 사례다.

페름기 물가의 풍경

오늘날의 양서류는 개구리나 도롱뇽처럼 작고 힘없어 보이는 생물체가 대부분이다. 여기에다 최근에는 개발과 환경 파괴로 인해 서식지가 줄어들면서 상당수 종이 감소세를 보이고 있다. 하지만 페름기만 해도 아직 양서류의 전성기였다. 물론 양막류의 등장으로 인해 그 위상은 예전 같지는 않았지만, 그래도 거대 양서류가 물과 땅에서 번성했다. 페름기 초기인 2억 9500만 년 전, 지금의 텍사스 지역에는 에리옵스 메가세팔루스Eryops megacephalus(큰 머리 에리옵스라는 뜻으로 이름 그대로 생겼다)라는 거대 네발 양서류가 살았다. 길이 1.5~2m 이상, 무게 90kg으로 당시 육지에서는 절대 작지 않은 크기의 포식자였다.[7] 두개골 길이만 대략 60cm에 달하고 큰 입에 난

| 에리옵스의 골격 구조

날카로운 이빨은 꽤 무시무시한 육식동물임을 짐작하게 한다. 하지만 에리옵스 같은 양서류는 지상에서 최상위 포식자의 위치를 계속해서 차지하기 어려웠다. 같은 시기 같은 지역에 디메트로돈이 등장하기 때문이다. 그러나 에리옵스는 양서류 역시 꾸준히 진화해 다양하게 적응방산했다는 것을 보여주는 좋은 증거다.

이 양서류에서 가장 독특한 점은 튼튼한 네 다리를 지녀 물보다는 지상에서 생활하는데 유리해 보인다는 것이다. 다만 통통한 몸집에 짧은 다리로 인해 빨리 달리진 못했을 것이다. 디메트로돈과 비교하면 그 차이는 명확하다. 만약 디메트로돈의 돛이 실제로 체온을 높이는 데 사용되었다면 에리옵스는 오전 중에는 더 위험했을 가능성이 있다. 아직 몸이 차가운 에리옵스가 몸이 따뜻해서 빨리 움직이는 디메트로돈을 피하기가 만만치 않았을 것이기 때문이다. 한 가지 생각할 수 있는 대안은 물속으로 피신하는 것인데, 에리옵스의 꼬리와 다리를 보면 수영을 잘했을 것 같지도 않다. 그러면 대체 왜 이런 식으로 진화했을까? 그 이유는 아직 잘 모르지만, 이런 문제점 때문인지 머리 큰 에리옵스 시대는 금방 끝나고 페름기 초반기의 지상은 그 시절의 고양이과 맹수라고 불러도 좋을 디메트로돈 세상이 된다. 다만 양서류는 여전히 민물 생태계에서는 강자였다. 그들이 살았던 민물 환경은 지금보다 훨씬 복잡했다.

 오늘날과 마찬가지로 당시 민물 생태계에서 먹이 사슬의 아래를 차지한 것은 작은 무척추동물들이었다. 이들을 작은 양서류와 어류가 잡아먹고 더 큰 양서류, 파충류형 양서류, 대형 민물 어류가 잡아먹었을 것이다. 하지만 물고기의 종류가 지금보다 다양했다. 이 시대 강과 호수에는 살지느러미 물고기는 물론이고 심지어 연골어류도 살았다. 이 시기 번성한 연골어류로 머리에 가시 장식이 있는 민물 상어인 제나칸투스Xenacanthus가 있다. 데본기 말에 등장해서 트라이아스기 말기까지 살았으니 꽤 성공한 녀석이다. 대부분 1m 내외의 작은 크기지만, 다양한 종이 발견되어 당시 강과 호수에서 번성한 상어임을 알 수 있다.[8] 머리에 달린 가시 구조물의 정체에 대해서는 논쟁의 여지가 있지만, 아마도 방어 용도였던 것으로 추정한다. V자로 생긴 이빨은 단단한 갑각류를 비롯해서 물속에서 사는 무척추동물을 잡아먹던 용도로 생각된다. 오늘날에도 황소 상어처럼 민물 환경에 적응한 상어들이 있지만, 제나칸투스처럼 민물 환경에 특화되어 오랜 세월 번성한 상어는 보기 어렵다. 이들은 당시 양서

| 제나칸투스의 골격 구조. 다른 건 해석하기 어렵지 않은데 머리에 달린 가시의 목적은 쉽게 알기 어렵다.

류와 민물 생태계에서 공존했다.

디메트로돈과 에리옵스가 같이 발견된 텍사스의 레드 베드Red Beds에서는 이 둘 외에도 다양한 화석이 같이 나왔다. 마치 앞뒤로 잡아늘린 도마뱀처럼 생긴 아르케리아Archeria는 몸길이가 2m에 달해 당시 강과 호수에서 중간 포식자의 위치를 담당했던 것으로 보인다. 1m 정도의 몸길이와 삼각형 머리를 지닌 트리메로하키스 trimerorhachis 역시 비슷한 생태적 지위를 담당했던 것 같다. 당시에는 이런 삼각 머리 양서류가 흔했는데 대부분 물에서 생활했다. 이들은 에리옵스와 함께 멸종된 양서류의 큰 그룹인 템노스폰딜리 Temnospondyli에 속한다. 다만 이들이 완전 멸종 그룹인지 일부 현생 양서류와 연관이 있는지는 약간 불분명하다. 분명한 점은 고생대 후반기에 큰 번성을 누렸다는 것이다. 이 고대 양서류는 살 지느러미 물고기들이 점차 줄어드는 상황에서도 여전한 번영을 누렸다.

| 프리오노수쿠스의 복원도.

 물론 이 시기 양서류가 먹이 사슬의 중간만 차지한 건 아니었다. 페름기 후기에는 강과 호수에서 가장 강력한 포식자가 된 양서류가 등장했다. 프리오노수쿠스Prionosuchus속의 고대 괴수들은 영락없이 악어처럼 생겼지만 사실은 템노스폰딜리목의 양서류다. 2억 7000만 년 전 브라질에 살았던 이 괴수는 50cm 길이의 두개골이 발견되면서 그 존재가 알려졌다. 이후 무려 1.6m 두개골 화석이 나왔고 근연종과의 비교를 통해 대략 9m에 달하는 대형 양서류라는 사실이 밝혀졌다.[9] 오늘날 개구리나 도롱뇽을 생각하면 상상하기 힘든 일이지만, 이들은 크고 잘 발달된 턱과 이빨을 가지고 있었으므로 당시 생태계에서 매우 무시무시한 포식자로 군림했을 것이다. 이들

은 오늘날 가장 큰 악어와 비슷한 대형 포식자다.

물론 이런 대형 포식자가 갑자기 등장할 순 없다. 프리오노수쿠스속에는 한 종Prionosuchus plummeri만이 알려져 있지만, 이들은 아케고사우루스Archegosaurus라는 더 큰 그룹의 일원이다. 이들은 길쭉한 삼각형 모양의 머리가 특징인 대형 육식 양서류로 페름기에 번성을 누리다가 페름기 말 대멸종과 함께 사라졌다. 다만 지상에서 디메트로돈과 승부를 겨루기보다는 거의 물속에서 사는 생물이었다.

한 가지 흥미로운 가정은 만약 페름기 말 대멸종이 없었다면 이후 생태계는 과연 어떻게 되었을지다. 과연 이들이 계속 진화했어도 티라노사우루스 같은 대형 수각류 공룡이 진화할 수 있었을까? 아니면 티라노사우루스만큼 거대한 양서류 포식자가 대신 등장했을까? 역사의 가정은 없다지만, 상상력을 자극하는 질문이 아닐 수 없다.

고생대 최강 지상 야수, 고르고놉스

고생대의 마지막 시기인 페름기 후반기에는 현생 포유류와 밀접한 연관이 있는 수궁류Therapsid가 등장했다. 현생 포유류는 이들의 후손으로 생각되기 때문에 종종 포유류를 수궁류의 일부로 보기도 한다.[10] 반룡류에서 진화된 수궁류는 더 진보된 포식자로 몸통에 거의 수직으로 연결된 네 다리를 가지고 있었다. 따라서 도마뱀과 비슷하게 걸었던 반룡류보다 현생 포유류에 더 가깝게 걸었을 뿐 아니라 더 빨리 움직일 수 있었다.[11] 이렇게 활동성이 좋은 반면 거추장스러운 돛은 사라졌는데, 만약 온도 가설이 옳다면 이는 수궁류가 부분적으로라도 온혈동물일 가능성을 시사한다. 스스로 온도를 조절할 수 있다면 돛은 더 이상 필요 없기 때문이다. 일부 연구자들은 수궁류의 대변 화석에서 털의 흔적을 발견했는데, 이 역시 온혈성을 시사하는 증거다.[12] 따라서 최근에 등장한 복원도에서는 과거처럼 파충류 비슷한 모습이 아니라 털이 있는 포유류와 유사한 형태로 그려지기도 한다. 마지막으로 치아 역시 현생 포유류와 더 가깝게 비슷하게 진화해 먹이를 물고 자르고 씹어서 먹을 수 있었다.

페름기 중기 이후 수궁류는 엄청나게 다양해져 지금의 포유류만큼 번영을 누렸던 것 같다. 수궁류는 크게 네 가지 종류로 나눌 수 있는데, 이 중에서 대부분 육식성인 테리오돈트류Theriodontia가 가장 잘 알려져 있다. 좀 더 구체적으로 말하면 테리오돈트의 대표격인 고르고놉스Gorgonops가 유명하다. 거대한 송곳니와 튼튼한 네 다리, 상대적으로 짧은 꼬리는 고생대의 검치 호랑이를 연상하게 만든다. 초기 고로고놉스는 개보다 더 큰 크기가 아니었지만, 빨리 달릴 수 있는 다리와 큰 이빨 덕분에 다양한 크기로 진화해 페름기 최상위 포식자로 군림하게 된다.

고르고놉스 역시 종종 하나의 종으로 오해받지만, 사실은 하나의 과를 이룰 만큼 다양하게 진화한 생물체다. 이 가운데 가장 큰 것은 이노스트란케비아Inostrancevia로 2억 6000만 년 전에서 2억 5400만 년 전 사이 지구를 누볐다. 이노스트란케비아 가운데 가장 큰 개체는 두개골 길이만 60cm이고 몸길이가 3.5m에 달해 오늘날의 곰과 비슷한 크기였다.[13] 사실 이들은 이전에 등장한 양서류, 파충류, 파충류형 양서류 등과 달리 꼬리가 짧아 상대적인 몸통 크기가 더 컸다. 송곳니의 길이는 최대 15cm에 달해 목덜미 같은 급소 부위를 물리면 대형동물도 살아남기 힘들었을 것이다.

그렇다면 고르고놉스는 대체 뭘 먹고 이렇게 커졌을까? 당시 이렇게 다양한 크기의 육식동물이 있었다는 이야기는 그 먹이가 되는 생물도 많았다는 이야기다. 이 시기에는 본격적으로 대형 초식동물이 등장했다. 사실 사막이나 극지방 같은 경우를 제외하면 지상에 널린 먹이가 식물이다. 웬만해서는 굶을 걱정이 없는 셈이다. 따라서 육지 초식동물의 진화는 거의 필연적이라고 할 수 있다. 하지만 육식을 하던 사지동물의 조상이 갑자기 채식으로 식단을 변경할 순 없다. 처음에는 육식을 하던 동물이 점차 잡식을 하면서 점진적으로 초식 동물이 되었을 것이다. 사실 육지 식물의 전성기인 석탄기에는 대부분 육식성이던 척추동물의 조상은 페름기에 초식동물로 하나씩 식성을 바꾸게 된다.

페름기 말 등장한 대형 초식동물 중 하나가 방패 도마뱀이라는 이름을 가진 스쿠토사우루스Scutosaurus다. 몸길이가 3m에 달하는 초식 공룡 같은 외형의 스쿠토사우루스는 공룡 같은 이궁류가 아니라 거북이 같은 무궁류anapsid에 속한다. 스쿠토사우루스는 너비가 50cm에 달하는 넙적한 두개골과 방어 목적인 것으로 보이는 튀어나온 뼈, 그리고 몸 전체를 덮는 방패 같은 뼈 피부Osteoderm가 있다. 이런 몸 구조는 당연히 방어를 위한 것으로 동시대를 살았던 수궁류 야수, 특히 고르고놉스류의 공격에서 자신을 방어하기 위한 수단이었을 것이다. 아마도 비슷한 시기를 살았던 이노스트란케비아가 이들을 노렸을지 모른다. 스쿠토사우루스는 파레이아사우루스Pareiasaurs라는 멸종된 파충류 그룹에 속하는데, 이들은 대부분 초식성이었으며 스쿠토사우루스처럼 갑옷을 두른 녀석이 많았다. 가장 큰 개체는 몸무게가 600kg에 달해 현재의 대형 초식동물에 뒤지지 않았다. 파레이아사우루스는 초식성으로 넙적한 두개골에 방패 같은 몸을 지닌 무궁류 파충류이기 때문에 종종 거북류의 조상과 연관성이 의심되기도 했지만, 이들의 뼈 피부는 거북류의 등껍질과 같은 구조가 아니다. 아마도 같은 무궁류 그룹에 속하지만, 후손을 남기지 못하고 사라진 멸종 파충류 그룹일 가능성이 크다.[14]

한편 당시에는 파충류 이외에 다른 그룹도 초식 동물로 전환을 시도했다. 수궁류 역시 초식의 무궁무진한 가능성을 깨닫고 초식동물로 진화한 것이다. 수궁류의 큰 그룹인 아노모돈트Anomodont는 대부분 초식성이었으며 아마도 온혈 동물일 가능성이 있다. 이들은 페름기 중기에 크게 번성해 매우 다양한 그룹으로 분화했지만, 오래 살아남은 종류는 디키노돈트Dicynodontia(쌍아류) 뿐이다. 종종 디키노돈트는 고르고놉스류의 육식동물과 사이좋게 다큐멘터리에 출연하는데, 물론 디키노돈트가 사냥당하는 역할이고 고르고놉스는 이를 잡아먹는 역을 담당한다. 수궁류라고 하면 고르고놉스가 대표적으로 묘사되기 때문에 오해를 사는 부분 중 하나지만, 사실 수궁류 가운데 가장 크게 번성한 그룹은 디키노돈트다. 이들은 알려진 속 genus만 70개가 넘고 크기도 쥐에서 황소만 한 것까지 매우 다양하

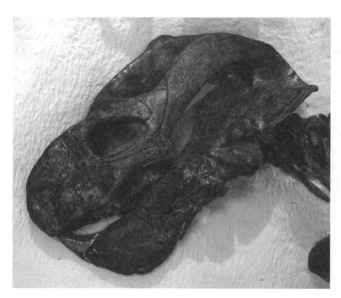

| 디키노돈트의 하나인 Endothiodon angusticeps의 화석. 두개의 큰 이빨이 특징이지만 육식이 아니라 초식 동물이다.

다. 사실상 그 다양성에서 현생 포유류에 뒤지지 않는 그룹이다. 이렇게 숫자가 많고 다양한 덕분인지 페름기 말 대멸종 사건에서도 살아남아 트라이아스기에도 그 모습을 볼 수 있다.

  흥미로운 점은 이들 역시 육식성인 친척들과 비슷하게 큰 이빨을 가지고 있다는 것이다(참고로 디키노돈트는 두 개의 큰 개 이빨이라는 뜻이다). 물론 초식성이기 때문에 사냥하는 용도는 아니다. 일부는 코끼리처럼 이빨을 여러 가지 용도로 사용했을 가능성이 있지만, 최소한 몇 종의 경우 짝짓기 용도일 가능성도 있다. 티아라주덴스 에센트리쿠스Tiarajudens eccentricus라는 초식 수궁류의 경우 두개골의 길이가 22.5cm 정도지만 12cm에 달하는 긴 송곳니를 가지고 있다.[15] 윗워터스랜드 대학의 연구자들은 CT와 입자가속기를 이용한 두개골 화석 분석을 통해서 이 이빨이 크긴 하지만 무기나 연장으로 쓸 만큼 튼튼하지 않았다고 주장했다. 잘못하면 이빨이 크게 손상될 가능성이 있다는 것이다. 이 가설이 옳다면 큰 이빨의 용도는 무기보다는 짝짓기를 위한 과시용일 가능성이 크다.[16] 어느 것이 진실이었든 간에 이 시기에는 엄청난 수의 초식 수궁류와 파충류가 등장해서 풍요로운 생태계를 구성했으며 이들의 생존 방식도 제각각 다양했을 것이다. 그러나 이 생태계는 페름기 말 완전히 파괴된다.

페름기 최후의 날

　필자가 학창시절 읽었던 소설 가운데 『폼페이 최후의 날』이 있다. 1834년, 영국의 소설가 E.G. 리턴이 쓴 장편 소설로 1세기 당시 화산 폭발로 멸망한 도시 폼페이를 배경으로 한 소설이었다. 당시 시대 풍속에 대한 다양한 묘사와 초기 기독교, 남녀 간의 사랑을 다룬 서사극으로 여러 차례 영화나 TV 드라마, 뮤지컬 등으로 만들어졌다. 이 소설의 여러 인간 군상들은 자신의 앞에 닥칠 거대한 불행을 깨닫지 못하고 각자의 욕망에 충실한 삶을 살아가다 갑작스럽게 분출한 베수비오 화산재 아래 쓰러진다.

　페름기 최후의 날이라고 하면 이와 비슷한 인상을 주지만, 사실 더 엄청난 사건이었다. 베수비오 화산 폭발은 일부 도시를 화산재 아래 묻히게 했을 뿐 로마 제국이나 인류 문명의 멸망으로 이어지지 않은 반면, 페름기 말 발생한 대멸종 사건Permian -Triassic extinction event(나중에 소개할 K-T 이벤트와 비슷하게 약자를 따서 P-T 이벤트라고도 한다)은 당시 생물종을 전 지구적으로 사라지게 만들고 고생대를 끝낸 사건이기 때문이다. 이때 해양 생물종의 96% 정도가 사라진 것으로 추정되며 적어도 70% 이상의 육상 척추동물 역시 사라진 것으로 보인다.[17,18]

　대멸종의 원인은 아직 잘 모른다. 운석 충돌부터 시베리아 트랩의 화산 분출 등 온갖 가능한 이론들이 다 나왔지만, 아직 100% 만족스러운 설명은 없다.[19] 확실한 것은 당시 이산화탄소 같은 온실가스는 급격히 증가한 반면 산소는 크게 감소해 산소로 호흡하는 동물들이 큰 고통을 받았다는 것이다. 상대적으로 호흡 능력이 뛰어난 생물은 고통이 덜했지만, 이들 역시 상당수가 멸종되는 길을 피할 순 없었다. 모든 멸종의 어머니라고 불리는 페름기 말 대멸종에 대한 책으로 마이클 J 벤턴이 쓴 『대멸종』이 있다. 이제는 좀 오래된 책이지만, 페름기 말 대멸종에 대한 이해를 도울 수 있는 책이라서 관심 있는 독자에게 권한다.

아무튼 대멸종이라고 하면 아무것도 남지 않은 황폐한 지구가 연상될 것이다. 이 죽음의 행성에는 아무 생명체도 남아있지 않을 것 같지만, 그래도 생명의 불씨가 꺼진 것은 아니었다. 대멸종에서 여러 수궁류가 살아남았다. 다행히도 이들은 다 멸종되기에는 그 숫자와 종류가 너무 많았던 것 같다. 이 생존자 가운데 현생 포유류와 직접적인 연관이 있는 그룹은 키노돈트Cynodont다. 구사일생으로 살아남은 키노돈트는 현생 포유류를 향한 긴 여정을 시작한다.

물론 살아남은 것은 수궁류만이 아니다. 파충류의 조상도 이 대격변에서 살아남았다. 거북류의 조상인 무궁류 파충류도 물론 살아남았지만, 여기서 더 주목할 그룹은 바로 이궁류 파충류와 조류, 공룡, 익룡의 조상인 지배 파충류Archosaurs(조룡류)다. 이들의 기원이 정확히 어떻게 되는지는 논쟁의 여지가 있지만, 아마도 페름기 후기에 조상이 등장했고 페름기 말 대멸종에서도 살아남아 텅 빈 트라이아이스기의 생태계를 빠르게 채웠던 것으로 보인다. 다음장에서 설명하겠지만, 이들은 중생대 지상 생태계의 지배자가 된다.

하지만 그렇다고 모든 생명체가 일부라도 후손을 남긴 것은 아니다. 고생대를 대표했던 삼엽충은 자취를 감췄고 반룡류 역시 모두 사라졌다. 역시 고생대 물속을 헤엄쳤던 유립테루스도 종말을 고했다. 앞서 설명했던 대부분의 고생대 포식자들도 이 시기 후손을 남기지 못하고 자취를 감춘다. 하지만 그 빈자리를 새로운 생명들이 채웠다. 비록 생물학적 다양성을 회복하는 데 1000만 년 정도 긴 시간이 필요했지만, 결국 생명은 다시 돌아왔던 것이다.

chapter 10

:

폐허 속에서 일어나다

중생대 매드맥스

중생대 포식자라고 하면 누구나 공룡을 떠올릴 것이다. 하지만 당시 공룡만 산 건 물론 아니었다. 공룡류를 포함한 이궁류diapsid 그룹인 지배 파충류ruling reptile, archosaur도 크게 번성한 시대였기 때문이다. 흔히 공룡으로 오해받는 익룡을 비롯해 많은 중생대 생명체가 바로 여기에 속한다. 이궁류란 두개골의 눈 (안와) 뒤에 있는 구멍인 측두창temporal fenestra이 두 개인 양막류를 의미한다. 앞서 본 단궁류는 한 개, 무궁류는 하나도 없는 종류다. 지배 파충류는 크게 두 개의 그룹으로 나눌 수 있다. 악어와 그 친구들인 위악류 pseudosuchia 와 새, 공룡, 익룡류를 포함하는 아베메타타르살리아 Avemetatarsalia or ornithosuchia가 그것이다. 공식적인 용어는 아니지만, 이해가 쉬운 설명을 위해 이 장에서는 악어 계통과 공룡/새 계통이라고 부르겠다. 아마도 이들은 페름기 말에서 트라이아스기 초기에 갈라진 것으로 생각되지만, 어느 쪽도 트라이아스기 초반에는 주도적인 생물이 아니었다.

트라이아스기 Triassic period는 중생대의 첫 번째 시기로 2억 130만 년에서 2억 5200만 년 전 사이 약 5천만 년 정도의 시기이다. 앞서 언급했듯이 트라이아스기 초기에는 이렇다 할 생명체가 별로 없을 만큼 생태계가 심각하게 파괴되었다. 간신히 살아남은 종도 사실 개체수의 대부분이 사라지고 소수의 생존자만이 남았을 뿐이었다. 지상과 바다 모두 산소 농도가 낮았으며 지상에는 울창한 산림 대신 건조한 사막 환경이 펼쳐져 있었다. 당시에는 모든 대륙이 하나로 뭉쳐 거대한 초대륙인 판게아Pangaea를 형성했는데 이로 인해 내륙 지역은 바다에서 매우 멀어져 상당한 크기의 사막이 형성되었다. 여기에 당시 지구 기후 자체가 덥고 건조했다. 만약 영화 〈매드맥스〉를 이 시기 촬영했다면 적당한 촬영장소를 찾기 힘들지 않았을 것이다. 비록 자동차를 타고 다니는 무법자는 없지만, 이 시기가 매드맥스의 세계와 비슷한 점은 또 있다. 멜 깁슨이 주연한 오리지널 3부작이나 최근에 개봉한 후속작인 〈매드맥스: 분노의 도로〉나

배경은 사람이 살 수 없는 황폐한 미래지만, 그래도 많은 사람이 살아남아 생존을 위한 사투를 벌인다.

매드맥스의 세계처럼 트라이아스기 초기 역시 웬만한 생물체는 다 죽어 없어진 것 같았지만, 지상에는 어디선가 다시 생물체가 나타나 척박한 환경에서 삶을 이어간다. 하지만 괴상한 머리 모양을 한 미친 사람 대신 평화로운 생물체가 등장했다. 당시를 지배한 대표적 생물은 리스트로사우루스Lystrosaurus다. 이 생물은 디키노돈트 수궁류로 0.6~2.5m 정도 몸길이를 지닌 초식동물이다. 두 개의 특징적인 큰 이빨 외에는 이빨이 없고 부리 모양의 주둥이를 이용해서 식물을 먹었던 것으로 추정되는데, 일부 연구자들은 현재의 야생 멧돼지와 습성이 비슷했을 것으로 보고 있다. 이 주장은 다큐멘터리

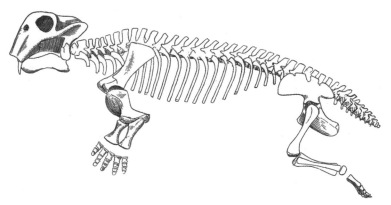

┃리스토로사우루스의 골격 구조. 달리기를 잘했을 것 같지는 않은 외형이지만 폐활량은 컸을지 모른다.

를 통해 널리 퍼졌지만, 사실 우리는 리스트로사우루스에 대해 아직 모르는 부분이 많다. 확실한 점은 당시 판게아 남부에서 집중적으로 분포했던 육상 척추동물로 이 시기 지층에서 발견된 척추동물 화석의 95%를 차지할 정도로 당시 생태계의 우점종이라는 점이다.[1] 솔직히 한 가지 종류의 척추동물이 지층을 전세 낸 것처럼 차지한 경우는 리스트로사우루스가 유일하다. 그래서 이 시기를 다룬 다큐멘터리나 과학책에는 빠지지 않는 등장인물이기도 하다.

리스트로사우루스가 트라이아스기 초반을 주도한 이유는 잘 모르지만, 저산소 환경이 가능한 설명 중 하나로 지목된다. 리스트로사우루스가 꽤 큰 흉강과 폐를 가지고 있었기 때문이다. 동시에 천적이 될 수 있는 다른 육식동물이 모두 사라진 것도 가능한 이유다. 당시 지상 생태계는 한마디로 소수의 생존자 이외에는 모든 동물이 자취를 감춘 상태라 리스트로사우루스를 막을 자가 없었다. 그러나 그렇다고 해서 당시 고기를 먹는 포식자가 다 사라진 건 아니다. 이 시기에도 최상위 포식자는 존재했다.

1.5m 몸길이의 수궁류 포식자인 모스코리누스Moschorhinus는 이전 세대의 최상위 포식자보다 다소 작지만 그래도 당시 생태계에서는 가장 큰 포식자였다.[2] 이들은 페름기 말에서 트라이아스기 중기까지 살았다. 수적으로는 리스트로사우루스에 크게 미치지 못해서 그다지 번성한 것 같지는 않자만, 육식 수궁류의 명맥을 이었다는

의의는 적지 않을 것이다. 이들보다 더 무서운 존재는 프로테로수쿠스Proterosuchus다. 악어처럼 생긴 이 육식동물은 1.5~2.2m 정도 크기인데, 실제 습성도 악어와 비슷해서 매복했다가 기습하는 방법으로 먹이를 사냥했던 것 같다.[3] 갈고리처럼 생긴 주둥이는 도망치려는 먹이를 잡고 놓아주지 않기 위한 것으로 보인다. 프로테로수쿠스가 좀 더 흥미로운 이유는 이들이 원시적인 지배 파충류와 그 근연 그룹인 조룡형류Archosauriformes에 속하기 때문이다. 이들의 존재는 크기는 다소 작지만 사실 공룡보다 더 먼저 중생대 최상위 포식자로 올라선 파충류가 있음을 보여준다.

악어와 그 친척들

초기 지배 파충류가 악어 계통과 새/공룡 계통으로 갈라진 것이 언제인지는 확실치 않지만, 늦어도 트라이아스기 초에 이들의 조상이 나타난 건 확실하다. 당시 지상 생태계는 리스트로사우루스와 기타 중요하지 않은 척추동물뿐이라 살아남은 지배 파충류 조상을 위한 빈자리가 충분했다. 이들은 진화를 거듭해 트라이아스기 말에는 사실상 지배적인 자리에 올라 이후 이름처럼 중생대를 지배하게 된다. 하지만 왜 하필 이들이었을까? 여기에 대해서는 마땅한 설명이 없다. 효율적인 호흡 및 사지 보행 구조나 건조한 환경에 더 잘 적응한 신체 구조 등 여러 가설만 존재할 뿐 수궁류같이 매우 진보한 다른 생물을 이기고 지배적 동물이 된 이유가 분명치 않다.

이유가 무엇이든 간에 트라이아스기 중기 이후에는 이궁류가 급격히 진화해서 다양하게 펴졌다. 그런데 여기에는 정통파 지배 파충류 이외에 친척 관계에 있는 원시 이궁류인 조룡형류가 있다. 페름기 초기 악어처럼 생긴 조룡형류인 프로테로수쿠스는 결국 후손 없이 사라진 것으로 보이고 그들이 사라진 빈자리는 다른 조룡형류인 피토사우루스Phytosaurs가 차지하게 된다. 사실 이들의 진화계통학적 위치는 다소 이견이 있는데[4,5] 아마도 현생 악어류의 조상은 아니라는 의견이 우세하다. 이들은 악어류와 초기에 갈라진 후 트라이아스기 말에 모두 멸종된 그룹으로 보인다. 하지만 그 모습을 설명하는 데는 악어처럼 생겼다는 말 한마디면 충분하다.

악어와 비슷한 외형은 수렴진화에 의한 것으로 트라이아스기 후기에 이들이 악어와 비슷한 장소에서 비슷한 방식으로 살았음을 의미한다. 이렇게 보면 진짜 악어가 나오기 전에 고대 양서류부터 아주 다양한 생물이 비슷한 방식으로 사냥을 했음을 알 수 있다. 물속에 잠복했다가 먹이를 기습하거나 물고기를 잡는 사냥 방식이 매우 효과적임을 알려주는 사례다. 피토사우루스는 매우 성공적으로 진화해서 당시에는 하나의 과나 목을 이룰 만큼 다양했다. 알려진 속만 10여 개가 넘고 유럽, 북미, 인도, 브라질, 그린란드에서 화석이 발견되는 등 꽤 번영을 누린 무리였다.

반면 양서류의 큰 그룹인 템노스폰딜리는 트라이아스기 수생 생태계에서 주요 포식자가 된 피토사우루스 때문에 점차 우세한 위치에서 밀려나게 된다. 하지만 여전히 중생대에도 꽤 큰 양서류 포식자가 존재했다. 이 중에서 가장 놀라운 녀석은 크리오스테가 Kryostega다. 2008년에 발견된 이 고대 양서류는 양서류가 가장 발견되지 않을 것 같은 장소인 남극 대륙에서 발견되었다. 이 당시에는 꽤 고위도 지역까지 따뜻했다는 증거다. 크리오스테가는 두개골 길이만 27cm이고 몸 전체 길이는 4.57m에 달하는 대형 양서류 포식자다.[6] 그러나 중생대 템노스폰딜리는 과거와 같은 영화를 누리지는 못하고 점차 쇠퇴를 거듭해 자취를 감추었다.

반면 이 시기 지배 파충류는 급격하게 숫자와 종류가 증가해 피토사우루스 이외에 여러 종류가 큰 번영을 누렸다. 사실 트라이아스기에는 악어 계통 역시 지금은 생각하기 어려울 정도로 다양하게 적응방산했다. 단순히 악어가 번성한 것이 아니라 더 다양한 형태에서 생태학적 위치를 차지했던 것이다. 예를 들어 트라이아스기 후반에 등장한 포포사우루스Poposaurus는 랍토르(랩터)같은 수각류 공룡과 유사하게 생겼다. 포포사우루스는 두 발로 서서 걸을 뿐 아니라 크기도 중소형 수각류 공룡과 비슷해서 대략 4m 정도 몸길이에 절반이 꼬리이고 무게도 대략 60~75kg에 달한다. 큰 개체는 100kg에 달하는 것도 있었을 것으로 여겨진다.[7] 두 발로 서서 걸을 뿐 아니라 꼬리가 균형을 맞출 수 있게 길다는 것은 수각류 공룡처럼 민첩하게 움직였을 가능성을 시사한다.

하지만 이보다 더 예상치 못한 적응은 진화한 악어 계통에서 진화한 대형 초식동물이다. 아에토사우루스Aetosaur는 뼈로 된 단단한 등 껍데기Scute를 진화시킨 것이 특징이다. 이 생물은 등 껍데기의 모양에 따라 다시 두 그룹Desmatosuchinae, Aetosaurinae으로 나누는데 이 뼈 판의 목적은 방어로 생각된다.[8] 특히 데스마토수쿠스

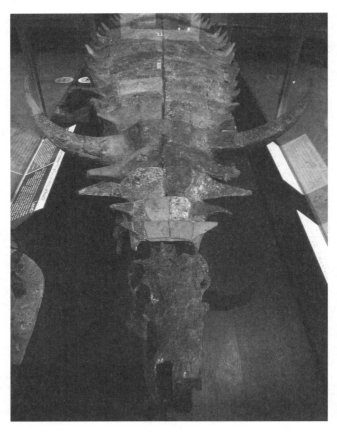

| 데마토수쿠스의 골격 구조

Desmatosuchus(연결된 악어라는 뜻)의 경우 등에 커다란 가시 같은 구조물이 있다. 이 초식동물은 대략 4.5m 길이의 네발 짐승으로 당시에는 꽤 큰 초식동물이었다.[9] 그런데도 이렇게 큰 방어 무기를 지녔다는 것은 당시에 꽤 만만치 않은 포식자가 있었기 때문이다.

앞서 설명한 포포사우루스도 무서운 포식자지만, 트라이아스기 후반에 나타난 포스토수쿠스Postosuchus(과거의 악어라는 뜻)는 더 무서운 포식자였다. 몸길이는 4~5m 정도로 비슷하지만, 날렵한 외모의 포포사우루스와 비교해서 포스토수쿠스는 마치 두 발로 걷는 악어처럼 생겼을 뿐 아니라 꽤 근육질이었다. 두개골 길이도 55cm에 달했고 티라노사우루스를 연상하게 하는 칼날 모양의 큰 이빨을 지녀 종종 육식 공룡이라고 잘못 소개되기도 한다. 가장 큰 개체의 체중은 250~300kg 정도로 포포사우루스보다 훨씬 육중하다. 이 정도면 데마토수쿠스를 사냥하는 데 부족함이 없었을 것이다.

이들의 존재는 앞으로 수각류 공룡과 최상위 포식자의 자리를 두고 경쟁할 지배 파충류가 트라이아스기에 있었다는 놀라운 사실을 보여준다. 하지만 하늘에 태양이 두 개가 될 수 없듯이 위에서 설명한 악어 계통 친구들은 상당수가 트라이아스기 말 대멸종 시기를 넘기지 못하고 사라진다. 그 이유 역시 알 수 없지만, 결과적으로 쥐라기 지상 생태계의 주도권은 완전히 공룡류에 넘어가게 된다. 다만 지금 악어류의 조상 역시 모두 멸종하지 않고 트라이아스기 – 쥐라기 멸종 시기에도 살아남아 백악기에는 공룡을 저녁 메뉴로 올릴 수 있을 만큼 커진다.

포유류 조상의 생존기

트라이아스기의 미스터리 가운데 하나는 수궁류의 몰락이다. 리스트로사우루스는 생태계가 텅 빔을 타 잠시 번영을 누리긴 했지만, 이후 내리막길을 걷기 시작한다. 디키노돈트의 경우 트라이아스기 말에는 대형 초식동물의 지위도 초기 초식공룡들에게 내준다. 비록 디키노돈트와 유사한 화석이 백악기 지층에서 발견된 적이 있지만, 이 화석이 정확히 디키노돈트인지 불분명하며[10,11] 설령 맞다고 해도 이 시기 이후 크게 쇠퇴했다는 사실은 마찬가지다. 고르고놉스는 이미 페름기 말 대멸종에서 사라졌다. 하지만 이 가운데서도 현생 포유류의 조상은 살아남았다. 물론 그들이 살아남지 않았더라면 이 글을 쓰는 필자나 읽는 독자 모두 있을 수가 없다.

현생 포유류의 선조인 키노돈트Cynodont(개 이빨이란 뜻, 견치목이라고도 한다)는 한 시대를 풍미하다 사라진 고르고놉스류와 함께 테리오돈트류Theriodontia를 이루는 수궁류 가운데 하나였다. 하지만 당시 이 그룹에는 여러 과가 있었고 키노돈트는 그 가운데 별로 눈에 띄지 않는 평범한 동물이었다. 키노돈트가 왜 대멸종에서 살아남았는지도 알기 힘들 정도다. 그러나 이들 역시 트라이아스기 초기에 빈틈을 노려 다양하게 적응방산을 시도했다.

이 가운데 육식동물로 몸집과 다양성을 늘린 그룹이 키노그나투스Cynognathus(개 턱이라는 뜻)이다. 키노그나투스는 트라이아스 초기와 중기에 살았으며 크기는 1.2m 정도로 아주 크지는 않았지만, 당시 생태계를 고려하면 아주 작은 포식자도 아니었다. 특히 30cm에 달하는 큰 머리와 크고 날카로운 이빨은 현재의 늑대와 비슷한 적극적인 사냥꾼이었음을 시사한다. 다만 다리 구조는 다소 원시적이라 현재의 늑대처럼 잘 뛰지는 못했을 것으로 추정된다.[12] 털을 지녔는지, 온혈동물인지는 확실치 않으나 일부 연구자들은 가능성이 있다고 보고 있다.

┃ 키노그나투스의 두개골 화석

개처럼 생긴 외형을 생각하면 의외지만, 초식동물로 적응을 시도한 무리도 있다. 트라버소돈트과Traversodontidae에 속하는 키노돈트가 그들인데 당시에 그다지 중요한 초식동물은 아니었던 것 같다. 그래도 이들은 다양하게 진화해서 몸길이 46cm에 체중은 1.5kg에 불과한 소형 초식동물인 마세토그나투스Massetognathus 같은 소형 키노돈트도 등장했다. 이들은 현재의 다람쥐처럼 식물을 먹는 작은 짐승으로 식물 줄기나 뿌리를 갈아먹는데 특화된 어금니를 가지고 있었다.[13] 물론 세상에는 초식과 육식 두 가지 방법만 있는 것이 아니다. 당시에도 당연히 인간 같은 잡식 키노돈트가 있었다. 트라이아스기 중기에 살았던 디아데모돈Diademodon이 그들로 2m 길이까지 자랄 수 있어 지금의 작은 곰 만한 크기였다.[14] 디아데모돈 역시 큰 두개골과 튼튼한 송곳니, 좋은 체격을 가지고 있는데 아마도 곰처럼 잡식성으로 보인다.

다만 이들 대부분은 후손을 남기지 못한 멸종 그룹이다. 이렇게 멸종 그룹이 자주 나오는 건 당연하다. 과거 살았던 생물 가운데 99% 이상이 후손 없이 사라졌기 때문이다. 따라서 생명의 역사는 끊임없는 단절과 연속의 기록이라고 할 수 있다. 키노돈트에서 현생 포유류로 진화된 그룹은 초기 트라이아스기에 등장한 유키노돈트 Eucynodontia(진짜 개 이빨이란 뜻) 그룹이다. 여기에서 키노그나투스와 프로바이노그나티아Probainognathia라는 두 개의 그룹이 나오는데 후자가 끝까지 살아남아 현생 포유류로 진화된 그룹으로 여겨진다.

프로바이노그나티아에서 가장 오래된 화석종은 룸쿠이아Lumkuia라는 작은 동물인데, 우리 인간을 포함한 포유류의 조상으로 추정되며 설치류와 닮은 외형을 하고 있다.[15] 물론 이들이 제대로 된 포유류로 진화하기 전까지는 아직 영겁의 세월이 지나야 한다.

트라이아스기에 다양하게 진화한 포유류의 조상 그룹은 대부분 트라이아스기 말에 멸종한다. 생자필멸(생명은 반드시 죽음)의 운명은 누구도 피할 수 없어서 비슷한 시기에 포유류의 조상 이외에도 매우 다양한 그룹이 멸종하지만, 이로 인해 다시 지상 생태계에는 새로운 공백이 생긴다. 이 공백을 신속히 차지한 것이 바로 중생대의 주연급 배우인 공룡이다.

chapter 11

⋮

공룡의 시대

공룡은 왜 중생대의 대표종이 되었나?

마이클 클라이튼의 소설 『쥐라기 공원』은 당시로는 꽤 파격적인 소재인 유전공학을 이용한 멸종동물 부활, 그것도 공룡 부활이라는 내용으로 전 세계적인 인기를 끌었다. 소설을 더 유명하게 만든 것은 스티븐 스필버그 감독의 영화 〈쥐라기 공원〉이다. 이제 쥐라기 공원이라고 하면 영화부터 생각날 만큼 우리의 머릿속에 티라노사우루스와 랩터의 모습을 각인시켰다. 특히 이제까지 공룡영화에서 보기 어려웠던 영리한 사냥꾼인 랩터의 등장은 공룡 영화의 역사를 새로 썼다고 해도 과언이 아닐 것이다. 그러나 사실 이 제목에는 모순이 있다. 영화의 주역인 티라노사우루스 렉스나 벨로키랍토르 모두 백악기 후기에 등장한 공룡이기 때문이다. 쥐라기는 1억 4500만 년에서 2억 130만 년 전까지의 시기로 이 시대에 공룡은 다양하게 진화해 생태계의 주인공이 되었지만 아직 티라노사우루스와 벨로키랍토르의 모습은 볼 수 없다. 이들이 나타나기 전까지 긴 진화의 과정을 거쳐야 하기 때문이다.

초기 공룡과 그 근연관계에 있는 생물의 진화 과정은 아직도 알려지지 않은 부분이 있다. 그러나 트라이아스기 초에 분명히 '새의 다리'라는 뜻의 새/공룡 계통의 고생물이 등장한다. 2017년 버밍햄 대학의 연구팀은 최초의 공룡이 등장하기 1000만 년 전에 나타난 새/공룡 계통의 조상 동물인 텔레오크라터Teleocrater rhadinus를 발견해 이를 〈네이처〉에 발표했다.[1] 텔레오크라터는 다이어트를 한 악어처럼 생긴 외형을 가지고 있었으며 몸길이 2~3m 정도 되는 육식 동물로 등장 시점에는 비교적 큰 포식자였다.

이후 1000만 년 정도 세월이 흘러 트라이아스기 중반기가 되면 최초의 공룡이라고 부를 만한 생명체가 등장한다. 에오랍토르Eoraptor가 가장 유명한 초기 공룡으로 몸길이 1m에 몸무게 10kg 정도 되는 작은 육식동물이었다.[2] 이 원시적인 공룡은 뒷다리가 앞다리의 두 배 이상으로 길고 다리가 늘씬해 두 다리로 빨리 달릴 수 있는 능력이 있었다. 그리고 이미 용반류로 분류할 수 있을 만큼 특징을 가지고 있어 공룡이 이미 두 개의 큰 그룹으로 나눠졌음을 시사한다.

여기서 다소 재미없는 이야기일지도 모르지만, 공룡의 분류에 대한 이야기를 해야 할 것 같다. 19세기 고생물학자들은 공룡이 골반뼈를 기준으로 크게 두 그룹으로 나눌 수 있다는 점을 발견했다. 1887년 고생물학자 해리 실리Harry Seeley는 공룡을 도마뱀과 비슷한 골반뼈를 지닌 용반목Saurischia과 새와 비슷한 골반뼈를 지닌 조반목Ornithischia 두 가지로 분류했다. 용반목은 수각류Therapoda와 용각류Sauropodomorpha로 더 세분할 수 있으며 티라노사우루스와 벨라키랍토르 같은 육식 공룡은 수각류에 속한다. 용각류는 네 발로 걷는 거대 초식공룡을 포함한 무리다.

여기서는 이 전통적인 기준에 따라서 설명할 예정이지만, 이 분류가 사실 맞지 않는다는 지적이 계속 있어왔다. 케임브리지 대학과 런던 자연사 박물관의 과학자들은 수각류와 조반목이 사실 더 가까운 그룹으로 이를 오르니소스켈리다Ornithoscelida라는 새로운 그룹으로 분류해야 하며 용각류를 따로 분리해야 한다고 주장했다.[3] 다만 이 주장이 일반적으로 받아들여지기 위해서는 더 많은 연구가 필요할 것이다.

아무튼, 에오랍토르를 포함해 트라이아스기를 살았던 다른 공룡

(헤레라사우루스 등)은 트라이아스기 후반부에 다양하게 적응방산했다. 이 시기 다른 지배 파충류도 다양하게 진화했으니 산소 농도가 좀 낮아서 그렇지 살기에는 나쁘지 않은 환경이었던 것으로 보인다. 앞으로 거대한 육식 공룡으로 진화해 공룡 영화의 주인공이 될 수각류의 조상 역시 이 시기에 등장해 공룡의 시대를 준비했다. 트라이아스기를 대표하는 수각류는 뼈가 비었다는 의미의 코엘로피시스 Coelophysis다.

코엘로피시스는 큰 개체도 3m를 넘기 어려운 소형 공룡이다. 무게도 15~20kg을 넘지 못한다.[4] 꼬리가 몸길이의 절반인 데다 날씬한 몸매와 가벼운 뼈를 가진 공룡으로 꼬리를 제외한 크기는 사실 큰 개보다 작다. 그런 이유로 보통 공룡 영화에서는 홀대를 받지만, 수많은 화석이 발견되어 공룡의 초기 진화를 이해하는 데 큰 도움을 준 공룡이다. 앞서 언급했듯이 공룡을 포함한 여러 고생물의 골격 화석이 온전하게 다 발견되는 경우는 흔치 않다. 심지어 몇 개에 불과한 뼈 화석을 가지고 근연종과 비교해서 전체를 재구성하는 경우도 있다. 하지만 코엘로피시스는 한 지층에서 무더기로 화석이 발견될 정도로 화석이 많이 나온다. 당시 개체수가 엄청나게 많지 않고서는 불가능한 일이다. 이렇게 번성한 데는 뭔가 이유가 있을 법하다.

코엘로피시스의 골격은 현재의 타조처럼 긴 뒷다리를 이용해서

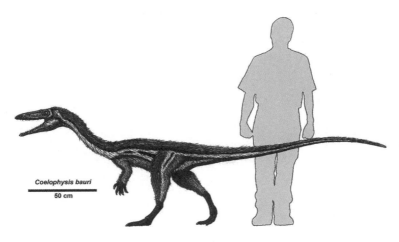

| 코엘로피시스의 복원도와 사람과의 비교. 여기서는 깃털이 있었다고 본 복원도다.

빠르게 달리는 데 적합한 구조다. 앞다리는 먹이를 잡는 데 도움을 주었을 것이다. 당시 주된 먹이는 곤충이나 작은 척추동물로 생각된다. 코엘로피시스의 머리는 앞뒤로 길고 뾰족한 구조다. 그리고 더 중요한 것은 두 개의 눈이 앞으로 향하고 있다는 점이다. 이 눈의 구조를 봤을 때 코엘로피시스는 현재의 고양이과 맹수처럼 시력이 좋았으며 먹이까지의 거리를 쉽게 파악할 수 있었다. 시야는 넓지 않아도 길고 관절이 많은 목 덕분에 360도 어느 방향으로도 시선을 빠르게 돌릴 수 있었다.[5] 이런 특징들이 트라이아스기 말 포식자로서 크게 성공한 이유일 것이다.

코엘로피시스가 살았던 트라이아스기의 마지막 시기에는 사실 산소 농도가 매우 낮았던 것 같다. 어느 정도로 낮았는지에 대해서는 과학자마다 의견이 갈리고 있지만, 가장 낮은 시기에는 10~12%에 불과했다는 주장도 있다. 따라서 그전까지는 별로 중요하지 않았던 부류인 공룡이 이 시기 이후 크게 성공한 것은 이런 환경에 적응했기 때문이라는 주장이 설득력을 얻고 있다. 특히 이 가설은 비슷한 시기에 수궁류의 후예들이 결국 간신히 명맥만 유지할 수 있을 정도로 감소한 이유도 같이 설명해준다. 그런데 왜 저산소 환경이 공룡에게 유리할까?

이 가설의 핵심은 현생 조류가 가지고 있는 호흡 시스템인 기낭 air sac이다. 포유류의 경우 폐를 이용해서 호흡한다. 우리는 비록 느끼지 못하지만, 사실 이 시스템은 비효율적이다. 흡입한 공기가 기도를 통해 들어간 후 산소와 이산화탄소를 교환하는 장소는 사실 가장 마지막의 허파꽈리와 그 근방이기 때문이다. 가스 교환을 마친 공기는 역시 같은 경로로 빠져나오는데 이 과정에서도 가스 교환은 일어나지 않는다. 반면 새가 가진 기낭 시스템은 공기가 들어올 때는 물론 나갈 때도 공기가 폐를 지날 수 있도록 도와줘 훨씬 효과적으로 가스 교환이 가능하다. 그런 이유로 새는 박쥐와는 비교도 되지 않을 만큼 높은 하늘을 날 수 있다. 새의 뛰어난 비행 능력의 비결 중 하나는 이렇게 효과적인 호흡 능력이다. 공룡 역시 산소가 낮았던 이 시기에 기낭 시스템을 진화시켜 생태계에서 유리한 위치를 차지했을지도 모른다.[6] 이 가설은 연구 논문은 물론 다큐멘터리와 과학 서적을 통해서도 설명된 바 있다. 이에 대해서 더 상세히 알고 싶은 독자라면 조금 오래된 책이지만 피터 워드가 쓴 『진화의 키, 산소 농도』나 최근에 나온 책인 『새로운 생명의 역사』를 추천한다. 다소 전문적이지만, 이 책의 내용을 수월하게 읽었던 독자라면 큰 어려움 없이 내용을 이해할 수 있을 것이다.

공룡의 조상이 이 시기 한발 앞설 수 있었던 다른 이유 가운데 하나는 캐리어의 제약Carrier's constraint을 벗어난 것에 있었을지 모른다. 도마뱀의 경우 네 다리가 몸통에 수직이 아니라 옆으로 튀어나온 것처럼 달려 있다. 이런 자세로 움직이면 결국 몸통과 흉곽이 좌우로 압력을 받으면서 숨을 쉴 수 없게 된다. 따라서 도마뱀의 경우 빠르게 움직인 후 한동안 숨을 쉬기 위해 멈춰야 한다. 이 문제는 초기 사지동물 모두가 가지고 있었다. 이를 극복하기 위해 포유류의 조상은 수직으로 놓인 다리는 물론 횡격막을 비롯한 정교한 호흡 체계를 발전시켰는데, 문제는 트라이아스기에는 아직 완전하게 발전한 상태가 아니라는 것이다. 반면 공룡의 조상은 이족 보행 및 수직으로 몸을 지탱하는 다리, 그리고 기낭 체계 같은 새로운 호흡 체계를 개발하면서 캐리어의 제약을 한발 빨리 벗어난 것으로 보인다. 그렇다면 당연히 그 시점에서는 공룡이 유리할 수밖에 없다.

공룡이 얼마나 빨리 발전된 기낭 시스템을 가지고 있었는지에 대해서는 아직도 논쟁이 계속되지만, 코엘로피시스를 비롯한 초기 공룡들은 이미 상당히 민첩하고 활발한 생물체의 모습을 하고 있었다.

이는 다음 시기에 공룡이 중생대의 환경에 적응해 지상을 지배하게 되리라는 점을 시사하는 변화였다.

쥐라기의 강자 알로사우루스

쥐라기의 가장 강력한 육식 공룡이라고 하면 무엇이 생각나는가? 티라노사우루스라고 생각하는 독자가 있다면 영화 탓일 가능성이 크다. 앞서 소개했듯이 티라노사우루스는 백악기 말에 등장한 공룡이다. 하지만 그렇다고 5,500만 년 이상 지속된 쥐라기 시대에 거대 육식 공룡이 없었던 건 아니다. 인기 스타인 티라노사우루스 때문에 영화에서 소개되는 경우는 드물고 다큐멘터리에서나 모습을 드러내긴 하지만 당시에도 수많은 육식 공룡이 살았다.

트라이아스기 대멸종에서 살아남은 수각류 공룡 무리는 신수각류 Neotheropoda라고 부른다. 이들은 쥐라기에 들어서면서 폭발적으로 적응방산해 다양한 크기의 육식 공룡으로 진화한다. 물론 앞서 설명한 공룡의 다른 무리 - 용각류와 조반류 - 역시 엄청나게 다양하게 진화했다. 지금까지 발견된 공룡은 1,000여 종에 달하며 공룡 속 genus 단위는 보고된 것만 500개다.[7] 발견되지 않은 종과 속을 생각하면 당시에 얼마나 다양한 공룡이 살았는지를 짐작할 수 있다. 당연히 쥐라기에 있었던 공룡만 따져도 그 숫자가 엄청나다. 그래서 이 장에서는 이들 가운데 유명한 몇 가지만 소개한다. 공룡에 대해서 더 자세한 이야기가 궁금한 독자라면 스콧 샘슨의 『공룡 오디세이』를 권장한다. 저명한 공룡 학자가 쓴 서적 가운데 한글로 번역된 책으로는 가장 좋은 것 같다.

아무튼 본론으로 들어가서 쥐라기에는 수많은 육식 공룡이 진화했다. 이 육식 공룡 가운데 필자가 어렸을 때부터 친숙했던 공룡이 바로 알로사우루스Allosaurus다. 아마도 당시 공룡 대백과 같은 책에서 봤던 것 같다. 알로사우루스는 1억5,000만 년 전에서 1억5,500만 년 전에 살았던 알로사우루스 속의 공룡이다. 이 속에는 3종의 A. fragilis, A. europaeus, A. lucasi 공룡이 알려져 있는데, 유로파에우스, 루카시 종은 21세기에 발견된 것이고 우리가 아는 알로사우루스는 19세기에 발견된 알로사우루스 프라길리스A. fragilis다. 물론 알로사우루스가 중생대의 유일한 대형 육식 공룡은 아니지만, 많은 표본이 발견되어 연구가 잘 되었을 뿐 아니라 수각류를 대표하는 교과서적인 육식 공룡 중 하나라 여기서 소개하기에 부족함이 없을 것 같다. 물론 많이 발견되었다는 것은 매우 성공한 육식 공룡으로 그 숫자가 매우 많았다는 이야기도 된다.

알로사우루스는 티라노사우루스 렉스보다 작을 뿐이지 사실 사자나 호랑이도 한끼 식사로 삼을 만큼 거대한 공룡이다. 현재까지 발견된 가장 잘 보존된 알로사우루스 표본AMNH 680은 몸길이 9.7m에 무게는 2.5톤 정도로 추정된다.[8] 물론 이보다 좀 더 크다고 보고된 개체도 있지만 약간 논쟁이 있다. 대략 성체의 경우 10m 이내라고 볼 수 있는데, 이 정도면 대형 육식 공룡으로는 부족함이 없는 크기다. 두개골의 길이도 거의 1m에 가깝고 15개에서 17개의 날카롭고 큰 이빨이 있어 지금 세상에 살았다면 코끼리도 물어 죽일 수 있다. 물론 당시에는 수많은 초식 공룡을 사냥했을 것이다.

하지만 최상위 포식자인 알로사우루스라도 새끼 때는 커봐야 수십 kg을 넘기 힘들다. 알을 낳는 특징상 (실제로 알로사우루스의 알로 생각

❘ 역시 잘 보존된 알로사우루스의 골격 화석인 AMNH 5753의 복원도. 골격은 잘 보존되었지만, 20세기 초반 복원도라 뒤에 있는 공룡이 사람처럼 긴 꼬리를 가지고 이족 보행을 하는 모습으로 묘사되었다. 지금 복원과 비교하면 얼마나 불편한 자세인지 쉽게 알 수 있다.

되는 화석도 발견되었다) 그 안에서 태어나는 새끼가 무한정 커질 수 없기 때문이다. 알은 단단해야 하지만, 동시에 산소를 통과시켜야 하므로 두께에 한계가 있고 이에 따라 크기도 제약을 받는다. 아직 작은 알로사우루스 새끼는 당연히 벌레나 도마뱀처럼 작은 척추동물을 잡아먹으면서 몸집을 우선 키워야 한다. 다만 이 과정을 재구성하려면 다른 성장 단계에 있는 여러 개체의 화석이 필요하다. 대부분의 멸종 동물 화석이 한 개체라도 온전히 발견되는 경우가 매우 드물어서 복원하기 위해 다른 근연종의 골격을 참고하는 일이 많다는 점을 생각하면 대형 수각류 공룡의 성장 과정을 추적한다는 것은 매우 곤란한 문제다. 다행히 알로사우루스는 다양한 성장 단계에 있는 여러 개체의 화석이 발견되어 이 부분을 연구하는 데 많은 도움을 주고 있다.

과학자들은 알로사우루스의 뼈에 남은 성장선의 흔적을 연구해서 이 공룡이 대략 22살에서 28살 정도에 더 크게 자라지 않았다는 증거를 발견했다. 동시에 가장 빠르게 몸집이 커졌던 시기는 15세 정도로 일 년에 150kg씩 체중이 불어났던 것으로 보인다.[9] 이는 어린 알로사우루스도 먹이를 구하는 데 어려움이 없었다는 이야기다. 우리는 쥐라기를 초식 공룡과 이를 사냥하는 육식 공룡이 있는 단순한 세계로 이해하지만, 당시 생태계는 이보다 훨씬 복잡했음이 틀림없다. 쥐라기에는 앞으로 대형 육식 공룡으로 자라날 알로사우루스 꿈나무들이 사냥할 동물이 적지 않게 존재했을 것이다. 큰 동물이 있다는 이야기는 작은 동물은 더 많다는 이야기다. 그런 만큼 거대한 상위 포식자의 존재는 당시 생태계가 매우 다양하고 풍요로웠다는 증거다.

하지만 그렇다고 해서 당시 알로사우루스의 삶이 항상 사냥할 동물이 넘치는 풍요로운 삶이었다고 보기는 어렵다. 지금도 그렇듯이 야생의 삶은 하루하루가 생존을 위한 경쟁이다. 백수의 왕이라는 사자도 사냥하다가 종종 상처를 입는다. 사냥감이 되는 동물 역시 순순히 잡히지 않기 때문이다. 알로사우루스의 삶 역시 다르지 않다는 증거가 발견됐다. 1991년, 빅 알Big Al, MOR 693이라는 알로사우루스의 화석이 발굴되었는데 대략 8m 길이의 골격이 무려 95%라는 완벽한 비율로 발견됐다. 빅 알이란 이름과 달리 사실 이 개체는 성체가 되기 전 죽은 개체로 성체 크기의 87% 정도 크기다. 사람으로 치면 꽃다운 나이인 중고생 때 죽은 경우라고 할 수 있다. 하지만 완벽한 보존 상태로 발견되어 공룡 연구에 큰 도움을 주었기 때문에 이런 별명이 붙었다. 1996년에는 비슷한 보존 상태의 개체가 하나 더 발견되어 빅 알 투Big Al Two라고 명명되었다.[10]

빅 알에서 가장 놀라운 점은 전체 뼈 가운데 19개에서 감염의 흔적을 찾을 수 있다는 것이다. 적어도 5개의 척추뼈와 5개의 갈비뼈, 4개의 다리뼈가 상처를 입고 감염된 흔적이 있다. 다시 말해 이 공룡이 살아있을 때 큰 상처를 입었다가 이로 인해 죽은 것으로 보인다.[11]

8m나 되는 대형 육식 공룡에 이런 상처를 입힐 수 있는 상대는 다른 대형 육식 공룡이나 더 큰 초식 공룡 정도일 것이다. 전자의 가능성도 배제할 순 없지만 후자의 가능성도 적지 않은데, 당시에는 알로사우루스에게 부상을 입힐 수 있는 대형 초식 공룡이 흔했기 때문이다. 오늘날의 포식자와 마찬가지로 알로사우루스의 삶 역시 위험과 부상의 연속이었을 것이다.

대부분 과학자는 당시 알로사우루스가 적극적인 사냥꾼이었다는 주장에 어느 정도 동의한다. 하지만 알로사우루스가 당시 살았던 수십 톤 크기의 대형 초식공룡을 사냥할 수 있었을 것으로 보는 시각은 많지 않다. 현존하는 대형 포식자인 사자나 호랑이도 자신보다 10배 이상 큰 동물을 공격하지는 않기 때문이다. 하지만 혼자는 힘들어도 여러 마리가 무리를 이뤄 공격하는 방법도 있지 않을까? 공룡 학자인 로버트 베커Robert T. Bakker는 알로사우루스의 턱이 아주 큰 각도로 벌어질 수 있음을 지적했다. 동시에 신생대의 검치호랑이처럼 큰 이빨은 없지만 대신 매우 날카로운 이빨 여러 개가 있어 제법 큰 공룡에게도 상처를 입힐 수 있다고 생각했다. 베커의 가설에 의하면 알로사우루스 무리가 거대 초식 공룡을 공격하면 하나의 큰 치명상은 못 입히지만, 여러 개의 상처를 만들어 결국 출혈로 죽게 만들 수 있다.[12]

사냥 과정은 화석화될 수 없기 때문에 진짜 쥐라기 공원이라도 만들지 않는 이상 증명할 도리가 없지만, 알로사우루스가 당시 용각류 공룡의 고기를 먹은 흔적은 분명히 남아있다. 이들이 뼈에서 알로사우루스의 이빨 자국이 확인되었기 때문이다. 이 경우 살아있을 때 사냥한 것인지 죽은 후 하이에나처럼 시체 청소를 한 것인지 알 방법은 없지만, 거대한 초식 공룡 덕분에 알로사우루스가 배 터지게 공룡 고기를 먹었다는 점은 의심의 여지가 없을 것이다. 물론 알로사우루스가 위험을 감수하고 사냥하지 않아도 더 쉽게 잡을 수 있는 작은 공룡도 많았다.

알로사우루스의 중요한 사냥감 가운데 하나는 스테고사우루스 Stegosaurus였다. 스테고사우루스는 너무 작지도 크지도 않은 초식 공룡으로 다 큰 개체는 알로사우루스와 비슷했다. 물론 스테고사우루스 역시 현대의 초식 동물처럼 순순히 잡아먹히지는 않았다. 스테고사우루스는 여러 개의 골판과 가시가 달린 꼬리를 가진 공룡으로 유명한데, 골판의 목적에 대해서는 논쟁의 여지가 많지만, 꼬리에 달린 가시의 용도에 대해서는 방어용이라는 데 의문의 여지가 없다. 왜냐하면 알로사우루스의 뼈에 그 흔적이 남아있기 때문이다.

스테고사우루스는 가시가 달린 곤봉처럼 꼬리를 사용해서 알로사우루스를 공격했던 것으로 보인다. 얼마나 세게 알로사우루스를 공격했는지 알로사우루스의 골반뼈에 구멍이 났을 정도다. 더 놀라운 부분은 이 알로사우루스가 그렇게 큰 상처를 입고 바로 죽지 않았다는 것이다. 알로사우루스는 상처를 입은 직후에도 한동안 생존했지만, 상처 부위에 농양이 생기면서 결국 2차 감염으로 사망했다.[13] 이는 알로사우루스의 강한 생명력을 보여주는 사례이기도 하다. 앞서 소개한 빅 알의 경우에도 다발성 골절을 입고 바로 죽지 않고 뼈가 자연 치유된 흔적이 있다. 연구자들은 빅 알이 6개월 정도 더 살았을 가능성에 무게를 둔다. 그리고 이런 험한 꼴을 당한 점을 볼 때, 알로사우루스는 시체 청소보다는 적극적인 사냥을 한 포식자일 가능성이 더 크다.

알로사우루스는 가장 강력한 육식 공룡은 아닐지 모른다. 하지만 당시 매우 번성했던 포식자로 많은 화석을 남겨 대형 수각류 공룡 연구에 큰 기여를 했다. 앞서 소개한 내용은 그 가운데 일부에 불과하다. 단지 티라노사우루스 같은 대형 수각류에 비해 조금 작다고 해서 무시할 수 있는 존재가 아닌 셈이다.

티라노사우루스는 시체 청소부?

티라노사우루스는 수각류 가운데 가장 큰 포식자를 포함하는 티라노사우루스 상과Tyrannosauroidea의 공룡이다. 티라노사우루스 속에서는 티라노사우루스 렉스Tyrannosaurus rex 한 종만이 보고됐지만, 알로사우루스처럼 티라노사우루스 속에도 다른 공룡이 있는

데 아직 우리가 모르는 것일 수도 있다. 티라노사우루스가 지금처럼 유명해진 건 그 크기 때문이기도 하지만, 지난 100년 걸쳐 많은 개체가 발견되어 연구가 잘 된 덕도 있다. 알로사우루스처럼 티라노사우루스 렉스는 백악기 후기에 등장한 초대형 육식 공룡을 연구하는 고생물학자들에게 많은 정보를 제공했다.

그런데 사실 우리가 주목해야 하는 공룡은 티라노사우루스 렉스 하나만이 아니다. 화려한 주인공에 가려서 보이지 않지만, 수많은 단역 배우가 있기에 영화가 만들어지는 것처럼 티라노사우루스 무리에도 여러 조연들이 있다. 사실 티라노사우루스류는 여러 개의 과가 모여 하나의 상과superfamily를 형성할 만큼 크게 번성한 그룹이다. 그런 만큼 그 역사도 매우 오래되었다. 티라노사우루스의 조상이 등장한 건 쥐라기 후반기인 1억 6천만 년 전이었다. 그러니까 1억 년의 역사를 지닌 뼈대 있는 공룡인 셈이다.

최근에 중국에서 발견되어 화제가 된 구안룽Guanlong은 매우 원시적인 티라노사우루스 상과의 수각류로 3m 정도 길이에 머리에 독특한 장식을 가지고 있다.[14] 다른 거대 포식자와 마찬가지로 티라노사우루스의 조상 그룹도 처음에는 이렇게 작은 수각류 공룡이었다. 여기까지는 별로 놀라운 과거가 아니지만, 흥미로운 사실은 쥐라기에서 백악기 전기까지는 이들이 모두 중소형 육식 공룡이었다는 것이다. 그런데 백악기 후기에 들어 집중적으로 크기를 키워 지상 최

대의 육식 동물로 거듭난다.[15]

　백악기 말에 등장한 티라노사우루스의 거대한 크기는 이들이 몸을 유지할 만큼 잘 먹은 동물이라는 증거다. 사자나 호랑이처럼 크기 자체가 성공적인 포식자의 증거인 셈이다. 하지만 반대로 생각하면 더 많이 먹어야 생명을 유지할 수 있다는 만만치 않은 도전에 직면한다. 따라서 여러 가지 상황을 고려할 때 생물체들은 적당한 크기를 유지할 진화적 압력을 받는다. 따라서 티라노사우루스 상과의 공룡이 초기 8,000만 년 간 작았던 것은 놀라운 일이 아니다. 놀라운 일은 마지막 2,000만 년 동안 지상 최대의 육식동물로 진화한 점이다. 어떻게, 그리고 왜 그랬을까? 우선 티라노사우루스 렉스가 얼마나 거대한지부터 이야기해보자.

　지금까지 발견된 티라노사우루스의 거의 완전한 골격 화석 가운데 가장 큰 것은 수Sue라는 별명이 붙은 FMNH PR2081이란 표본으로 12.3m의 길이와 3.66m의 높이를 지니고 있다. 1990년 수 핸드릭슨Sue Hendrickson이라는 아마추어 고생물학자에게 발견되었으며 전체 골격의 85%라는 매우 완벽한 보존 상태를 자랑하는 화석이었다. 당연히 이 화석을 구매한 필드 자연사 박물관Field Museum of Natural History는 엄청난 시간을 들여 이 골격 표본을 자세히 연구했다. 수는 19세 정도에 최대 크기에 도달했으며 28세 정도에 질병으로 죽은 것으로 추정된다.

| 수의 골격 표본. 이름과는 달리 암수 여부는 알 수 없다.

　다만 수의 무게를 측정하는 일은 간단하지 않다. 생각보다 변수가 많고 가까운 현생 근연종이 없어서 추정이 만만치 않기 때문이다. 2011년에 나온 연구에서는 최소 9.5t이라는 추정이 나왔는데, 상한선이 18t이라 범위가 크다.[16] 그리고 사실 하한선 역시 오류의 여지가 있다. 다만 크기를 감안하면 사실 몇 톤 밖에 안되는 공룡이라는 반전은 불가능하다. 다 큰 티라노사우루스 렉스는 아프리카 코끼리보다 무거운 6~8톤 정도의 무게를 지녔을 것이다.

　사실 과학자들을 괴롭히는 문제는 무게보다는 어떻게 먹고 살았냐는 것이다. 티라노사우루스가 얼마나 먹어야 몸을 유지하는지 알기는 어렵지만, 몸집을 생각하면 소식했을 가능성은 거의 없다. 더구나 최근의 연구는 티라노사우루스 같은 대형 공룡이 생각보다 빨리 성장했다는 것을 시사한다. 그렇다면 쑥쑥 크기 위해 고기를 꽤 많이 먹었을 것이다. 이런 점을 감안하면 티라노사우루스가 영화 〈쥐라기 공원〉에서처럼 사람을 사냥하는 건 남는 장사가 아니다. 7t 공룡이 체중 70kg인 사람을 쫓아가는 건 비율로 보면 호랑이가 토끼를 사냥하는 거나 다를 바 없다. 사냥을 성공해도 얻을 수 있는 고기가 적고 만약 실패하면 귀중한 에너지만 낭비하게 된다. 따라서 티라노사우루스가 대형 초식 공룡을 잡아먹었을 것으로 보는 것이 타당하다. 그런데 바로 여기서 논쟁이 시작된다.

일부 연구자들은 티라노사우루스가 별로 빨리 뛰지 못했을 뿐만 아니라 방향을 전환하기도 매우 어려웠을 것이라고 주장하고 있다. 티라노사우루스가 두 발로 달릴 경우 한 발에 최대 10t 정도의 하중이 가해진다. 근골격계에 엄청난 부담이 가는 것이다. 따라서 티라노사우루스가 전력 질주를 해서 치타만큼 빠르게 달릴 수 있다고 믿는 공룡학자는 없다. 대개의 추정은 평균적으로 시속 40km/h로, 사실 가장 빠른 육상 선수와 비슷한 수준이며 대개의 고양이과 포식자보다 느린 속도다. 이와 추정치의 근거는 발자국 화석 및 근골격계에 대한 분석이다. 하지만 사실 여기에도 최저 18km/h부터 최고 72km/h라는 매우 다양한 추정치가 존재한다.[17,18]

공룡학자인 잭 호너Jack Horner와 그의 동료들은 1993년에 티라노사우루스가 뛸 수 없고 느리게 움직이는 동물이라는 주장을 내놓았다. 이 주장의 근거는 대퇴골femur와 경골tibia의 비율이 현재의 코끼리와 비슷한 수준이라는 것이다.[19] 이 이야기를 쉽게 설명하면 무릎 위 다리 길이와 무릎 아래 다리 길이를 비교할 때 무릎 위가 비슷하거나 길다는 것이다. 그러면 지렛대 원리에 의해 발자국 간격이 좁아지지만 대신 다리가 굵고 짧아져 더 큰 하중을 견딜 수 있다. 쉽게 말해 다리가 굵고 튼튼한 대신 빨리 뛰지 못하게 된다. 도망갈 일이 없는 식물을 먹는 코끼리야 문제가 없지만, 사냥을 하는 육식 공룡 입장에서는 꽤 곤란한 문제다. 동시에 티라노사우루스의 골격은 마치 다리를 중심으로 한 시소 같은 구조다. 큰 몸집에 긴 꼬리를 감안하면 한 번 방향을 바꾸려면 상당한 에너지와 시간이 소모된다. 따라서 45도 정도 각도를 돌리는데 2초나 걸렸을 것이라는 주장도 있다. 이리저리 방향을 바꿔 뛰는 민첩한 먹이를 잡기는 어려운 조건이다.

이 주장이 사실이라면 공룡 영화들은 근본적으로 잘못된 셈이다. 사람이 전력 질주를 하거나 자동차를 타고 달아나면 티라노사우루스는 먼 발치에서 하염없이 구경만 하는 신세인 것이다. 물론 초식 공룡을 잡기도 곤란해진다. 이런 이유로 사실 티라노사우루스는 하이에나 같은 청소부 동물이라는 가설이 나왔다. 사실은 사냥이 아니라 공룡 시체 처리 전문가라는 이야기다.

이 가설을 지지하는 다른 증거는 어이없이 작은 앞다리다. 이런 작은 앞다리로 살기 위해 버둥거리는 공룡을 붙잡는 건 아무리 생각해도 무리다. 앞다리의 용도에 대해서도 많은 가설 (그 가운데는 짝짓기 때 암컷을 고정하는 용도도 있었지만, 사람 팔 만한 앞다리로 티라노사우루스 암컷을 고정하는 것 역시 현실성이 떨어진다. 암컷이 가려운 데를 긁어주는 정도면 모를까)이 나왔으나 거대한 초식 공룡을 사냥할 용도는 가능성이 떨어진다. 대신 입이 이렇게 커진 것은 하이에나처럼 뼈도 남김없이 먹을 수 있게 진화한 것일지도 모른다. 뼈 안에는 영양가가 많은 지방과 골수가 있다. 후각 역시 예리했던 것으로 보이는데 이 역시 청소부 동물의 특징이다. 이 가설이 옳다면 덩달아 작은 앞다리도 설명이 가능하다. 사냥을 하지 않다 보니 별 필요가 없어지면 자연적으로 퇴화할 것이기 때문이다.

그러나 이 주장에도 당연히 약점이 있다. 여기서는 티라노사우루스 렉스를 중심으로 설명하지만, 사실 백악기 후기에 등장한 대형 육식공룡은 티라노사우루스 하나만이 아니다. 수천 만년에 걸쳐 다양한 대형 수각류 육식 공룡이 진화했는데, 이는 이들을 먹여살릴 수 있는 식량이 충분하지 않고는 불가능한 일이다. 또 앞서 티라노사우루스의 골격표본이 다수 발견되었다고 설명한 바 있는데, 이는 당시 티라노사우루스가 가끔씩 볼 수 있는 공룡이 아니라 매우 흔한 공룡이었음을 시사한다. 여기에 앞서 설명했듯이 티라노사우루스가 알로사우루스 이상으로 빠르게 자랐다는 증거도 있다.[20] 수의 경우에도 불과 18세에 10톤 가까운 거구가 된 것으로 보이는데 이는 당시 육식 공룡들이 엄청나게 잘 먹고 빨리 컸다는 이야기다.

그런데 이들 전부가 가끔씩 발생하는 시체만으로 먹고 살 수 있을까? 물론 종종 발생했을 공짜 고기인 시체를 마다할 육식동물은 없다. 논의의 핵심은 주로 청소부였냐 아니냐의 여부다. 시체 처리만으로 이렇게 큰 육식동물을 장기간 유지할 수 있다면 당시 생태계는 약육강식의 냉엄한 현실이 지배하는 곳이 아니라 무한 리필 고기 뷔페가 차려진 낙원인 셈이다. 이런 세상에서 사냥은 바보들이나 하는 일이다. 들판에 티라노사우루스 무리도 배불리 먹을 만큼 고기가 넘치는데 누가 사냥을 하겠는가? 물론 우리가 당시의 상황을 100% 알아내긴 힘들어도 상식적으로 좀처럼 상상이 되지 않는 환경이다. 차라리 티라노사우루스가 무거운 몸을 이끌고 사냥을 했다는 것이 훨씬 현실성 있어 보인다.

이 가설을 비판한 다른 고생물학자들은 티라노사우루스과의 공룡이 생각보다 빨리 움직일 수 있었으며 적극적인 사냥꾼이었다는 가설을 내놓았다. 이들은 경골의 길이는 짧지만, 그 아래 닭발처럼 생긴 발의 길이까지 합치면 티라노사우루스가 생각보다 무릎 아래가 길다고 결론을 내렸다. 세 개의 발톱을 가진 티라노사우루스의 다리는 생각보다 하중을 잘 분산해서 영화에 나오는 컴퓨터 그래픽 공룡처럼 잘 뛰지는 못해도 청소부 가설에서 가정하는 것보다 빠를 수 있다는 것이다. 사실 티라노사우루스 렉스가 직접 영화에 출연할 것도 아닌데 그래픽처럼 잘 뛸 이유도 없다. 그냥 먹이가 되는 공룡과 비슷하거나 조금 더 빠르면 된다.

이 논쟁은 쉽게 끝나지 않겠지만, 2013년에는 티라노사우루스가 사냥꾼이었다는 가설을 지지하는 증거가 나왔다. 캔자스 대학의 데이비드 번햄David Burnham은 저널 〈PNAS〉에 티라노사우루스에 꼬리를 물렸지만 구사일생으로 살아난 하드로사우루스Hadrosaur의 화석을 발표했다.[21] 이 화석에는 뼈가 치유된 흔적이 있어 티라노사우루스가 살아있는 하드로사우루스를 공격했다는 분명한 증거를 보여주고 있다. 죽은 공룡의 뼈는 치유되지 않기 때문이다. 오늘날에도 수많은 육식 동물이 먹이에 상처는 남겼는데 정작 사냥에는 실패한다. 구사일생으로 살아난 초식 동물은 상처를 치유하면서 강한 생명을 이어간다. 쥐라기는 물론 백악기의 상황 역시 다르지 않았을 것이다.

현재도 여기서 다 설명하기 어려울 만큼 티라노사우루스에 대해서 많은 연구가 진행 중이다. 공룡 영화에 영감을 제공한 것 이외에 이 거대한 육식 공룡은 공룡 연구와 당시 생태계를 이해하는 데 도움을 줬다. 하지만 이 공룡이 얼마나 빨리 자랐는지, 어떻게 먹고 살았는지, 온혈 동물이었는지, 그리고 암수의 차이가 있었는지 등 아주 다양한 질문이 남아있다. 깃털이 있었는지 역시 중요한 관심사다. 비록 영화에서 묘사된 것과는 다르지만, 티라노사우루스는 백악기 생태계를 이해하는 키워드라고 할 수 있다.

중생대 최강 포식자 스피노사우루스

1912년 독일의 고생물학자 에른스트 스트로머 Ersnt Stromer는 이집트에서 거대한 수각류 육식 동물의 화석을 발견했다. 그는 독일로 귀국한 후 이 화석을 분석해서 1915년 발표했다. 대부분의 대형 공룡 화석처럼 당시 발견한 화석은 전체 골격의 일부였다. 주로 발견된 것은 척추뼈에 연결된 긴 가시 같은 돌기와 아래턱 및 기타 뼈 몇 개가 전부였다. 가시 같은 돌기가 가장 특징이었으므로 스피노사우루스 spinosaurus라는 명칭이 붙었지만, 사실 당시에는 큰 주목을 받지 못했다. 더 불운한 사실은 2차 세계 대전 기간 중 공습으로 이 화석까지 파손되었다는 것이다.

스피노사우루스가 다시 빛을 본 것은 20세기 후반에 새로운 화석이 발견되면서부터다. 비록 화석의 양과 질에서 알로사우루스나 티라노사우루스와 비교할 수 없지만, 그래도 전체 모습을 복원하는 데 필요한 골격 표본들이 모아지기 시작했고 서서히 중생대 최대의 육식 공룡으로 박물관에도 골격 모형이 전시되기 시작했다. 동시에 공룡 영화에서도 점차 출연이 늘어나는 추세다. 스피노사우루스는 메갈로사우르스에 속한 수각류 공룡으로 스피노사우루스 아에깁티아쿠스Spinosaurus aegyptiacus가 대표종이다. 생존했던 시기는 1억 1,200만~9,700만 년 전 사이로 티라노사우루스 렉스 시대와 3,000만 년 정도 차이가 나기 때문에 둘이 실제로 싸웠을 가능성은 배제해도 좋다.

그러면 티라노사우르스 렉스와 스피노사우루스 중 어느 쪽이 더 클까? 이 질문에 대해서 21세기 초 행해진 연구에서는 스피노사우루스가 12.6~18m 사이의 몸길이와 7~20.9t의 몸무게를 가졌을 가능성을 시사했다.[22,23] 따라서 티라노사우루스 렉스를 제치고 지상 최대의 육식 동물이었을 가능성이 있는 셈이다. 하지만 대중과는 달리 과학자들의 관심을 집중시킨 부분은 누가 더 큰가 보다 어떻게 사냥했는지와 거대한 돛의 용도다. 어차피 두 공룡 모두 초대형 수각류 육식 공룡이라는 점은 의심의 여지가 없는데 어떻게 몸집을 유지했는지가 분명하지 않기 때문이다.

시카고 대학의 니지르 이브라힘과 그의 동료들은 2005년 모로코에서 발견된 스피노사우루스의 거의 완전한 두개골을 바탕으로 이 공룡이 사실은 물속에서 살았다는 가설을 내놓았다.[24] 스피노사우루스의 콧구멍은 위를 향하고 있으며 눈 역시 악어처럼 물속에서 얼굴을 내밀고 밖을 감시하기 편리한 구조다. 사실 골격 구조가 돛을 제외하고 생각하면 악어류와 유사해서 수생이나 반수생이라는 주장이 이전부터 있어왔다. 스피노사우루스의 주된 사냥 방법은 악어처럼 물을 마시러 온 공룡을 잡아먹는 것일지도 모른다. 물론 악어처럼 물고기도 주식으로 삼았을 것이다. 사실 거대한 몸을 유지하기 위해서는 끊임없이 가리지 않고 먹어야 하는 만큼 물속이든 물 밖이든 부지런히 사냥을 했을 것이고 이는 공룡 영화 제작자에게는 매우 좋은 소재가 될 내용이다. 상상해보라. 물속에서 숨어 있다가 갑자기 튀어나와 대형 초식 공룡(때때로는 주인공이 탄 자동차)을 덮치는 대형 육식 공룡을.

하지만 과학 가설이란 항상 논쟁을 부르기 마련이다. 일부 과학자들은 이 가설에 의문을 제기한다. 일단 물속에 숨기엔 공룡이 너무 크다. 더 큰 문제는 등에 존재하는 거대한 돛으로, 몸을 물에 숨겨도 거추장스러운 돛까지 숨기기 쉽지 않아 보인다. 그런 만큼 이 돛의 존재는 미스터리다. 물론 깊은 물속에 숨는 방법도 있지만, 스피노사우루가 몸을 숨길 정도로 깊은 강이나 호수는 많지 않았을 것이다. 하지만 이 공룡이 주로 물속에 사는 반수생Semiaquatic이었다는 증거 역시 적지 않다. 방사성 동위원소 연구는 스피노사우루의 먹이가 현재의 악어류와 비슷했다는 가설을 지지한다.[25] 아마도 물고기를 주식으로 삼고 종종 물가에 무모하게 다가온 공룡도 먹지 않았을까 생각된다.

어떻게 사냥했는지와 더불어 이 공룡에서 가장 큰 논쟁을 불러오는 주제는 바로 등에 있는 돛의 용도다. 이에 대해서 짝짓기용과 체온 조절용이라는 진부한 설명 대신 더 과감한 설명을 시도한 과학자들이 있다. 이 돛이 청새치(거대한 돛이 달린 물고기다)의 돛처럼 물속에서 균형을 잡는 데 사용되었다는 것이다.[26] 이는 매우 흥미로운 이야기지만, 스피노사우루스가 현재 가장 빠르게 헤엄치는 대형 어류만큼 빨랐을까? 이 부분은 검증이 쉽지 않을 것으로 보인다. 체온 조절용이라는 주장도 문제가 있기는 마찬가지다. 주로 물에 사는 동물이 체온 조절용 돛이 필요할까? 몸집을 생각하면 돛으로 체온을 올린다는 것도 현실성이 떨어진다. 심지어 돛이 아니라 낙타의 혹처럼 에너지 저장용 지방을 지지하는 골격이었다는 주장까지 있었다.[27] 영화 때문에 오히려 간과되는 부분이지만, 스피노사우루스는 사실 티라노사우루보다 더 많은 비밀을 간직한 공룡이다. 그런 만큼 영화에서는 단역이라도 앞으로 대형 수각류 연구에서 주역이 될 자격을 지닌 공룡이기도 하다.

랩터의 실제 모습은?

영화 〈쥬라기 공원〉은 공룡에 대한 전통적인 이미지를 탈피해 새로운 공룡의 이미지를 창조했다. 과거 공룡은 꼬리를 질질 끌고 다니는 거대한 도마뱀으로 영리하고 민첩한 생물과는 거리가 멀었다. 하지만 쥬라기 공원에서 등장한 랩터는 사람과 비슷한 크기에 매우 민첩하고 영리하며 무리를 지어 사냥을 하는 습성을 지니고 있다. 최근에 개봉된 후속작에서는 랩터를 길들여 사용하는 설정까지 등장한다. 이 정도면 공룡에 대한 인식을 180도 바꾼 영화라고 봐도 무방할 것이다. 하지만 이후 진행된 연구에 의하면 사실 영화에서 나오는 랩터Velociraptor(벨로키랍토르)의 진짜 모습은 영화와 많이 달랐다. 벨로키랍토르 몽골리엔시스V. mongoliensis(영화가 제작되던 시기에는 몽골리엔시스가 벨로키랍토르 속의 유일한 종이었다)는 소형 수각류인 드로마에오사우루스과Dromaeosauridae 공룡으로 사실 영화에서 묘사된 것보다 크기가 훨씬 작았다.

그런데 1993년에 쥐라기 공원을 촬영한 영화 제작자들도 그 사실을 모르지 않았다. 벨로키랍토르를 기반으로 랩터를 복원했더니 너무 작아서 곤란했던 것이다. 사람을 공격하려면 적어도 키가 2m에 몸무게가 80kg을 넘어야 하는데, 실제로는 몸길이 2m에 키 0.5m, 몸무게 15kg에 불과했다.[28] 따라서 근연종을 참조해 크기를 키웠는데, 어차피 유전 공학을 이용해서 공룡도 복원하는 마당에 크기를 좀 키웠다고 해서 큰 설정 오류라고 하기는 어려울 것이다. 그런데 더 중요한 문제는 따로 있다. 이후 연구에 따르면 벨로키랍토르를 비롯한 드로마에오사우루스과 공룡은 사실 깃털을 지닌 수각류 공룡이었다는 것이다. 다시 말해 영화 속 랩터의 실제 모습은 날지 못하는 새에 가까웠던 것이다.

하지만 2015년에 개봉한 〈쥐라기 월드〉에서는 다시 원작과 같은 포악한 도마뱀의 모습으로 랩터를 등장시켰다. 필자는 아주 잘한 일이었다고 생각한다. 관객들은 랩터를 보기 위해서 극장에 온 것이지 칠면조를 구경하기 위해 비싼 돈을 내고 표를 산 게 아니기 때문이다. 그런데 외형이 영화처럼 포악한 도마뱀이 아니라 날지 못하는 새와 더 닮았다고 해서 벨로카랍토르가 훌륭한 포식자가 아니라는 의미는 아니다. 사실 과학자들은 벨로키랍토르가 뛰어난 사냥꾼이라는 증거를 여럿 발견했다. 뛰어난 포식자가 되기 위해서 반드시

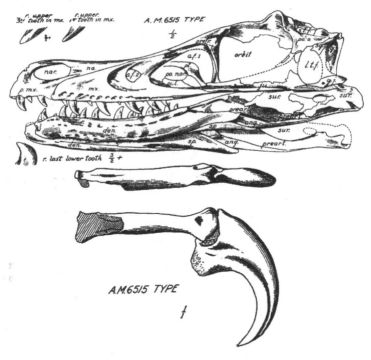

| 1923년 헨리 페어필드 오스본이 남긴 벨라키랍토르의 화석 그림.

몸집이 커야 하는 것은 아니다. 앞서 티라노사우루스의 경우처럼 너무 큰 크기는 빨리 움직일 수 없을 것이라는 의문을 제기하게 만든다. 반면 벨로키랍토르를 비롯한 드로마에오사우루스의 소형 수각류 공룡들은 모두 민첩하게 움직일 수 있는 작은 몸집과 골격을 가지고 있다.

1923년, 몽골 고비 사막에서 이 공룡 화석을 처음 발견한 과학자들 역시 그런 생각을 가지고 있었다. 미국 자연사 박물관의 관장이었던 헨리 페어필드 오스본Henry Fairfield Osborn은 이 공룡에 대해서 날렵한 약탈자라는 의미의 벨로키랍토르라는 속명을 주었다.[29] 이름은 발견 장소에 따라서 몽골리엔시스V. mongoliensis로 정해졌다. 특히 이 공룡에서 특징적인 부위는 날카로운 발톱이 있는 다리인데, 세 개의 발톱 가운데 하나가 마치 낫처럼 생겨 이를 무기로 사용했음을 짐작하게 만든다. 하지만 불행히 중일 전쟁과 세계 2차 대전으로 인해 이 지역에 접근이 어려워졌다. 설상가상으로 냉전이 시작되면서 서방 고생물학자들은 벨로키랍토르의 화석이 발견한 지역에 다시 방문할 수 없었다. 다행히 1970년대 폴란드와 몽골 과학자들이 이 지역에서 새로운 화석을 발견하면서 연구를 다시 재개했다. 그리고 중국과 몽골이 개방 정책으로 바뀌면서 최근에는 이 지역에서 벨로키랍토르는 물론 다양한 공룡 화석을 발견해 소형 수각류 공룡에 대한 많은 연구가 진행될 수 있었다. 그리고 그들이 뛰어난 사냥꾼이라는 가설을 입증할 여러 증거를 발견했다.

공룡 영화에서 대형 육식 공룡이 초식 공룡을 사냥하는 모습에 익숙해진 우리는 칠면조보다 약간 큰 공룡이 초식 공룡을 사냥하는 모습은 쉽게 상상하기 어렵다. 하지만 1971년 폴란드 – 몽골 연구팀이 소형 뿔공룡인 프로토케라톱스 앤드류시Protoceratops andrewsi와 벨로키랍토르의 사투를 간직한 '싸우는 공룡 화석fighting dinosaur' 화석을 발견해 소형 수각류 공룡의 사냥 방식에 대한 결정적인 증거를 제시했다. 이 화석은 드물게 사냥 장면 그대로 화석이 된 두 공룡을 보존하고 있다. 화석을 해석하면 프로토케라톱스가 자신을 공격한 벨로키랍토르의 오른쪽 앞다리를 뾰족한 부리로 공격하는 순간 벨로키랍토르는 비록 프로토케라톱스에 깔리기는 했지만 자신의 강력한 무기인 낫처럼 생긴 발톱을 프로토케라톱스의 목에 찔러 넣고 있다(참고로 프로토케라톱스 앤드류시는 1.8m 크기의 작은 초식 공룡으로 프릴만 있고 뿔은 없다). 보통은 화석화되기 힘든 사냥 장면이 화석으로 보존된 이유에 대해서 이 화석을 발견한 과학자들은 순식간에 익사한 것으로 추정했으나[30] 이후 연구에서 이들이 있던 장소가 물놀이를 할 만한 지형이 아니라는 것이 드러났다. 현재는 모래 사구에서 사투를 벌이던 도중 갑자기 사구가 무너지면서 순식간에 매몰된 것으로 보고 있다.

과거 과학자들은 벨로키랍토르가 긴 낫처럼 생긴 발톱으로 복부처럼 부드러운 곳을 노려 치명상을 입혔다고 생각했다. 하지만 이 경우에는 목을 노려 경동맥 같은 중요 혈관이나 기관지를 노렸음을 보여준다. 프로토케라톱스가 아무리 작은 초식 공룡이라도 벨로키랍토르보다는 크고 단단한 몸집을 지니고 있다. 따라서 벨로키랍토르가 마음대로 뒤집어 배를 공격할 수 없는 상대다. 비록 프릴 (방패 같은 머리 장식)로 보호받기는 하지만 목이 더 공격하기 쉬운 위치였을 것이다. 흥미롭게도 BBC 다큐멘터리인 〈킬러 공룡의 진실 The Truth About Killer Dinosaurs〉에서는 모형 발톱으로 돼지고기를 공격하는 실험 내용이 공개된 바 있다. 이에 따르면 벨로키랍토르의 큰 발톱으로 초식 공룡의 복부를 뚫을 순 있지만, 과거 믿었던 것처럼 배를 가를 순 없다.[31] 물론 이것 때문에 벨로키랍토르가 먹이를 사냥하는 데 큰 어려움을 겪지는 않았을 것이다. 싸우는 공룡 화석이 보여준 것처럼 목 같이 더 치명적인 급소를 공격할 수 있기 때문이다.

〈쥐라기 공원〉에서 흥미로운 설정 가운데 하나는 랩터가 현재의 늑대처럼 함께 사냥했다는 것이다. 이는 공룡이 멍청한 파충류가 아니라 지금의 포유류처럼 지능이 뛰어난 생물이라는 점을 암시한다. 여러 마리의 공룡이 서로 협동해서 사냥을 하기 위해서는 어느 정도 의사소통이 가능해야 하기 때문이다. 사실 공룡의 지능 역시 매우 흥미로운 주제 가운데 하나다. 과거 공룡 연구에서는 초식 공룡이 몸집에 비해 뇌가 작아 지능이 낮고 동작도 굼뜰 것으로 추정했었다. 그러나 육식 공룡의 경우 그렇게 뇌가 작지 않을 뿐 아니라 여러 개체가 동시에 발굴되거나 무리 지어 다녔다는 발자국 화석 증거가 나온다. 따라서 몇몇 과학자들은 일부 수각류 공룡들이 늑대처럼 무리 지어 사냥했을지도 모른다고 생각한다. 그런데 벨로키랍토르에 대해서 이야기하면 이 공룡은 적어도 지금까지 여러 마리가 같이 발견된 일이 없다.[32] 물론 이것이 벨로키랍토르가 모태솔로였다는 증거는 되기 어렵다. 평소에는 무리지어 다녔지만, 화석화는 혼자 될 수 있기 때문이다. 다만 무리 지어 공격했는지 아닌지는 아직 확실치 않다는 것이다.

흥미로운 점은 벨로키랍토르 역시 오늘날의 육식 동물처럼 절대 우연히 마주친 공짜 고기를 마다하지 않았다는 점이다. 동물학자들은 '사자 자존심에 치타가 사냥한 고기를 가로챌 순 없다'는 자존감 높은 사자를 본 일이 없다. 반대로 사자든 치타든 기회만 되면 남의 사냥감을 가로채거나 먹다 남긴 고기도 마다하지 않고 먹는다. 그래도 언제 굶어 죽을지 모르는 것이 자연의 냉혹한 현실이다. 당시 육식 공룡 역시 예외는 아니었을 것이다. 과학자들은 일부 골격이 사라지거나 죽은 프로토케라톱스에 난 이빨 자국을 통해서 벨로키랍토르 역시 다른 공룡이 사냥하거나 혹은 우연히 죽은 프로토케라톱스 고기를 마다하지 않았다는 사실을 발견했다.[33] 자연의 법칙은 냉혹해서 지금 잘 먹는다고 해도 언제 굶을지 예측하기 어렵다. 먹지 못하면 백수의 왕인 사자도 굶어 죽는다. 그러니 벨로키랍토르든 티라노사우루스든 시체 청소를 한다고 해서 놀라운 일은 아닐 것이다. 우리는 모두 먹지 않으면 살 수 없는 운명이다.

chapter 12

．
．
．

공룡 이외의 괴수들

가장 거대한 날짐승은 어떻게 먹고 살았을까?

중생대에는 크고 작은 공룡들이 생태계를 누비며 크게 번성했다. 물론 그렇다고 해서 당시 공룡만 살았다는 의미는 아니다. 지금과 마찬가지로 공룡 이외에 수많은 동물들이 함께 생태계를 꾸려나갔다. 이들 가운데는 공룡이 진출하지 못한 하늘 같은 다른 장소에서 최상위 포식자의 지위를 누린 것도 있다. 사실 당시에 하늘을 날았던 생물체는 여러 가지였다. 중생대에 등장한 새의 조상은 당시부터 하늘을 날았고, 일부 소형 수각류 공룡 역시 비행 능력이 있었다는 증거가 있다. 하지만 이 시기 하늘을 날았던 가장 큰 생물체는 공룡이나 조류가 아니라 익룡이었다. 종종 공룡으로 오해받기도 하지만, 익룡은 지배 파충류에서 공룡의 조상과 일찍부터 갈라진 무리로 2억 2,800만 년 전 등장해 6,600만 년 전 비조류 공룡과 함께 사라졌다. 그 오랜 세월 동안 다양한 크기의 익룡이 등장해 중생대의 하늘을 누볐다. 하지만 우리에게 가장 큰 인상을 준 익룡은 역시 거대한 것들이다.

역사상 가장 큰 날짐승 가운데 하나로 기록된 케찰코아틀루스 Quetzalcoatlus northropi는 백악기 말에 등장했다. 1975년 발견된 이 화석은 그 크기 때문에 큰 화제가 되기도 했지만, 바로 그 점 때문에 고생물학자들의 골치거리가 되었다. 하늘을 날기에 너무 거대했기 때문이다. 처음 이 화석을 발견한 과학자들은 날개 너비의 중간값으로 15.9m를 제시했다. 이 크기는 나중에 10~11m라는 보다 현실적인 크기로 수정되지만 여전히 날기 어려운 건 마찬가지다.[1]

앞서 설명한 것처럼 멸종 동물의 정확한 크기를 측정하는 일은 본래 어렵지만, 익룡은 특히 더 어려운 이유가 비행을 위해 가볍고 속이 빈 골격을 진화시켰기 때문이다. 따라서 익룡 화석은 크기를 불문하고 대개 온전히 화석화되기 쉽지 않으며 주로 발견되는 것은 부서진 뼈의 일부다. 특히 날개뼈를 구성하는 가느다란 뼈 (익룡은 네 번째 손가락이 길어져 날개를 키운 경우다)가 온전히 발견되는 경우는 작은 익룡이 운 좋게 통째로 화석화되는 경우 외에는 보기 힘들다. 그래도 크기는 근연종과의 비교를 통해 대략적인 추정이 가능하다. 진짜 어려운 문제는 무게가 얼마나 나가냐는 것이다.

케찰코아틀루스의 무게는 틀림없이 매우 가벼웠을 것이다. 심지어 70~80kg 정도라는 주장도 있었다. 하지만 그러면 너무 가벼워 골격 안전성이 크게 떨어진다. 그래서 다른 연구에서는 200~250kg이라는 좀 더 현실적인 주장이 나왔다.[2] 이러면 크기를 감안할 때 훨씬 안정성이 있으나 날기가 힘들어진다. 여기서 눈치챈 독자도 있겠지만, 케찰코아틀루스를 둘러싼 가장 큰 논쟁은 이렇게 큰 짐승이 대체 어떻게 날았느냐는 것이다(심지어 이보다 더 무겁고 날지 못하는 익룡이었다는 주장도 있다). 이 부분은 아직도 논쟁이 많은 부분이라 여기서는 다루지 않을 생각이지만 이 고대 익룡을 둘러싼 두 번째 논쟁은 이 책의 주제와 연관이 깊어 소개하지 않을 수 없다. 과연 케찰코아틀루스 같은 거대 익룡은 어떻게 먹고살았을까?

과학자들은 케찰코아틀루스가 처음 발견되었을 때부터 여기에 대한 좋은 가설을 가지고 있었다. 케찰코아틀루스는 아마도 현재의 대형 바닷새와 비슷하게 물고기를 잡아먹었을 가능성이 크다. 케찰코아틀루스의 모습을 보면 부리 같은 긴 주둥이를 이용해서 물속에 있는 물고기를 잡아먹기 좋아 보인다. 다만 몸집을 감안하면 다이빙하기는 어렵기 때문에 물 위를 스치듯 지나가며 물고기를 잡았을 가능

성이 크다.[3] 공룡 영화 제작자에게는 불행한 소식이지만, 날개 너비
가 10m가 넘는 익룡이 지표면으로 다가가서 사람을 낚아채기에는

| 케찰코아틀루스의 거대한 골격. 목이 엄청나게 길다.

위험부담이 크기 때문이다. 비행을 위해 몸을 엄청 가볍게 만들었는데, 속도 때문에 운동에너지가 커서 지면에 충돌할 경우 상당히 위험하다. 아무래도 물 위에서 물고기를 낚는 편이 훨씬 안전하다.

이는 매우 그럴듯한 가설로 케찰코아틀루스가 강한 바람이 부는 해변가에서 글라이더 비행을 했다는 가설과 함께 널리 인정되었으나 최근에는 심각한 도전을 받고 있다. 문제의 핵심은 역시 비행이다. 거대 익룡이 나는 데 필요한 양력을 발생시키려면 빠른 비행 속도가 핵심이다. 그런데 이 속도 때문에 주둥이를 물속에 넣는 순간 상당한 항력drag(물체가 유체 내에서 운동할 때 받는 저항력)이 생긴다. 그래서 물고기를 맛있게 먹고 나면 운동 에너지를 잃어 추락할 위험에 처하는 것이다.[4] 두 번째로 지적된 문제는 대부분의 대형 익룡의 화석이 해변가나 큰 호수에서 먼 지역에서 발견되었다는 것이다. 두 가지 사실을 감안하면 긴 부리를 이용해서 물 위로 비행하면서 물고기를 잡는 것은 가능성이 떨어진다.

이 거대 날짐승이 어떻게 먹고살았는지는 지금도 풀리지 않는 미스터리지만, 최근에는 땅 위로 착륙해서 작은 척추동물을 잡아먹었다는 가설도 나오고 있다. 지상에 착륙하면 키가 꽤 커서 긴 부리를 이용해서 작은 동물들을 잡기 편리하다. 목이 긴 대신 가늘어서 사실 큰 먹이는 삼킬 수도 없기 때문에 더욱 그럴듯한 가설이지만, 쉽게 이착륙이 어렵다는 점을 생각하면 다시 설명이 곤란해진다. 현재의 일부 새처럼 시체 청소부였다는 가설도 있지만,[5] 시체 청소를 주로 하는 새의 부리는 갈고리처럼 생겨 살을 뜯어먹기 좋게 되어 있지 케찰코아틀루스처럼 길고 뾰족한 핀셋 모양으로 되어 있지 않다. 이래저래 어떻게 먹고살았는지 정말 알기 힘든 생물체다. 하지만 이런 궁금증이 케찰코아틀루스를 더 매력적인 고대 괴수로 만들고 있다.

공룡을 잡아먹은 익룡

케찰코아틀루스를 비롯한 거대 익룡은 아즈다르코과Azhdarchidae에 속한다. 이 명칭은 페르시아 신화의 용을 닮은 괴물인 아즈다르azhdar에서 유래했다. 이 과에 속하는 익룡들은 주로 백악기 후반기에 크게 번성했다. 물론 크기도 다양해서 작은 것도 있기는 하지만, 케찰코아틀루스와 역사상 최대 날짐승의 타이틀을 두고 다투는 종도 있다. 그 중 유명한 녀석은 아람보우르지아니아Arambourgiania와 하체고프테릭스Hatzegopteryx다.

아람보우르지아니아는 목뼈가 먼저 발견되었는데, 5번째 목뼈로 생각되는 이 뼈의 길이만 62cm에 달한다. 하지만 사실은 중간 부분이 사라진 화석으로 전체 길이는 78cm에 달하는 것으로 추정된다.[6] 사실 익룡 뼈는 앞서 말했듯이 속이 빈 파이프 같은 구조로 경량화를 위해 상당히 얇아졌기 때문에 온전하게 화석으로 발견되는 경우가 흔치 않다. 하지만 온전하지 않더라도 거대한 목뼈는 아즈다르코과의 특징인 긴 목을 보여준다. 솔직히 이 과에 속하는 대형 익룡은 목이 엄청나게 길어 날아다니는 기린이라고 해도 될 정도. 그리고 아람보우르지아니아는 다른 익룡보다 긴 3m의 목을 지니고 있다. 아마 지상에 앉을 경우 기린은 물론 티라노사우루스만큼 키가 컸을 가능성이 있다. 다만 날개 뼈는 거의 발견된 게 없어 날개 너비 추정은 어렵다.

아무튼 이 익룡 역시 앞서 케찰코아틀루스에서 본 문제(어떻게 이착륙을 했고 뭘 먹고살았는지)를 고스란히 가지고 있다. 솔직히 말하면 앞서 언급한 문제에 더해서 '목이 너무 길어 어떻게 지탱했는지'라는 더 곤란한 문제를 야기한다. 이렇게 긴 목을 지닌 만큼 이를 이용해서 사냥을 했다는 주장이 설득력 있는데, 최근에 나온 복원도는 작은 공룡이나 척추동물을 긴 부리로 잡는 식으로 그려진다. 작은 동물을 사냥했다고 믿는 이유는 목이 긴 대신 가늘어졌기 때문이다. 3m에 달하는 목이 굵기까지 하다면 무게 때문에 하늘을 날 도리가 없다. 공룡 영화에서 등장한 익룡들은 사람도 잡아먹을 기세지만, 사실 그렇게 큰 먹이는 삼킬 수 없었을 것으로 추정된다. 더구나 뼈도 약해 살기 위해 발버둥치는 큰 동물은 함부로 잡기도 힘들다.

그러나 항상 그렇듯이 예외가 있다. 하체고프테릭스가 그 주인공이다. 이 명칭은 이 익룡이 루마니아의 하체그 지방에서만 발견되기 때문에 붙었는데, 대중적인 인기는 없지만 과학자들에게는 꽤 흥미로운 연구 대상이다. 하체고프테릭스는 다른 거대 익룡과는 달리 목이 짧고 굵어졌는데, 이는 이 익룡이 꽤 큰 먹이도 삼킬 수 있게 진화했음을 의미한다. (다만 짧다고 해도 1.5m에 달한다) 이 익룡의 화석을 분석한 과학자들은 하체고프테릭스가 섬에서 최상위 포식자 자리를 차지했을 것으로 추정했다.[7]

섬에서는 섬 왜소증insular dwarfism이라는 현상이 발생한다. 섬에서는 공간과 먹이 같은 조건이 제한되기 때문이다. 대륙에서는 거대한 동물들도 섬에서 고립되면 크기가 작아진다. 난쟁이 같은 코끼리가 등장하기도 하고 사람 키보다 작은 티타노사우루스Titanosaurus(거대한 네발 초식공룡)가 나타나기도 한다. 섬이라는 제한된 공간에서는 큰 육식 동물이 살아가기 힘들기 때문에 멸종되어 사라지는 경우가 많다. 그러면 대형 초식 동물 역시 가뜩이나 좁은 공간에서 큰 덩치를 유지할 이유가 줄어든다. 코끼리 같은 대형 초식 동물이 무리를 하면서까지 크기를 키운 이유 중 하나는 육식 동물로부터 안전해지기 때문인데 육식 동물이 사라졌다면 이제는 크기를 줄이려는 쪽으로 진화한다.

하체고프테릭스가 살던 섬에는 마기아로사우루스Magyarosaurus라는 매우 작은 티타노사우루스 용각류가 살았다. 몸무게는 1.2t에 불과하고 키 역시 사람보다 더 크지 않았던 것으로 보인다.[8] 이렇게 작아진 이유는 물론 섬 왜소증으로 설명할 수 있다. 당시 이 섬에는 대형 포식자가 사라진 상태였다. 그러면 몸 크기를 계속해서 크게 유지할 이유가 줄어든다.

그런데 이렇게 생태학적 빈자리가 생기는 경우 이 자리를 다른 생물들이 채우는 경우가 있다. 하체고프테릭스가 그런 경우로 생각된다. 지상에서 먹이를 안전하게 잡을 수 있게 된 하체고프테릭스는 목이 굵고 짧아지면서 더 큰 먹이도 삼킬 수 있게 진화했다. 다 큰 용각류 공룡은 힘들어도 마기아로사우루스 새끼라면 충분히 삼킬 수 있었을 것이다.

우리는 공룡 시대라고 하면 모든 장소에서 거대한 용각류 초식공룡과 뿔공룡, 티라노사우루스 같은 수각류 공룡, 오리 공룡 등을 볼 수 있을 것이라고 상상한다. 하지만 실제로는 오늘날 아마존과 아프리카 생태계가 서로 다른 것처럼 중생대 생태계 역시 지역에 따라 상당한 다양성을 보였을 것이다. 7000만 년 전 지금의 유럽 지역에 존재했던 하체그 섬 역시 다른 지역과 분리되어 독특한 생태계를 구성했다. 하체고프테릭스와 여러 고대 생물의 화석은 그 사실을 보여주는 좋은 사례다.

슈퍼 악어 vs 공룡

앞서 언급했듯이 지배 파충류의 다른 한 축은 악어와 그 친구들이다. 악어 역시 중생대에는 이미 상당한 진화를 거쳐 사실상 지금과 비슷한 모습을 갖췄다. 이들의 사냥 방법은 매우 단순하지만 효과적이다. 물속에 숨어있다가 다른 동물을 기습해 잡아먹는 것이다. 강력한 턱으로 먹이를 잡고 물 속으로 끌고 들어가면 웬만한 크기의 공룡도 별수 없이 오늘의 메뉴가 될 수밖에 없다. 그리고 실제로 지금보다 더 거대한 악어가 공룡을 잡아먹었다는 증거들이 있다. 여기서는 두 종의 백악기 거대 악어류를 살펴보자.

우선 소개할 녀석은 다큐멘터리 등을 통해서 잘 알려진 사르코수쿠스 임페라토르Sarcosuchus imperator다. 육식성 악어 황제라는 의미로 종종 역사상 가장 큰 악어로 소개되지만, 분류학상으로는 사실 악어류보다는 악어 친구에 속한다. 보다 전문적으로 말해 악어목에 속하는 생물이 아니라 악어형류Crocodyliformes의 일종인 폴리도사우루스과Pholidosauridea에 속한다. 그래도 생김새는 거의 구분이 안 되는 수준이다. 사르코수쿠스의 화석은 20세기 중반 사하라 사막에서 처음 발견되었고 이후 아프리카 및 브라질에서 그 화석이 발견되어 전체적인 전모가 드러났다. 크기 추정은 대략 11~12m 몸길이에 8t 정도의 체중을 지녀 악어 비슷하게 생긴 생물체 가운데 최대 크기를 자랑한다.[9] 살았던 시기는 백악기 전반기인 1억 1,200만 년 전이다.

사르코수쿠스의 주둥이와 턱은 길고 가느다란 편으로 크기는 하지만 강하게 물거나 비틀기는 어려웠을 것으로 추정된다. 따라서 현재 일부 악어들이 몸을 비틀어 사냥감의 살점을 뜯어내는 행동인 데스롤Death Roll을 하기는 어려웠을 것이라는 주장도 있다.[10] 물론 최대 1.6m에 달하는 거대한 두개골을 생각하면 설령 그렇다고 해도 중간 크기 공룡이나 큰 물고기를 잡아먹는 데 어려움이 있었을 것으로 생각하기는 어렵다. 사르코수쿠스는 물속의 티라노사우루스라고 부르기에 부족함이 없는 최상위 포식자였을 것이다.

백악기 후반기에 이르면 악어형류가 아닌 악어류에서 최대 크기를 자랑하는 거대 악어가 등장한다. 데이노수쿠스Deinosuchus 속의

▌ 유타 박물관에 전시된 데이노수쿠스의 골격.

악어가 그들로 8,200만 년 전부터 7,300만 년 전 사이에 번영을 누렸다. 무서운 악어라는 의미의 데이노수쿠스는 19세기에 미국 노스캐롤라이나에서 처음 발견된 후 주로 뼈 파편들만 발견되어 상세한 연구가 어려웠으나, 최근에 완전한 두개골 화석을 비롯해 다수의 화석이 발견되어 당시 지구 먹이사슬의 정점에 선 강력한 악어에 대한 비밀이 밝혀지고 있다.

데이노수쿠스 가운데 가장 큰 개체는 크기가 10.6m에 달하는 것으로 추정되어 악어류 가운데 가장 클 뿐 아니라 악어형류인 사르코수쿠스 다음으로 큰 크기를 자랑한다. 물론 그 형태는 현재 악어와 큰 차이가 없다.[1] 이는 오랜 세월 형태를 유지한 상어처럼 악어가 매우 성공적인 포식자라는 것을 의미한다. 형태가 장기간 바뀌지 않았다는 것은 발전이 없다는 의미가 아니라 치열한 생존 경쟁에 가장 적합한 모습이라는 의미로 해석해야 옳다.

과거와 차이가 없는 형태학적 유사성은 사냥 품목이 다를 뿐 데이노수쿠스의 사냥 방식이 현생 악어와 별로 차이가 없었음을 암시한다. 이들은 물속에서 물고기를 사냥하거나 혹은 물을 마시러 온 공룡을 기습해서 사냥했을 것이다. 현생 악어와 유사한 이빨과 턱은 이들이 무는 힘이 매우 강력했을 것임을 추정하게 한다.

여기서 잠시 무는 힘에 대해서 생각해보자. 현생 육상 동물 가운데 가장 강력한 턱 힘을 가진 포식자는 바다악어saltwater crocodile, Crocodylus porosus다. 이름 때문에 바다에서만 사는 악어로 오해할 수 있으나 사실은 인도에서 호주까지 넓은 지역에 걸쳐 강 하구, 해변가, 망글로브 숲 같이 짠물과 민물을 가리지 않고 사는 대형 악어다. 가장 큰 수컷의 몸길이는 6m가 넘고 몸무게도 1t이 넘을 수 있다. 이 악어의 턱은 다른 악어와 마찬가지로 무는 힘이 대단히 강해서 16,414N(3,690 lbf)에 달한다.[12] 이렇게 말하면 감이 오지 않을 수도 있지만, 사람이 무는 힘이 890N(뉴턴: 질량 1kg의 물체에 1m/s의 가속력이 생기게 하는 힘) 정도라고 설명하면 감이 올 것이다. 따라서 이런 큰 악어에 물리면 사람 힘으로는 빠져나오기가 거의 불가능하다. 물론 사람보다 큰 동물도 마찬가지다.

역사상 가장 큰 악어인 만큼 데이노수쿠스의 무는 힘은 더 강력했을 것이다. 하지만 죽은 동물의 교합력bite force(가장 강하게 물었을 때 힘)을 측정하기는 매우 어렵다. 물론 크기와 턱 구조를 감안하면 바다악어보다 훨씬 강했을 것임은 의심할 여지가 없지만, 추정치는 18,000~100,000N까지 매우 다양하다. 그런데 과학자들이 데이노수쿠스의 교합력에 관심을 보이는 이유는 단순히 무는 힘이 가장 강한 동물을 알기 위해서가 아니다. 데이노수쿠스가 얼마나 큰 짐승을 물속으로 끌고 들어갈 수 있느냐는 질문의 답이 여기 숨어 있기 때문이다. 다시 말해 데이노수쿠스가 대형 공룡을 잡아먹을 수 있느냐는 질문이다.

과학자들은 데이노수쿠스가 일부 초식 공룡 고기를 먹었다는 사실을 알고 있다. 뼈에 데이노수쿠스의 이빨 자국이 남아있기 때문이다. 물론 당시 티라노사우루스과에 속하는 거대 수각류 공룡도 살았고 가끔 이들도 먹었을 가능성도 있지만, 현생 악어와 마찬가지로 그런 위험한 먹이보다는 하드로사우루스과 초식 공룡 같은 더 안전하고 개체수가 많은 먹이를 자주 사냥했을 것이다.[13] 아무튼 이들이 제법 큰 공룡도 잡아먹을 수 있었던 점은 확실하다. 이는 다큐멘터리나 공룡 영화의 좋은 소재다. 대형 공룡을 물 속으로 끌고 들어가는 괴물 악어의 모습은 상상만 해도 흥미롭다.

그런데 생각해보면 중생대 최상위 포식자라고 해서 공룡만 잡아먹었을 것이라는 생각 자체가 우리의 편견일 수 있다. 신생대에 포유류만 사는 것이 아니듯이 중생대에도 공룡만 살았던 게 아니라 다양한 동식물이 같이 번성하면서 생태계를 이뤘다. 그리고 최근 연구에서는 데이노수쿠스가 공룡 고기보다 거북이 고기를 더 좋아했다는 증거가 발견됐다.[14] 당시 데이노수쿠스가 살았던 지역에는 바다거북이 흔했고 이들은 물에서 더 쉽게 사냥이 가능한 먹이였다. 물론 대형 공룡보다 안전하게 잡을 수 있는 먹이다. 공룡 영화나 다큐멘터리 제작자에게는 아쉬운 이야기일지 모르지만, 그들이 데이노수쿠스라고 해도 선택은 같았을 것이다.

chapter 13

. . .

바다의 포식자

상어 이야기

이 책의 초반은 바다를 무대로 삼고 있지만, 중간 이후부터는 주로 육상 척추동물에 대한 이야기를 다루고 있다. 하지만 사실 생각하면 지구는 물의 행성이고 생물의 대부분은 바다에 존재한다. 따라서 가장 크고 강력한 포식자는 주로 바다에서 살았다. 그들의 이야기 역시 필요하다. 우선 바다 포식자의 대표격인 상어부터 이야기해보자.

잘 알려지다시피 상어의 역사는 매우 오래됐다. 최초의 상어는 실루리아기까지 거슬러 올라갈 수 있다는 주장이 있을 정도다. 하지만 일반적으로 받아들여지는 상어의 가장 오랜 조상은 클라도셀라케 Cladoselache로 데본기인 3억 7천만 년 전에 살았다. 이 상어는 대략 1.8m 길이로 당시 생물상을 고려하면 그렇게 작지 않은 어류였다. 클라도셀라케 속의 상어는 10여 종이 발견되었으며 보존 상태가 양호한 화석들이 발굴되어 상어의 기본 형태가 이미 당시에 나타났음을 보여주고 있다. 그런 만큼 더 오래전에 조상이 등장했다는 해석도 가능하다.

아무튼, 이후 3억 7천만 년 동안 상어류는 해양 생태계에서 상위 포식자 명단에 항상 이름을 올리며 계속해서 번영을 누리고 있다. 다양한 크기의 상어가 지구의 바다를 누볐는데, 이 중 가장 크고 강력한 것은 의심의 여지 없이 메갈로돈megalodon이다. 큰 이빨이란 의미의 메갈로돈은 홍미롭게도 과 단위에서 분류학적인 논쟁이 벌어지는 종이다. 메갈로돈을 악상어과Lamnidae로 볼 경우 Carcharodon megalodon라는 학명이 붙지만, 멸종된 과인 오토두스과Otodontidae로 볼 경우 Carcharocles megalodon라는 학명이 붙는다.[1] 이런 이유로 메갈로돈은 독특하게 속명이 아닌 종명으로 불린다. 우리가 앞서 본 생물들은 대개 티라노사우루스처럼 속명으로 불렀지만, 메갈로돈만 종명으로 불리는 것은 그 때문이다.

메갈로돈이 살았던 시기는 신생대의 후반기인 2,300만 년 전에서 260만 년 전으로 마이오세 초기부터 플라이오세 후기까지다. 골격 전체가 석회화되지 않는 연골 어류의 특징상 메갈로돈 화석의 대부분은 이빨 화석인데, 이 이빨 화석은 전세계의 바다 어디에서나 발견되고 있다.[2] 그만큼 오랫동안 널리 번성했던 포식자라는 이야기다. 앞서 본 알로사우루스나 티라노사우루스도 매우 성공적인 대형 포식자이지만, 메갈로돈처럼 2000만 년에 달하는 시간 동안 지구 어디서나 발견될 만큼 번영을 누리지는 못했다. 따라서 메갈로돈은 지구 역사상 가장 성공한 최상위 포식자로 불려도 무방할 것이다.

하지만 다른 대형 멸종 동물처럼 메갈로돈의 크기 역시 오랜 논쟁의 대상이었다. 메갈로돈이 현생 상어보다 훨씬 크다는 점에는 이견이 없지만, 정확히 얼마나 큰지 판단하기 어려운 이유는 주로 발견되는 게 이빨 화석이기 때문이다. 가장 큰 이빨 화석의 경우 18cm에 달해 역대 가장 큰 상어인 건 확실한데, 이것만으로 메갈로돈 전체의 길이를 말하기 곤란하다. 아무튼 초기 추정은 30m를 넘어 지구 역사상 가장 거대한 생물에 근접하기도 했지만, 최근 추정은 18~20m 정도가 최대 크기였을 가능성을 시사한다.[3,4] 크기가 줄어든 데 대해서 일부 실망하는 독자가 있을지 모르지만, 과학자들은 반대다. 이 크기만으로도 어떻게 몸을 지탱했는지 설명하기 곤란하기 때문이다.

| 1909년에 복원한 메갈로돈의 골격. 하지만 사실 여기에 들어간 이빨 화석은 여러 장소에서 수집한 것으로 실제 크기보다 과장된 것이다.

이와 같은 곤란함은 길이보다 무게로 설명하는 것이 더 이해가 빠르다. 살아있는 근연종과 비교했을 때 15.9m인 메갈로돈은 48t이라는 엄청난 무게를 지니고 있다. 20.3m인 경우 무게는 103t으로 증가한다. 무게는 길이의 세제곱에 비례하기 때문이다. 이 정도 크기라면 무는 힘도 엄청나서 최대 108,514N(24,390 lbf)라는 기록적인 수

준에 도달했다는 추정도 있다.[5] 웬만한 크기의 고래라도 제대로 물리면 살아날 길이 없다. 그러나 몸이 크다는 건 꼭 좋은 일은 아니다. 몸이 클수록 더 많이 먹어야 한다.

오늘날 가장 큰 동물일 뿐 아니라 역사상 가장 큰 동물인 흰긴수염고래(대왕고래)의 경우 플랑크톤을 먹어서 이 문제를 해결한다. 아예 먹이 피라미드의 밑을 노리는 것이다. 가장 큰 어류인 고래상어 역시 같은 방법으로 몸을 유지한다. 하지만 고래상어와 흰긴수염고래의 중간 크기인 메갈로돈은 소화는 잘되지만 구하기는 어려운 고기로 몸을 유지해야 한다. 당연히 쉽지 않은 일이지만, 화석 기록은 2,000만 년 동안 이것이 가능했음을 시사한다.

만물의 영장이라고 자랑하지만, 우리 호모 사피엔스는 20만 년 밖에 되지 않은 신생종이다(최근 좀 더 오래됐다는 증거가 발견되었으나 아직 학계에서 널리 받아들여지기 전이므로 안전한 숫자를 적었다). 여기에 비해 메갈로돈은 인류의 100배, 티라노사우루스보다 10배 길게 생존했다. 오랜 세월 살았던 것은 물론이고 여기 저기서 화석이 발견되는 것을 보면 메갈로돈은 간신히 먹고 살았던 게 아니라 꽤 번성한 것이 틀림없다. 대체 그 비결이 무엇인지 궁금하다. 대체 어떻게 그 큰 덩치를 유지했을까?

몇몇 다큐멘터리에서는 메갈로돈의 거대함을 강조하기 위해서인지 고래를 사냥하거나 잡아먹는 장면이 등장한다. 물론 실제로 고래를 사냥한 증거도 있다. 하지만 사실 고래만으로는 먹고 살기 힘들었을 것이다. 고래 같은 상위 포식자는 개체수가 그렇게 많지 않기 때문이다. 화석 증거는 메갈로돈이 편식하지 않고 온갖 바다생물을 골고루 먹었다는 것을 시사한다. 메갈로돈의 이빨 자국은 바다사자를 비롯해서 다양한 해양 포유류와 어류에서 발견된다. 다만 가리지 않고 먹는다고 해도 메갈로돈의 덩치는 유지하기 쉬운 게 아니다. 이들의 생태는 아직도 풀지 못한 미스터리다.

아무튼 오랜 세월 번성을 누린 메갈로돈도 결국은 멸종을 피하진 못했다. 정확하지 않지만 기후 변화나 먹이 사슬의 붕괴, 범고래를 비롯한 다른 상위 포식자와의 경쟁 등이 그 이유로 제시된 바 있다.[6] 이유가 무엇이든 간에 메갈로돈이 오랜 세월 경이적인 크기를 유지한 성공적인 최상위 포식자라는 점은 변함이 없다.

바다의 티라노사우루스

백악기 말에는 육해공 모두에서 거대 포식자들이 존재했다. 바다에서도 거대 파충류가 진화했는데, 이들 가운데 물속으로 들어간 도마뱀들이 있었다. 이궁류 가운데 공룡과 새, 익룡을 포함한 지배 파충류와 별개 그룹으로 현재의 뱀과 도마뱀을 포함하는 인룡하강

Lepidosauromorpha이 있다. 지금 소개할 모사사우루스mosasurus도 인룡류의 일종으로 현생 뱀/도마뱀과 같은 그룹인 뱀목Squamata(유린목)에 속한 거대 포식자다.

모사사우루스는 티라노사우루스처럼 백악기 후반기에 크기가 커져 바다를 지배했다. 그 조상은 지상에서 살았던 작은 도마뱀 같은 파충류다. 흥미롭게도 중생대의 진짜 파충류들은 공룡과는 달리 사실 커봐야 몇 미터를 넘지 못하는 비교적 작은 생물이었다. 하지만 이들은 바다로 들어와서 거대해진다. 모사사우루스는 영화에서 크고 포악한 포식자로 등장했고 다큐멘터리로 몇 차례 다뤄져서 나름 대중에게 친숙하지만, 앞서 소개한 여러 고생물과 마찬가지로 하나의 종을 지칭하는 단어는 아니다.

이들은 모사사우루스 상과라는 큰 해양 파충류 그룹의 일원으로 여러 속의 크고 작은 생물을 포함한다. 그 가운데 대표인 모사사우루스 속에만 4종이 알려져 있으며 가장 큰 종인 모사사우루스 호프마니Mosasaurus hoffmannii의 길이는 최대 17m로 비슷한 시기를 살았던 티라노사우루스보다 약간 큰 수준이었다.[7] 이름은 뮤즈강의 도마뱀이라는 명칭에서 나왔는데, 18세기에 탄광에서 발견되었을 때는 어떤 생물인지 몰라서 여러 가지 이름이 붙은 역사를 지닌 고생물이기도 하다.

모사사우루스는 눈이 크고 후각 신경의 크기가 작아 냄새보다는 시력에 의존해 사냥했을 것으로 추정된다. 그래서 햇빛이 잘 드는 얕은 바다에서 사냥했다는 가설도 있다. 크고 강력한 이빨을 보면 작은 먹이를 잡기보다는 중간 크기 이상의 바다 생물체를 잡아먹는 상위 포식자로 성공했음을 알 수 있다. 길고 큰 근육질의 꼬리는 사냥감을 쉽게 추적할 수 있는 속도를 제공했을 것이다. 이들의 사냥 방식이 매우 성공적이었는지 모사사우루스과는 백악기 말에 다수의 대형 포식자들을 배출했다.

모사사우루스과에 속하는 틸로사우루스Tylosaurus속의 모사사우루스는 3종이 알려졌고 가장 큰 개체의 길이는 14m다. 이와 비슷하지만 조금 작은 크기의 모사사우루스로 하이노사우루스 Hainosaurus 속이 2종이 알려져있다. 최대 크기는 12m이다.[8] 하지만 그렇다고 모사사우루스가 다 덩치가 컸던 것은 아니다. 성공적인 해양 파충류인 만큼 작은 크기로도 다양하게 진화했다. 가장 작은 모사사우루스는 몸길이가 1m에 지나지 않는 달라사우루스 투르네리Dallasaurus

| 1899년에 복원된 틸로사우루스(T. proriger)의 골격.

turneri다.[9] 꼬리가 긴 도마뱀 같은 몸구조를 생각하면 크기는 현재의 대형 도마뱀보다 작은 수준이다. 일부 연구자들은 다리 구조를 감안하면 달라사우루스가 육지에서도 생활이 가능했다고 보고 있다. 이런 양서형 구조는 현생 포유류나 파충류에서도 볼 수 있기 때문에 우리에게도 낯설지 않다. 다큐멘터리와 영화의 영향으로 모사사우루스라고 하면 상어도 한입에 삼키는 괴물처럼 묘사되지만, 사실 이들은 이렇게 다양한 생태적 지위를 차지했다.

하지만 이렇게 번영을 누리던 모사사우루스도 백악기 말 대멸종을 피해가지는 못했다. 물론 이들의 멸종으로 인해 바다 생태계의 최상위 포식자 자리가 비면서 거대한 상어와 고래가 진화할 수 있는 틈새를 만들었을 것이다. 흥미로운 점은 모사사우루스 자체도 어룡의 쇠퇴후에 번성했다는 점이다. 실제로 연관이 있는지 우연의 일치인지는 모르겠지만 모사사우루스만큼이나 어룡의 등장과 쇠퇴 역시 흥미로운 주제다.

중생대 바다의 지배자 어룡

중생대의 바다에는 서로 다른 파충류지만, 비슷한 이름으로 인해서 서로 혼동되는 생물이 있다. 바로 어룡과 수장룡이다. 우선 어룡부터 이야기해보자. 어룡목Ichthyosauria과 어룡상목Ichthyopterygia

은 멸종된 이궁류의 큰 그룹으로 사실 뱀목의 일종인 모사사우루스보다 훨씬 큰 집단이다. 이들은 페름기-트라이아이스기로 넘어가는 시기인 2억 5천만 년 전에 등장해서 백악기 후기인 9천만 년 전까지 중생대의 바다를 지배한 생물 가운데 하나였다. 다만 이들의 진화계통학적 위치에 대해서는 논쟁이 적지 않았다. 20세기 초반에는 어룡류가 사실 양막류가 아니라 양서류에서 진화했을지도 모른다는 주장이 제기되기도 했을 정도다.[10] 하지만 현재는 어룡류가 알을 낳는 양막류에서 진화했다고 보는 것이 정설이며, 이궁류 진화 초기에 분리된 그룹이라는 의견이 주류다.[11,12] 이렇게 계통학적 논쟁이 지속되는 이유는 이들이 등장한 시점이 페름기 대멸종 사건에 가까워 화석이 잘 발견되지 않는 것과 연관이 있을 것이다. 다행히 최근에 초기 어룡의 진화를 설명할 화석들이 발견되어 이 빈틈이 메워지고 있다.

2014년 중국에서 발견된 카르토린쿠스Cartorhynchus는 페름기 말 대멸종 직후인 2억 4,800만 년 전에 살았던 원시적인 파충류로 현재의 물개처럼 육지에서도 다닐 수 있는 해양형 파충류다.[13] 몸길이는 40cm에 불과하며 무게도 2kg에 불과할 정도로 작은 파충류지만, 초기 어룡의 진화가 어떻게 진행되었는지를 알려주는 귀중한 단서를 제공하고 있다. 페름기 말 대멸종은 바다와 육지 모두에서 심각하게 진행되었지만, 특히 심각하게 파괴된 쪽은 바다다. 당시 바다 생태계는 거의 텅 빈 것이나 다름없는 상태였다. 따라서 당시 살아남은 원시적인 파충류가 바다를 넘봤다고 해서 이상할 것은 없다. 카르토린쿠스는 어룡류의 바다 진출이 상당히 초기에 시작되었음을 보여준다.

그런데 엄밀히 말하면 카르토린쿠스는 어룡이 아닌 어룡형류에 속한다. 즉, 진화상의 곁가지에 속하며 어룡류의 직접 조상은 아니라는 이야기다. 그렇게 말할 수 있는 이유는 비슷한 시기에 살았지만, 어룡의 직접 조상 그룹으로 보이는 카오후사우루스 Chaohusaurus의 화석이 발견되었기 때문이다. 따라서 어룡의 조상이 물속으로 들어온 건 적어도 페름기 대멸종 직후라고 할 수 있다.

카오후사우루스에서 알 수 있는 다른 중요한 사실은 가장 오래된 태생의 증거다.[14] 태생 viviparous은 알을 낳는 대신 뱃속에서 새끼를 키운 후 내보내는 방식으로 현생 파충류에서도 볼 수 있다. 과학자들은 카오후사우루스 새끼가 엄마 뱃속에서 세상 밖으로 나오는 순간 화석이 된 놀라운 화석을 발견했다. 보통 이런 장면이 화석으로 남지 않는 데다 트라이아스기 초기의 화석이기 때문에 과학자들의 놀라움은 더 컸을 것이다. 아마도 일부 어룡은 지상에서 알을 낳던 것으로 생각되지만, 완전히 물속 환경에 적응한 이후로는 현재의 고래처럼 지상으로 올라올 수 없었던 것으로 보인다. 단단한 껍질을 가진 알은 물속에서 제대로 숨쉬기 어렵기 때문에 상당수 어룡이 태생으로 진화했다. 아마도 모사사우루스도 비슷했을 것으로 추정한

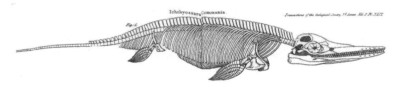

| 어룡의 골격 구조. 눈 주위에 있는 경화륜이 특징적이다.

다. 카오후사우루스의 모습은 어룡의 진화가 생각보다 더 오래되었을 수 있음을 시사한다.

아무튼 페름기 말 대멸종에서 다른 큰 경쟁상대가 사라진 바다에서 어룡류의 조상은 빠르게 적응방산해 넓은 생태학적 지위를 차지했다. 이미 2억4천만 년 전에서 2억1천만 년 전에는 몸길이가 6~10m에 달하는 대형 어룡이 등장하는데, 킴보스폰딜루스 Cymbospondylus가 바로 그들이다. 이들은 이미 19세기부터 존재가 알려진 트라이아스기 어룡으로 8종이 보고되어 있다. 킴보스폰딜루스의 몸 절반 이상은 뱀장어 같은 긴 꼬리가 차지하고 있지만, 가장 큰 개체는 수 톤의 무게를 지녀 범고래에 견줄 만한 대형 포식자였다. 이빨은 작은 편이라서 범고래에 덤빌 만한 무기는 없었지만, 대멸종 직후 생태계에 큰 물고기나 암모나이트가 없었기 때문에 중요한 문제는 아니었을 것이다. 킴보스폰딜루스는 트라이아스기 바다의 최상위 포식자로 한동안 군림했다.

어룡의 진화는 더 거침없이 이뤄져 공룡의 조상이 이제 막 등장한 트라이아스기 후기에는 이미 킴보스폰딜루스보다 더 큰 크기의 대형 바다 포식자가 등장했다. 쇼니사우루스Shonisaurus는 2억1,500만 년 전 바다였던 네바다주에서 많은 표본이 발견된 대형 어룡이다. 대표 종인 쇼니사우루스 파퓰라리스S. popularis의 경우 가장 큰 것은 몸길이가 15m에 달해 백악기 후기에 등장한 대형 모사사우루스나 거대 수각류 공룡과 비슷한 몸 크기를 가지고 있었다. 대신 몸통의 경우 비교적 날씬해서 크기에 비해서 무게는 상대적으로 적게 나갔던 것으로 보인다.[15] 하지만 쇼니사우루스가 가장 거대한 어룡은 아니다. 2004년 새로 발견된 어룡의 화석은 무려 21m에 달해 현생 고래와 비교될만한 거대한 크기를 지닌 것으로 추정한다. 이 어룡은 처음에는 쇼니사우루스에 속하는 것으로 보아 쇼니사우루스 시칸니엔시스S. sikanniensis로 명명되었으나 이후 연구에서는 다른 과에 속하는 샤스타사우루스Shastasaurus sikanniensis라는 주장이 제기되었다가 다시 반박되는 등 논쟁이 있는 종이다.[16] 생존 시기는 2억1,000만 년 전이다.

아무튼 이 시기에 이런 거대한 어룡이 등장했다는 것은 트라이아스기의 바다가 육지보다 빨리 풍요로움을 되찾았다는 것을 시사한다. 하지만 먹이 사슬의 위를 차지했던 고생대 포식자가 사라졌기 때문에 중생대의 바다는 고생대와는 판이하게 다른 생명체가 지배했다. 특히 이 시기에는 최초로 육지로 상륙했던 네발 짐승의 후예가 바다에서 최상위 포식자로 자리매김한 시기다. 이후 시대에서는 계속해서 네발 짐승의 바다 상륙이 시도되었으며 이들은 고래처럼 여러 번 최상위 포식자의 위치를 차지했다. 정작 이들의 친척인 실러캔스나 폐어는 매우 특수한 환경에서만 경우 명맥을 이어가는 것과는 매우 대조적이다. 여기까지는 그렇다쳐도 아가미를 갖춘 바다 생물이 폐를 가지고 물 밖에서 숨을 쉬어야 하는 제약을 가진 사지 동물의 후손들에게 최상위 바다 포식자의 지위를 내준다는 것은 의외의 결과가 아닐 수 없다. 개인적으로는 왜 그런지 꽤 궁금하게 여기는 부분 중 하나다.

그럼 트라이아스기 후기에 등장한 거대 어룡은 어떻게 먹고 살았을까? 우리가 그 시절로 돌아갈 순 없지만, 이를 추정할 수 있는 화석은 남아있다. 여기서 한 가지 의외의 사실은 샤스타사우루스 같은 대형 어룡에 이빨이 없거나 작다는 사실이다.[17] 물론 의외가 아닐 수도 있다. 오늘날 가장 거대한 동물인 수염고래 역시 이빨이 없기 때문이다. 어쩌면 이 거대 어룡들도 수염고래처럼 작은 먹이를 흡입하는 동물일 수 있다. 다만 여과에 필요한 수염 같은 구조물이 발견되지 않는 데다 주둥이 역시 그런 구조가 아니라 흡입 섭식자라는 주장이 있다. 이는 여과 섭식자와는 조금 다른데, 껍질이 있는 작은 연체 동물 등을 그대로 흡입하는 방식이다. 다만 이들의 골격을 보면 흡입에 최적화된 주둥이 구조도 아니라서 아직은 논쟁이 있는 부분이다. 이 시기 대형 어룡이 이빨 없이 어떻게 먹고 살았는지는 더 연구가 필요하다.

위에서 본 어룡들은 다양한 모습과 형태를 가지고 있지만, 우리에게 더 친숙한 돌고래 같은 외형의 어룡 역시 비슷한 시기 등장했다. 믹소사우루스Mixosaurus는 트라이아스기 중기에 등장한 어룡으로 큰 것도 2m를 넘지 못하고 작은 것은 1m 이내의 길이를 지녀 현재의 돌고래보다 더 작았다. 하지만 지느러미가 달린 뱀장어 내지는 날씬한 모사사우루스같은 초기 어룡에 비해 돌고래와 더 비슷하다. 이는 흔히 수렴진화의 사례로 소개된다. 바다에서 살다보니 파충류든 포유류든 외형이 물고기처럼 변했다는 것이다. 이들은 날렵한 유선형 몸체와 날카로운 이빨이 있는 턱을 지녀 현재의 돌고래처럼 작은 물고기를 잡아먹고 살았을 것으로 추정한다.

왕눈이 어룡

앞서 소개한 것 이외에도 트라이아스기에는 다양한 어룡이 바다를 누비면서 번성했다. 하지만 이들 가운데 상당수는 트라이아스기 말 대멸종을 넘기지 못하고 사라진다. 그래도 아직 바다는 어룡의 무대였다. 쥐라기에도 살아남은 어룡은 다시 다양하게 적응방산해 새로운 어룡의 시대를 열었다. 이 시기에 등장한 가장 독특한 어룡으로 템노돈토사우루스Temnodontosaurus를 들 수 있다. 2억 년 전에서 1억7,500만 년 전에 살았던 대형 어룡으로 트라이아스기 거대 어룡보다는 약간 작지만, 1.5m에 달하는 긴 두개골에 촘촘하게 박힌 큰 이빨은 이 어룡이 매우 적극적인 사냥꾼이었다는 점을 짐작하게 만든다. 템노돈토사우루스는 독립된 과를 이룰 만큼 번성했고 알려진 종은 모두 6종에 이른다. 이 중에 대표는 템노돈토사우루스 플라티오돈T. platyodon으로 가장 큰 개체는 최소한 9m 이상의 몸길이를 가지고 있다.[18]

하지만 템노돈토사우루스를 유명하게 만든 것은 몸집보다는 거대한 눈이다. 이 어룡은 적어도 20cm 이상 지름의 거대한 눈이 있었던 것으로 추정된다. 이 어룡보다 훨씬 큰 수염고래조차 이렇게 큰 안구를 가지고 있지는 않다. 더구나 템노돈토사우루스는 길쭉한 머리를 가지고 있어 사실 큰 눈이 들어갈 공간조차 넉넉하지 못한데도 거대한 눈을 진화시켰다. 이런 점을 감안하면 템노돈토사우루스는 시각에 크게 의존했을 것으로 짐작할 수 있다. 아마도 어룡은 오늘

| 템노돈토사우루스의 두개골. 길쭉한 주둥이보다 눈이 더 인상적이다.

날의 고래처럼 초음파를 이용해서 보이지 않는 물속에서 길을 찾지 못했던 것으로 보인다. 여기에 필요한 기관과 정교한 내이가 있었다는 증거가 없기 때문이다. 따라서 시력에 의존해서 사냥했던 것으로 보이며 이것이 눈의 진화를 극단적으로 몰아붙인 이유 중에 하나로 생각된다.

그런데 템노돈트사우루스의 두개골 골격을 보는 순간 안구 안쪽이 특이하다는 사실을 눈치챘을지도 모른다. 이상하게 생긴 동그란 뼈가 눈 안에 있기 때문이다. 이 구조물의 정체는 공막 고리뼈 혹은 경화륜sclerotic ring으로 거대한 크기의 안구를 지지하고 보호하는 역할을 한다. 일종의 눈 뼈라고 할 수 있는 구조물인데, 현생 포유류와 악어에는 없지만, 어룡, 익룡, 공룡, 파충류 등에서 종종 볼 수 있다. 사실 앞서 설명하지 않았지만, 모사사우루스 가운데도 일부 경화륜이 있는 종이 있다. 모사사우루스 역시 비슷한 상황에서 큰 눈과 경화륜을 진화시킨 것으로 추정된다.

역사상 가장 큰 경화륜을 가진 생물 역시 어룡으로 쥐라기 전체와 백악기 초까지 살았던 옵탈모사우루스Ophthalmosaurus(글자 그대로 눈 도마뱀이라는 뜻)의 경우 22~23cm에 달하는 거대한 안구와 경화륜을 지니고 있었다.[19] 몸길이는 6m 정도지만 눈은 템노돈토사우루스보다 더 큰 어룡이다. 일부 학자들은 경화륜 덕분에 높은 수압을 견디고 심해에서도 살 수 있었다고 보기도 한다. 어쩌면 큰 눈 역시 이런 빛이 없는 환경에 적응된 것일지도 모른다. 다만 검증은 곤란한 이론 가운데 하나다. 화석만 가지고 얼마나 깊이 잠수했는지 판단하기 어렵기 때문이다. 다만 꽤 오랜 세월 번성한 점을 보면 이런 거대한 눈이 뭔가 큰 이점을 제공했다는 점을 알 수 있다.

아무튼 트라이아스기부터 쥐라기 초기까지 어룡은 바다의 강자로 군림했다. 그런데 쥐라기 중기 이후에는 대형 어룡이 더 이상 등장하지 않을 뿐 아니라 어룡 자체의 화석이 줄어든다. 이와 같은 사양세는 백악기에 더욱 분명해져 마지막 기간에는 거의 플리티프테리기우스Platypterygius라는 하나의 속만 남게 된다. 그 가운데는 비교적 큰 크기의 상위 포식자도 있었지만, 결국 9,500만 년 전에는 모든 어룡이 사라져 멸종 동물이 되고 말았다.[20]

당연히 이 사건은 과학자들의 궁금증을 자아냈다. 생자필멸의 이치를 고려하면 결국 멸종하고 마는 것은 어쩔 수 없더라도 이렇게 큰 그룹의 생물체가 대멸종 사건과 독립적으로 멸종되는 것은 설명이 쉽지 않기 때문이다. 물론 몇 가지 그럴듯한 이론들이 있다. 중생대 중반 이후 어룡이 사양세를 탄 이유는 새롭게 진화하는 경골어류 때문이었을 가능성이 있다. 훨씬 빠르게 헤엄칠 수 있는 현대적인 어류가 등장하면서 몸집이 큰 어룡은 사냥이 어려웠을지 모른다. 다만 그렇다면 백악기 후기에 이제 막 물로 뛰어든 초기 모사사우루스가 서툰 수영 솜씨로 어떻게 그렇게 크게 성공했는지 설명하기 쉽지 않다. 하지만 멸종 원인과 관계없이 어룡은 매우 오랜 세월 지구의 바다를 지배했으며 사실 그 기간은 고래보다도 훨씬 길다. 어룡은 역사상 가장 성공한 포식자로 중 하나로 뽑기에 부족함이 없다.

네스호의 괴물

스코틀랜드의 작은 호수인 네스 호Loch Ness는 스코틀랜드는 물론 세계적으로 유명한 호수다. 길이 37km의 길쭉한 호수로 면적은 별로 크지 않지만, 6세기부터 괴물이 살고 있다는 전설이 전해져 내려오기 때문이다. 사실 그런 전설이야 사람이 산 지 오래된 강과 호수에 없는 곳이 없겠지만, 20세기 와서 이곳이 다시 유명해진 이유는 발견된 괴물이 공룡 시대에 살았다가 멸종한 수장룡Plesiosaurus과 생김새가 닮았다는 이유 때문이다. 덕분에 수많은 사람들이 여기서 공룡 시대 괴물을 찾기 위해 노력했고 2000년대 초에는 BBC 다큐멘터리가 만들어지기까지 했다. 물론 이런 작은 호수에 그런 큰 생물이 산다는 것은 상상하기 힘들다. 앞서 설명한 섬의 법칙에서 볼 수 있듯이 한정된 크기를 지닌 호수에 사는 생물 역시 크기가 작아져야 생존이 가능하다.

오늘날 네스호의 괴물에 대한 일반적인 해석은 누군가가 조악한 합성 사진을 이용해서 장난을 쳤다는 것이다. 그런데 장난이라고 해도 어느 정도 인지도가 있는 괴물이 아니라면 사람들이 알기 힘들다. 이 장난의 주인공이 누군지는 알 수 없지만, 그가 수장룡을 선택한 것은 훌륭한 판단이라고 생각한다. 만약 어룡을 넣었다면 돌고래나 물고기의 일종이라고 생각할 수 있다. 반면 수장룡은 마치 네발 공룡이 물속으로 들어간 듯한 독특한 생김새를 지닌 데다 제법 인지도가 있다. 그리고 이 생물을 보면 누구나 공룡 시대를 떠올릴 수 있다.

수장룡은 트라이아스기에 등장해 백악기 말에 사라진다. 이들이 살았던 시기는 묘하게도 비조류 공룡non-avian dinosaur이 살았던 시기와 거의 일치한다. 사실 기원도 공룡과 연관이 있다. 수장룡의 조상은 조룡하강Archosauromorpha의 일종인 기룡류Sauropterygia에서 진화된 것으로 보인다. 쉽게 설명하면 흔히 생각하는 것처럼 공룡의 일종은 아니고 근연 그룹이지만, 오래전 공룡과 갈라진 그룹이다. 보통 수장룡Plesiosauria이라고하면 네스호의 괴물처럼 목이 긴 몬스터를 생각하지만, 실제로는 목이 긴 것과 짧은 것 두 종류로 분류한다. 목이 긴 녀석은 플레시오사우루스 아목Plesiosaurodiea, 목이 짧은 녀석은 플리오사우루스 아목Pliosaurodiea이라고 부른다. 이들은 트라이아스기 마지막에 등장했다가 쥐라기와 백악기를 통해 번영을 누렸다. 다만 최근에는 이 둘 사이의 차이가 생각보다 크지 않다고 보고 있다.

수장룡의 조상은 현재의 물개나 수달처럼 아직 다리가 있어 지상

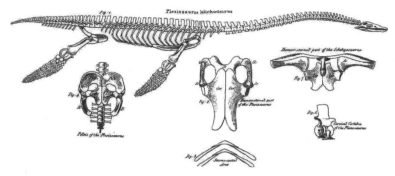

| 목이 긴 플레시오사우루스의 19세기 골격 복원도.

에서도 생활이 가능한 생명체였으나 쥐라기 이후 등장한 후손들은 상징이 된 네 개의 큰 지느러미 같은 다리가 있고 꼬리가 긴 특징을 가지고 있다. 다만 목의 길이는 짧은 것도 있어 이 경우 생김새가 마치 모사사우루스나 어룡과 닮아 보이기도 한다. 크기는 작은 것은 1.5m에 달하는 것도 있으나 15m가 넘는 대형종도 있다.

이 중에서 최근 언론에서 유명세를 탄 것이 프레데터 X Predator X 라고 명명된 플리오사우루스 푼케이 Pliosaurus funkei다. 이 플리오사우루스는 목이 짧은 거대 수장룡으로 북극권에 위치한 스발바르드 제도의 영구 동토에서 발견되었다. 발견 당시 두개골 길이만 최대 3m에 육박하는 거대 바다 괴물로 소개되어 이를 기반으로 한 다큐멘터리까지 제작될 정도로 유명해졌다. 특히 턱 힘은 티라노사우루스보다 몇 배나 강한 것으로 소개되었다.

하지만 PMO 214.136라고 명명된 표본에 대해서 더 연구한 결과 두개골 길이는 2~2.5m 정도이고 몸길이는 10~13m 정도로 처음 추정보다 작은 것으로 나타났다.[21] 물론 그래도 당시 바다에서 최상위 포식자로 군림하는 데는 무리가 없었을 것이다. 바다의 티라노사우루스라고 불러도 좋을 만큼 큰 이빨이 있고 뼈도 씹어 먹을 수 있는 강력한 턱을 지녔던 것 역시 사실이다.

프레데터 X 만큼 유명하진 않지만, 백악기 전반기에 최상위 포식자 자리를 차지한 수장룡으로 크로노사우루스Kronosaurus가 있다. 크로노사우루스 역시 플리오사우루스에 속해서 목이 짧다. 대신 머리와 이빨이 매우 커 플리오사우루스 푼케이와 견줄 만한 대형 포식자로 본다. 대표종인 크로노사우루스 퀸즈랜디쿠스K. queenslandicus는 10m 정도 몸길이에 통통한 몸집을 지녀 무게가 10t이 넘었던 것

| 크로노사우루스 퀸즈랜디쿠스의 복원도. 목이 짧은 것을 쉽게 알 수 있다.

으로 추정된다. 큰 머리에는 최소한 7cm가 넘는 날카로운 이빨이 수십 개 나있는데, 가장 큰 것은 무려 30cm에 달해 어지간히 큰 뼈라도 씹을 수 있을 만큼 강력한 턱을 지니고 있다.[22,23]

한편 목이 긴 수장룡 그룹은 암모나이트같이 좀 더 작은 먹이를 노렸던 것으로 추정된다. 목이 길어진 만큼 머리는 상대적으로 작아지기 때문이다. 대신 머리를 빠르게 움직여 작고 민첩한 먹이를 잡는 데 유리해진다. 흥미로운 사실은 긴 목이 아주 효과적이었는지 이 가운데서도 목의 길이를 극단적으로 늘린 경우가 있다는 것이다. 엘라스모사우루스과Elasmosauridea의 경우 목이 길어 슬프지는 않더라도 좀 곤란하지 않았을까 하는 의문을 들게 하는 몸을 지니고 있다. 이 과에 속하는 탈라소메돈Thalassomedon의 경우 11.7m 정도 되는 몸길이에서 절반이 넘는 5.9m가 목이다. 47cm 길이의 두개골에는 5cm에 달하는 비교적 큰 이빨이 있어 적극적인 사냥꾼이었다는 점은 알 수 있으나 이렇게 긴 목이 왜 필요했는지는 의문이다.[24] 몸길이의 절반이 몸통 + 꼬리를 구성하고 있어 몸길이가 길어도 몸통 크기는 별로 크지 않아 꽤 언밸런스한 외형을 지니고 있다.

아무튼 이렇게 다양한 수장룡이 있었다는 이야기는 그만큼 다양하게 진화해서 당시 바다에서 번영을 누렸다는 이야기다. 하지만 이들의 생물학적 비밀 역시 공룡만큼이나 미스터리하다. 과거 과학자들은 이들을 단순한 해양 파충류로 생각했지만, 현재는 온혈 동물일 가능성도 있다고 생각한다. 동시에 태생으로 새끼를 낳는 등 우리가 일반적으로 생각하는 파충류와는 많이 다른 생물체였다. 하지만 이들 역시 한 시대의 종언을 알린 백악기 말 대멸종을 피하지는 못했다.

두족류 이야기

보통 고생물학을 이야기할 때 가장 흥미로운 주제는 의심의 여지 없이 공룡이다. 그리고 앞서 이야기했던 익룡, 어룡, 수장룡, 악어류, 거대 절지동물 등이 흥미로운 주제가 된다. 하지만 고대 오징어나 문어를 궁금해하는 독자는 별로 없을 것이다. 보통 공룡 영화에서 해양 생물체는 가끔 등장해 구색을 맞추는 존재다.

하지만 지금과 마찬가지로 중생대의 바다에는 두족류를 포함한 다양한 생물이 진화해서 큰 번영을 누렸다. 이 시기를 대표하는 두족류는 역시 암모나이트다. 물론 암모나이트는 보통 포식자보다는 피식자의 역할로 자주 등장한다. 당시 살았던 어룡, 모사사우루스, 수장룡 모두 이를 즐겨 먹었기 때문이다. 다시 말해 당시 먹이사슬의 허리를 담당하는 중요한 생물이었던 셈이다.

암모나이트는 현재의 앵무조개와 마찬가지로 나선형의 격벽을 지닌 껍데기를 지니고 있다. 이는 길쭉한 껍데기를 지닌 고생대의 연체동물과 달리 공간을 크게 절약하는 장점이 있다. 물론 그렇다고 해서 항상 방어가 가능했던 것은 아니다. 암모나이트 화석 가운데는 모사사우루스같은 다른 포식자의 이빨 자국이 있는 것도 드물지 않기 때문이다. 하지만 이 껍데기는 크고 강력한 포식자 앞에서는 어쩔 수 없다고 해도 비슷한 크기의 포식자에게는 든든한 방어를 제공했을 것이다. 물론 이 단단한 껍질이 크고 강력한 턱을 지닌 해양 파충류의 진화를 촉진한 이유일 수 있다.

한 가지 재미있는 사실은 쥐라기 전기까지 23cm를 보통 넘지 못했던 암모나이트가 쥐라기 후기부터는 점차 커지기 시작했다는 것이다. 이유는 잘 모르지만, 다양한 크기로 진화했다는 것은 그만큼 환경에 잘 적응해 번성했다는 근거다. 물론 암모나이트의 화석은 중생대 지층의 표지로 삼을 만큼 풍부해 이들이 번성했다는 사실에 의문을 제기할 사람은 없을 것이다. 그래도 2m가 넘는 지름을 가진 거대 암모나이트의 존재는 모두를 놀라게 만들 수 있다.

이 거대 암모나이트의 이름은 파라푸조시아Parapuzosia seppenradensis다. 온갖 신기한 화석들에 익숙한 과학자들도 1.8m에 달하는 거대한 껍질을 발견했을 때는 놀라지 않을 수 없었다. 하지만 사실 이 껍질 화석은 불완전한 것으로 완전한 골격을 복원하면 2.55m에 달하는 엄청난 크기다.[25] 껍질의 무게만 700kg 이상이고 전체 무게는

1.5t에 육박했을 것이다.[26] 이런 거대 암모나이트라면 최상위 포식자는 아니어도 최소한 상위 포식자 위치를 차지할 수 있었을 것이다. 구체적으로 어떻게 사냥했는지는 모르지만, 어쩌면 작은 어룡이나 수장룡은 입장이 180도 달라져 먹는 쪽이 아니라 먹히는 쪽이 되었을지도 모른다. 물론 대다수 암모나이트는 작은 크기였지만, 파라푸조시아의 존재는 당시 암모나이트가 매우 다양하게 진화했음을 보여주는 좋은 증거다.

중생대에 나타난 두족류의 큰 변화는 사실 앞서 간단하게 소개하고 넘어간 초형류에서 일어났다. 지금 우리가 먹는 오징어회를 생각하면 상상이 잘 안되는 이야기이긴 하지만, 본래 초형류도 단단한 골격을 가지고 있었다. 그런데 대략 1억6천만 년 전 단단한 껍데기와 내부 골격이 없는 초형류가 등장해 현재와 같은 오징어와 문어, 갑오징어로 진화했다. 단단한 골격은 든든한 방어를 제공하고 몸의 균형을 잡을 때 유용하지만, 무거워지는 만큼 속도가 느릴 수밖에 없다. 당시 바다에서는 경골어류가 빠르게 진화하면서 점차 속도가 빨라지고 민첩해지고 있었다. 따라서 연체동물도 여기에 맞춰 진화한 것으로 보인다.

브리스틀 대학의 과학자들은 분자시계를 이용한 연구를 통해서 현재처럼 외부는 물론 내부에도 단단한 껍데기를 가지지 않은 초형류가 등장한 것이 대략 1억~1억6천만 년 전이라는 점을 밝혔다.[27]

덕분에 문어의 경우 매우 유연하게 몸을 바꿀 수 있는 능력이 생기면서 새로운 영역을 개척해 나갈 수 있었다. 이들은 백악기 말 대멸종을 이기고 살아남았으며 지금까지 널리 번성하고 있다. 그러나 부드러운 몸 때문에 화석으로 잘 남지 않아서 화석종의 최대 크기가 얼마인지 추정하기는 매우 어렵다. 다만 현존하는 가장 큰 무척추동물이 오징어라는 점에서 대형 초형류가 과거에도 존재했을 가능성이 크다.

현존하는 가장 큰 두족류이자 가장 거대한 무척추동물은 대왕 오징어Colossal Squid, Mesonychoteuthis hamiltoni다. 남극 주변의 차가운 바다를 좋아하는 이 오징어는 가장 큰 개체의 길이가 12~14m에 달하고 무게는 750kg에 달하는 것으로 추정된다.[28] 그러나 대왕 오징어는 정확한 크기를 측정하기 힘든 것으로 유명한 생물체다. 일단 단단한 골격이 없다는 점이 가장 큰 문제다. 몸의 상당 부분이 수분이라 죽고 나서 수분이 빠져나가면 크기가 쪼그라들기 때문이다. 말린 오징어야 잘 펴서 말리니까 적어도 길이는 줄어들지 않지만, 자연사한 오징어는 그럴 일이 없으므로 죽는 순간 쪼그라들면서 크기가 감소한다. 특히 촉수의 크기가 줄어들어 전체 길이가 작게 측정된다. 더욱이 이 오징어는 깊은 심해에서 사는 녀석이라 직접 가서 크기를 재는 일도 매우 어렵다. 대부분 크기 추정은 고래 배 속에서 나온 표본이나 어선에서 우연히 잡힌 개체를 분석하는 것인데, 전자는 완전한 표본이 아니고 후자는 죽어서 크기와 무게가 줄어들었다는 문제가 있다.

이 사실을 극적으로 잘 보여준 개체가 바로 뉴질랜드에서 2007년 발견된 대왕 오징어다. 무게가 495kg에 달하는 암컷으로 길이는 4.5m 정도였는데, 길이가 감소한 것은 죽은 뒤 촉수가 많이 작아졌기 때문이다.[29] 이 대왕 오징어는 완전하게 잡힌 표본 가운데 가장 큰 것으로 냉동되었다가 2008년에 다시 해동되어 해부가 이뤄졌다. 이 과정은 다큐멘터리로 매우 자세하게 방영되어 이미 내용을 알고 있는 독자들도 있을 것이다. 흥미로운 사실은 이 암컷의 이빨이 고래 배 속에서 발견된 가장 큰 대왕 오징어보다 작다는 것이다. 이를 감안하면 이보다 더 큰 대왕 오징어가 심해에 살고 있다는 이야기가 된다.

또 다른 흥미로운 사실은 대왕 오징어의 거대한 눈이다. 2012년에 발표된 연구에 의하면 눈의 크기는 지름만 27cm에 달해 현존하는 모든 생물체 가운데 가장 큰 눈 크기를 가지고 있다.[30] 이를 연구한 과학자들은 대왕 오징어의 안구 지름이 비슷한 크기의 생물체보다 적어도 3배 이상 크다는 사실을 발견했다. 사실 두족류는 척추동물보다 더 합리적인 눈 구조를 지닌, 시력이 매우 우수한 무척추동물이다. 눈 자체가 좋은데도 이렇게 커졌다는 사실은 특별한 이유가 있었음을 시사한다. 가장 타당한 설명은 빛이 거의 없는 심해 환경에서 먹이를 찾거나 반대로 향유고래 같은 천적을 피하기 위해서라는 것이다. 참고로 이 거대한 눈은 죽으면서 크기가 감소하기 때문에 살아있을 때는 이보다 더 컸을 가능성도 있다. 만약 그렇다면 대왕 오징어는 앞서 소개한 어룡보다 더 큰 눈을 지닌 셈이다.

대왕 오징어의 존재는 오징어나 문어를 닮은 신화속의 괴물 크라켄Kraken을 떠올리게 한다. 그러면 과거에는 크리켄에 견줄만한 거대 두족류가 없었을까? 이 질문에 대한 대답은 쉽지 않다. 앞서 설명했듯이 화석으로 남기 어려운 부드러운 몸을 지닌 데다 죽으면서 크기가 줄어드는 특징이 있기 때문이다. 하지만 언젠가 신화 속 크라켄을 떠올리게 만드는 거대 두족류의 증거가 발견되는 날이 올지도 모른다.

고래 이야기

수많은 포유류가 신생대에 바다로 진출했다. 하지만 그 가운데 어느 것도 고래처럼 큰 성공을 거두지는 못했다. 본래 고래의 조상은 늑대를 닮은 작은 네발 짐승이었으나 여러 단계를 거쳐 현재의 고래로 진화하게 된다. 과학자들은 여러 중간 단계 화석을 발견해 이 과정을 재구성할 수 있었다. 예를 들어 파키스탄의 고래라는 의미의 파키케투스Pakicetus의 경우 1~2m 정도 몸길이의 늑대 같은 생물체로 고래라는 명칭과는 달리 사실 육지 생활을 하던 포유류였다.[31]

20세기 중반까지 고래 조상의 화석은 분명히 육지 생물인 파키케투스와 현생 고래에 가까운 바실로사우루스가 유일했다. 하지만 20세기 후반 이후 다수의 화석이 새로 발견되면서 이제 우리는 어떻게 네발 짐승이 물속으로 들어와 고래가 되었는지 알게 됐다.

이 과정에 흥미가 있는 독자라면 한스 테비슨이 쓴『걷는 고래』라는 책을 추천한다. 저자는 파키스탄과 인도에서 고래의 진화의 미스터리를 밝혀줄 여러 화석들을 발견했는데, 이 가운데 걷는 고래라는 뜻의 암불로케투스Ambulocetus가 있다. 암불로케투스는 현재의 수달처럼 물 밖에서도 생활이 가능하지만, 주로는 물속에서 살았던 동물이다. 최근의 연구는 암불로케투스가 거의 물속에서 살았다는 가설을 지지하고 있다.[32]

그런데 왜 암불로케투스 같은 고래의 조상들은 살 지느러미 물고기와 반대로 다시 물속으로 들어갔던 것일까? 그 이유는 앞서 말한 대로다. 바다는 육지보다 훨씬 넓은 공간을 제공할 뿐 아니라 환경 변화도 적다. 극심한 온도 변화도 없고 물을 구하지 못해 죽을 염려도 없다. 중력을 완충해주는 물 덕분에 고래같은 거대한 생물체도 문제없이 움직일 수 있다. 먹이가 더 풍부한 것 역시 당연하다. 따라서 바다에서 육지로 올라온 경우는 최초 육지 상륙을 제외하고는 두드러진 경우를 찾기 어려운 반면 육지에서 다시 바다로 들어간 생물체의 예는 셀 수 없을 만큼 많은 것이다.

고래 역시 중생대의 어룡, 수장룡, 모사사우루스가 그러하듯 바다로 들어가면서 그 크기가 거대해져 최상위 포식자의 위치로 빠르게 진화했다. 바실로사우루스Basilosaurus는 4천만 년 전에서 3,400만 년 전에 하나의 과를 이룰 만큼 번성한 초기 고래다. 왕도마뱀(발견 당시에는 포유류라는 사실을 몰랐다)이라는 명칭처럼 최대 18m의 거대한 크기를 가지고 있었으며 거대한 이빨로 바다 생태계의 정점에 군림했다. 18m라고 하면 현재의 거대한 수염 고래와 비교해서 그다지 커 보이지 않을 수도 있겠지만, 바실로사우루스는 6,600만 년 전 대멸종 사건 이후 등장한 가장 거대한 포식자였다. 뇌의 크기는 비슷한 크기의 현생 고래보다 작지만 턱 힘은 매우 강력해서 대표종인 바실로사우루스 이시스B. isis가 무는 힘은 평방인치 당 3,800~4,500

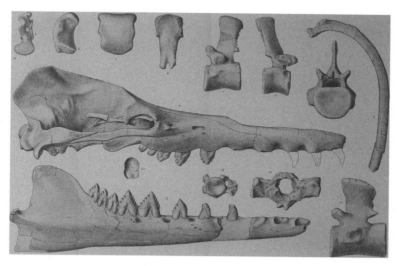

| 바실로사우루스의 골격 스케치. 긴 주둥이에는 톱니 모양의 큰 이빨이 존재한다.

파운드에 달했을 것으로 추정된다.[33] 이는 역대 포유류 가운데 가장 강력한 것으로 뼈를 씹어 먹는데도 무리가 없었을 것이다.

바실로사우루스에서 한 가지 더 흥미로운 사실은 볼품없고 작은 뒷다리다. 바실로사우루스의 몸통은 오늘날의 고래보다 길쭉한 모습인데, 여기에 35cm에 불과한 작은 다리가 달려 기괴함을 더한다. 이 다리의 용도에 대해서는 티라노사우루스의 앞다리처럼 짝짓기에 암컷을 붙잡는 용도라는 이야기도 있었지만, 사실 그 가능성은 사람 팔 만한 앞다리로 티라노사우루스 암컷을 붙잡는 것보다 낮을 것이다. 차라리 사람의 꼬리뼈처럼 아직 다 사라지지 않은 흔적 기관이고 점차 사라지는 중이었다는 해석이 타당하다.

다른 고생물과 마찬가지로 바실로사우루스 역시 멸종했지만, 그 이후에도 먹이 사슬의 정점에 선 고래는 계속해서 등장한다. 그 가운데는 멜빌의 소설 『모비딕』을 연상하게 만드는 대형 고래도 있었다. 페루에서 발견된 고대 이빨 고래인 리비아탄 멜빌레이 Livyatan melvillei가 그 주인공으로 이름부터 성서 속 괴물인 레비아탄 Leviathan과 멜빌의 이름을 빌려왔다. 500만 년~990만 년 전 살았던 고래로 당시에 같이 살았던 메갈로돈과 최상위 포식자 자리를 두고 다툴 수 있을 만한 거대한 크기를 자랑한다. 그 크기는 13.5~17.5m로 현대의 향유고래와 비슷한 크기의 이빨 고래였다.[34] 하지만 이빨과 턱은 더 거대했다.

리비아탄은 두개골의 길이만 3m에 달하고 이빨의 길이도 최대 36cm나 된다. 일각고래나 코끼리의 상아처럼 특수한 용도로 이빨이 길어진 사례는 있지만, 사냥을 위해 진화된 일반적인 이빨 가운데서는 이렇게 굵고 큰 이빨은 드물다. 이런 점을 감안하면 리비아탄은 매우 적극적인 사냥꾼이었음에 틀림없다. 그리고 이들이 살았던 시기에 메갈로돈이 같이 살았다는 것은 어쩌면 우연의 일치가 아닐 수도 있다. 당시 바다 환경이 이렇게 대형 포식자를 지탱할 수 있을 만큼 풍요로웠다는 반증이 아닐까?

하지만 지구 역사상 가장 큰 포식자는 이빨을 가지고 있지 않다. 대신 수염이라고 불리는 필터를 진화시켰다. 고래목Cetacea은 수염 고래 아목과 이빨 고래 아목으로 분류하는데, 수염 고래는 이빨 고래와 달리 먹이 피라미드의 아랫부분을 먹이로 삼아 거대한 몸집을 키웠다. 그 가운데 가장 큰 것은 우리 시대에 살고 있는 흰긴수염고래 혹은 대왕고래Balaenoptera musculus, blue whale다. 지금까지 공식적으로 확인된 가장 큰 개체는 1947년에 남반구에서 보고된 암컷으로 무게가 191t에 달해 보통 이 개체가 역사상 가장 큰 동물로 손꼽힌다.[35] 이보다 무게는 덜 나가지만 좀 더 긴 개체는 길이가 33m로 보고됐다. 하지만 인간이 남획하면서 개체수가 본래의 10%도 안되게 감소한 점을 생각하면 사실 이보다 더 큰 개체가 과거 존재했을 가능성이 크다. 몸무게 200t 이상 개체가 있었을 가능성이 있다고 보는 것도 무리가 아닌 셈이다.

이렇게 거대한 동물이 가능한 이유는 역설적으로 크릴새우처럼 아주 작은 먹이를 먹기 때문이다. 수염 고래는 이빨 대신 수염판baleen plate이라는 석화화된 케라틴 섬유를 가지고 있으며 마치 먼지를 걸러내는 공기필터처럼 작은 먹이를 종류를 가리지 않고 걸러낸다. 따라서 종종 크릴새우나 작은 갑각류 외 작은 물고기나 심지어 새까지 먹는 경우가 있다. 이 수염판은 좀처럼 화석으로 남지 않아서 그 진화과정을 확인하기가 매우 어렵지만, 과학자들은 3000만 년 전 이빨 고래에서 수염 고래로 진화하는 과정에 있는 고래의 화석을 하나씩 찾아내고 있다.

이 가운데 가장 오래된 것은 3640만년전 살았던 과도기적인 고래인 미스타코돈Mystacodon이다. 2017년에 보고된 이 고래는 사실 수염 대신 작은 이빨을 가지고 있다. 4m가 채 넘지 않는 작은 고래인 미스타코돈은 작은 이빨로 먹이를 잡는 대신 그대로 흡입하는 방식을 사용했던 것으로 보인다.[36] 흔히 우리가 음식을 빨리 먹는 경우 폭풍 흡입을 한다고 하지만, 자연계에서도 사실 이런 경우를 볼 수 있다. 흡입 섭식suction feeding은 여과 섭식과 비슷하지만 필터가 없는 것으로 작은 먹이를 그대로 흡입하는 방식이다. 앞서 소개했듯이 이런 방식을 사용했다고 추정되는 고생물은 사실 여럿 있었다. 물론 필터보다 덜 효과적이지만, 그래도 흡입할 먹이만 충분하다면 몸을 유지하는 데 무리가 없는 방법이기도 하다.

본격적인 수염 고래의 진화는 아마도 3천만 년 전이라고 보고 있지만, 흥미롭게도 이들은 대부분 크기가 10m가 되지 않는 비교적 작은 크기로 머물러 있었다. 이유는 아직 잘 모르지만, 아마도 큰 몸집의 이점이 크지 않았던 것 같다. 몸이 크다는 건 반드시 좋은 일은 아니다. 몸집이 커지면 그만큼 포식자로부터 안전해질 수 있고 반대로 더 큰 먹이를 잡을 수 있지만, 대신 많이 먹어야 몸을 유지할 수 있다. 몸집을 키운다는 것은 엄청난 투자를 의미하므로 수염 고래가 지금처럼 거대해진 것은 뭔가 그만큼 이득이 있다는 것을 의미한다.

세계에서 가장 많은 고래 화석 표본을 보유한 스미스소니언 박물관의 연구자인 니콜라스 피엔슨Nicholas Pyenson은 이 고래 화석들과 현생 고래 골격을 연구해서 수염 고래가 거대한 크기로 커진 건 사실 200~300만 년 전으로 비교적 최근의 일이라는 사실을 발견했다. 연구팀은 멸종 고래 63종과 현생고래 13종의 크기를 비교해서 이와 같은 결론을 내렸다.[37] 그런데 크기가 커진 이유는 무엇이었을까? 연구팀은 기후 변화로 인한 먹이 공급의 변화가 큰 이유라고 주장했다. 당시부터 먹이가 바다에 골고루 분포하는 것이 아니라 몇몇 지역에 계절적으로 집중되는 현상이 커지면서 몸집이 클수록 사냥에 유리해졌다. 몸집이 클수록 한번에 많이 먹어 오래 버틸 수 있고 먼 거리를 이동하기도 편하기 때문이다. 그 결과 수염 고래는 역대 가장 거대한 바다 생물로 진화한 것으로 보인다.

많은 연구가 이뤄졌음에도 불구하고 우리는 지구 역사상 가장 거대한 동물에 대해서 아직도 모르는 부분이 많다. 이들의 비밀을 알아내기 위해선 우리 시대 뿐 아니라 앞으로도 지구 역사상 가장 흥미로운 생물인 수염 고래에 대한 보호가 계속 이뤄져야 할 것이다.

chapter 14

. . .

새 그리고 파충류 이야기

시조새 이야기

몇 년 전 생물 교과서에 실린 시조새 논쟁으로 세간이 시끄러웠던 적이 있다. 시조새는 새의 기원을 설명하는 화석으로 교과서에서 소개되었는데, 민간단체의 요청에 의해 해당 내용이 교과서에서 삭제되면서 논쟁이 붙었다. 시조새 자체보다는 그 의도가 진화론을 부정하려는 것이었기 때문이다. 이로 인해 〈네이처〉에서 기사로 소개되는 등 국제적으로 이슈가 되었다.[1] 당시 〈네이처〉에는 '한국이 창조론자의 요구에 굴복했다South Korea surrenders to creationist demands'라는 제목의 글이 실렸고 이런 사태를 우려한 과학기술한림원 The Korean Academy of Science and Technology, KAST에서는 "진화론은 모든 학생에게 반드시 가르쳐야 할 현대 과학의 핵심 이론"이라고 공식 성명을 냈다.

참고로 한국 과학기술한림원은 '기초과학 연구 진흥법 제 11조 및 기술개발 지원에 관한 법률' 제9조에 의해 설립된 단체로 '과학기술 분야에서 20 년 이상 연구한 자로 해당 분야에 현저한 업적'이 있어야 정회원으로 선정될 수 있으며 그 수는 500 명 이내로 엄격히 제한한다. 보통 한림원이라고 하면 그 나라에서 가장 권위있는 학술 단체다. 그런 곳에서까지 공식 성명서를 내고 관련 학회나 국내 과학자 단체 역시 반대하는 입장을 보인 것은 시조새 자체보다는 진화생물학이라는 생물학의 핵심 이론을 빼놓고서 과학 교육을 하는 사태를 막기 위한 것이다. 그런데 이 과정에서 필자가 느낀 흥미로운 점은 과학자들도 이제 시조새를 진화론의 상징으로 생각하지 않는다는 점이다.

시조새가 과거 진화론의 상징이 된 것은 발견 당시 상황과 관련이 있다. 1861년, 독일의 솔른호펜Solnhofen에서 첫 번째 시조새 화석이 발견될 당시에는 도마뱀의 골격에 깃털을 지녀 파충류에서 조류에서 진화하는 과정을 설명해주는 완벽한 중간 화석으로 보았다. 이보다 조금 앞서 출판된 『종의 기원』과 이를 둘러싼 논쟁 때문에 시

❙ 19세기 시조새의 화석 사진. 당시 사진으로도 깃털을 쉽게 확인할 수 있다.

조새 화석은 금방 스타 반열에 오른다. 학명은 고대의 깃털을 의미하는 Archaeopteryx지만 우리나라에서는 이를 시조새로 번역했고, 오랜 세월 깃털이 포함된 유일한 중생대 화석이었기 때문에 과학자들도 이 화석이 파충류와 조류의 중간 단계 화석이라고 의심하지 않았다.

시조새는 쥐라기 거의 마지막 시기인 1억 5천만 년 전에 지금의 유럽 지역에 살던 까마귀 크기의 생물체였다.[2] 몸길이는 0.5m 정도로 까마귀보단 길지만, 수각류 공룡과 비슷한 생김새로 인해 꼬리 길이가 몸의 절반이라는 점을 생각해야 한다. 이 꼬리와 몸통에는 붙는 방식은 좀 다르지만, 아무튼 그 미세구조가 현생 조류와 크게 다르지 않은 깃털이 달려있다. 하지만 시조새가 새처럼 하늘을 날았을 것으로 보는 과학자는 거의 없다. 새가 하늘을 나는 것은 깃털만이 아니라 날개짓을 할 수 있는 강한 근육이 있기 때문인데, 시조새는 그게 없기 때문이다. 따라서 깃털은 보온 등 다른 목적을 위해 진화시켰거나 혹은 글라이더처럼 활강하는 생물이었을 것으로 추정된다.[3]

오랜 세월 시조새 이외에 그럴듯한 다른 화석이 없었기 때문에 새의 진화를 설명하는 부분에서는 항상 시조새가 나왔다. 그런데 20세기 후반에 이르러 중생대 조류는 말할 것도 없고 공룡까지 깃털을 지녔다는 사실이 발견되면서 새의 기원에 대한 연구가 급진전되었다. 특히 중국에서 대량의 표본이 발견되면서 연구에 큰 진전이 있었다. 예를 들어 2003년부터 중국에서 다수 발견된 미크로랍트로 microraptor의 경우 대부분 1kg 이하 무게에 1m 이하의 작은 수각류 공룡인데, 앞다리와 뒷다리 모두 깃털이 있어 일종의 복엽기처럼 활강 비행이 가능했던 것으로 보인다.[4] 그러나 사실 이들은 새의 조상과 근연 관계일 뿐 직접적인 조상은 아니다. 시조새도 마찬가지다. 당시 깃털을 지닌 여러 종류의 소형 수각류 공룡들이 나무에서 생활하면서 제한적인 비행 능력을 지녔던 것으로 보이는데, 이들을 비행 공룡flying dinosaur이라고 부른다. 이들 가운데는 다시 비행능력을 잃어버리고 지상을 활보하는 공룡이 된 것도 있고 더러는 후손 없이 멸종했지만, 일부는 새로 진화했을 가능성이 있다. 아무튼 이 발견으로 인해 시조새는 새와 도마뱀의 연결고리에서 현생 조류의 직접 조상은 아니지만, 깃털을 지닌 흔한 중생대 생물체가 되었다.

사실 많은 깃털 공룡 화석이 발견되면서 시조새는 현재 과학계에서 그다지 논쟁의 주제가 되지 않고 있다. 20세기 후반 이후 조류의 기원에서 큰 논쟁이 된 화석은 시조새가 아니라 공룡과 조류의 중간에 있는 다양한 화석들이다. 대표적으로 프로토아비스Protoavis(최초의 새라는 의미로 사실 시조새로 번역해도 무리가 없다)가 있다. 1984년 텍사스에서 발견된 이 생물체는 35cm에 불과한 작은 크기를 가진 새와 비슷한 생물체로 추정 연대가 2억 1,000만 년 전이라서 큰 논쟁을 불러왔다.[5] 원조 시조새(?)야 이제 새의 직계 조상이 아닌 게 분명하므로 문제가 없지만, 만약 프로토아비스가 새의 조상이라면 우리는 새의 진화 과정을 다시 해석할 수밖에 없기 때문이다. 프로토아비스가 진짜 새의 조상이라면, 공룡에서 새의 진화는 생각보다 상당히 오래전에 이뤄졌는지도 모른다. 논쟁이 되는 이유는 프로토아비스의 화석이 매우 조각난 채 부분만 발견되어 해석이 어렵기 때문이다. 새와 비행의 진화는 지금도 새로운 화석이 발견되면서 많은 가설이 폐기되거나 혹은 새로운 가설들이 등장하고 있다. 현재 가장 주류인 가설은 수각류 공룡에서 현생 조류가 진화했다는 것이다.

그러면 과학 교과서는 어떻게 써야 할까? 시조새는 새-공룡의 연관성을 보여주는 깃털 공룡의 사례 중 하나이기 때문에 굳이 시조새를 실을 필요는 없지만, 깃털이 있는 수각류 공룡에서 현생 조류가 진화했을 가능성이 크다는 가설을 설명할 필요는 있을 것이다. 물론 동의하지 않는 사람도 있겠지만, 필자의 생각으로는 가장 합리적인 해결책이다.

아메리카 대륙을 지배한 공포새

보통 공룡 영화나 다큐멘터리에서는 백악기 하늘에 한 가지 생물체만 날아다닌다. 바로 익룡이다. 하지만 당시 원시 조류는 물론이고 비행 공룡, 익룡, 곤충 등 매우 다양한 생물체가 비행을 했거나 비행을 시도했다. 이렇게 하늘이 붐비다 보니 새가 비집고 들어갈 틈은 아마도 작은 날짐승 정도만 남아있던 것 같다. 백악기에 발견되는 새 화석은 대부분 작은 것들이다. 대개는 까마귀 크기를 넘지 못하는 원시 조류의 화석은 당시 새의 생태적 지위가 중생대 포유류처럼 제한적인 수준이었음을 시사한다. 물론 예외는 있다.

로체스터 대학의 연구팀이 2016년 보고한 팅미아토르니스 아티카Tingmiatornis arctica는 캐나다 북부의 누나부트 지역에서 발견되었다.[6] 팅미아토르니스는 현재의 가마우지와 비슷한 다소 큰 크기의 새로 아마도 바다에서 먹이를 구했던 것으로 추정된다. 다만 머리 부분이 발견되지 않아 어떻게 먹고살았는지 확실치 않다. 독특한 부분은 이 새가 살았던 9천만 년 전에도 이 지역이 북극권에 가까웠다는 점이다. 추운 기후에 적응했거나 철새였을 가능성도 시사하는 부분이다. 팅미아토르니스는 중생대 원시 조류가 생각보다는 다양하게 진화했다는 점을 보여준다.

하지만 역시 현생 조류의 조상이 다양하게 적응·방산하게 된 계기는 역시 K-T 이벤트라고 불리는 거대한 소행성 혹은 혜성 충돌 사건이다. 6,600만 년 전 지름 10km 정도 되는 천체가 지구를 강타하면서 대부분의 생물체가 생을 마감했는데, 비조류 공룡, 암모나이트, 모사사우루스, 익룡 등 중생대를 대표했던 생물들이 대부분 포함된다. 하지만 포유류와 조류, 악어와 기타 파충류는 살아남아 다음 시대인 신생대를 장악하게 된다. 물론 이들 역시 당시 대재앙에서 간신히 살아남아 운 좋게 빈 자리를 차지한 경우다.

새의 조상 역시 큰 곤란을 겪었으나 어려운 순간을 버틴 소수의 생존자들은 매우 큰 생활 공간을 얻을 수 있었다. 백악기 말 대멸종 직후 생존자들은 빠른 속도로 적응방산해 새로운 생태계를 구축하는 데 이를 중생대 – 신생대 방산Mesozoic-Cenozoic Radiation이라고 부른다. 여기서 특기할 점은 새가 단순히 비어 있는 하늘만 차지한 것이 아니라는 점이다. 신생대에는 지상 생태계가 비어있을 때 날기를 포기하고 거대한 지상 포식자가 된 새들이 다수 나타난다. 예를 들어 신생대의 대부분에 해당하는 6,200만 년 전에서 180만 년 전까지 남미를 중심으로 최상위 포식자 자리는 거대한 새인 테러버드 Terror bird, Phorusrhacids 혹은 공포새가 차지했다.

공포새는 공룡만큼 멋있는 이름은 아니지만, 사실 진정한 공룡의 후예라고 할 수 있다. 거대 수각류 공룡보다는 작지만, 같은 뿌리에서 나왔고 두 발로 빠르게 움직이며 큰 입에 해당하는 부리로 사냥하는 육식 동물이기 때문이다. 일부 대형 수각류 공룡에서 속도 논쟁이 벌어지는 것과는 달리 이들은 의심의 여지없이 매우 빨리 달릴 수 있었다.[7] 물론 당연히 날지는 못했지만, 지상에서 최강 포식자로 군림했기 때문에 굳이 하늘을 날 필요도 없었다. 이들은 지상에서 역사상 가장 거대한 새로 커졌다. 사실 모든 공포새가 다 컸던 것은 아니며 키가 1m가 넘지 않는 것도 있었지만, 브론토르니스아과Subfamily Brontornithinae와 공포새아과 Subfamily Phorusrhacinae에 속하는 공포새들은 크기가 매우 커 키가 3m에 달하는 것까지 있었다.

공포새아과에 속하는 티타니스Titanis는 그 대표적인 속 가운데 하나로 그리스 신화의 거인족 티탄에서 명칭을 딴 공포새다. 대략 500만 년 전에서 200만 년 전 사이 북미 대륙에 살았던 공포새인 티타니스 왈레리T. walleri는 키가 최대 2.5m에 달하고 몸무게도 150kg에 달하는 맹수였다.[8] 머리의 대부분을 차지하는 거대한 부리를 고려하면 현재 가장 큰 조류인 타조와는 달리 큰 먹이도 사냥할 수 있는 대형 포식자였음을 알 수 있다. 티타니스가 독특한 점은 당시 남미와 북미 대륙이 파나마에서 연결되면서 북쪽으로 올라간 유일한 대형 포식자였다는 점이다. 물론 당시 북미 대륙에 대형 포식자가 없는 것은 아니었지만, 티타니스 처럼 시속 65km 이상으로 빠르게 달릴 수 있는 민첩한 포식자가 들어갈 빈틈은 있었던 것 같다. 빠른 속도로 다가와서 거대한 부리로 내리찍는 괴물새는 당시 북미 대륙의 초식동물들에게는 그야말로 공포 그 자체였을 것이다. 이들은 신생대의 랩터라고 불러도 손색이 없다.

한편 북미 대륙에서 독자적으로 진화한 대형 조류도 있다. 공포새처럼 다큐멘터리의 주인공으로 유명하지는 않지만, 키가 큰 새라는 의미의 바토르니스Barthornis가 2000만 년 전에서 3700만 년 전 사이 상위 포식자 자리를 차지했다. 이들 가운데 가장 큰 것은 2m에 달했는데, 공포새에 비해 날씬한 몸과 작은 부리를 지녀 상대적으로 덜 무서운 포식자의 위치를 차지했던 것 같다. 다만 이 대형 조류는 2000만 년 전 사라진다. 그래서 남북미 대륙이 연결되고 티타니스가 북미 대륙으로 진출할 무렵에는 이와 견줄만한 대형 조류가 없었다.

티타니스에 대해서 한 가지 더 흥미로운 이야기는 비교적 최근인 15,000년 전까지 생존해서 아메리카 대륙으로 이주한 초기 인류 정착자와 마주쳤을지도 모른다는 것이다. 아메리카 원주민 신화에는 티타니스를 묘사한 듯한 거대한 괴물새의 이야기가 나온다. 물론 그 가능성이 0%라고 말할 순 없을지 모르지만, 2006년 발표된 연구에 의하면 현존하는 모든 티타니스 화석은 대략 200만 년 보다 오래된 것이다.[9]

물론 아메리카 대륙을 지배한 공포새는 이들만이 아니다. 티타니스가 등장하기 한참 전인 1,500만 년 전 남미 대륙에는 키가 3m가 넘고 두개골 길이만 71.6cm에 달하는 초대형 육식 조류인 켈렌켄 구일레르모이Kelenken guillermoi가 등장했다.[10] 거대한 곡괭이 같은 부리로 찍으면 맹수라도 즉사했을 것 같은 대형 포식자다. 물론 사람과 마주칠 일은 없겠지만, 당시 남미 대륙에 살았던 많은 초식 동물들이 켈렌켄의 뾰족한 부리 앞에 한끼 식사가 되는 운명을 피할 수 없었을 것이다. 키는 이보다 작지만 무게는 더 나가는 대형 공포새도 있다. 브론토르니스Brontornis burmeisteri가 그 주인공으로 키는 2.8m 정도지만 무게는 최대 350~400kg 정도 나가 공포새 가운데서 가장 무거웠던 것으로 보인다.[1] 물론 이렇게 거대 포식자가 있었다는 이야기는 이보다 작은 포식자는 여럿 있었다는 이야기다. 이들은 오랜 세월 남미 대륙을 중심으로 번영을 누렸다.

그러나 이들 역시 멸종의 운명은 피하지 못했다. 공포새는 250만 년 전부터 사양길을 걷기 시작해 대략 180만 년 전에는 모두 사라진다. 여기에 대해서도 여러 가지 가설이 나왔지만, 가장 그럴 듯한 설명은 언제나 빠지지 않는 기후 변화와 더불어 새로운 포식자들이 남미 대륙으로 유입되었다는 설이다. 당시 남미와 북미 두 대륙이 연결되면서 북미 대륙의 대형 포식자들이 대거 남미로 내려왔고 외래종의 침입으로 경쟁이 치열해지면서 공포새가 밀렸다는 가설이다. 물론 아직 우리가 알지 못하는 이유가 있을지도 모른다.

사라진 거대 새들

신생대의 거대 육식 조류라고 하면 역시 공포새가 가장 유명하지만, 다른 대륙에도 독자적인 거대새가 존재했다. 신생대 초 유라시아 대륙과 북미 대륙에는 가스토르니스Gastornis라는 날지 못하는 거대한 새가 살았다. 생김새는 공포새와 유사하지만 살았던 지역과 시기가 좀 다르다. 가장 큰 종인 기간테아G. gigantea는 키가 2m 이상이었으며 대형 육식 포유류가 진화하기 전 최상위 포식자 자리를 차지했던 것으로 보인다.[12] 그런데 이 거대새가 구체적으로 뭘 먹고

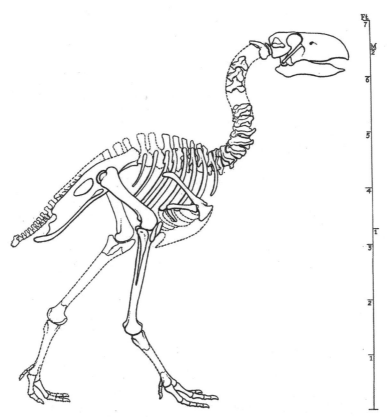

| 가스토르니스 기간테아의 골격 복원도. 전체적인 골격은 공포새와 유사하지만, 부리가 상대적으로 작다는 특징이 있다.

살았는지는 오랜 논쟁의 대상이었다. 공포새보다는 작지만 가스토르니스의 큰 부리를 보면 영락없이 고기를 먹는 육식 동물로 보인다. 하지만 무는 힘이 매우 강했던 부리는 단단한 식물이나 열매를 먹는 데도 사용될 수 있다. 2014년에 나온 연구에서는 방사성 동위원소 및 해부학적 증거를 바탕으로 실제로는 초식 동물에 더 가까웠을 것이란 주장이 나왔다.[13] 물론 가리지 않고 먹는 잡식 동물일 가능성도 있다.

가스토르니스를 포함해 신생대 초에 등장한 날지 못하는 거대새는 점차 포유류에게 최상위 포식자 자리를 내주게 된다. 고양이과나 개과 포식자들이 몸집과 힘을 키워나가면서 점차 경쟁이 어려워진 것이 한 가지 이유였을 것이다. 그래도 독립된 생태계를 유지하고 있었던 섬과 대륙에서는 그 지역만의 독특한 거대새가 등장했다. 호주가 그 대표적인 장소다. 보통 호주라고 하면 캥거루나 코알라부터 생각하지만, 실제로는 사람이 도착하기 전 매우 다양하고 독특한 생물들이 많이 존재했다. 그 가운데는 사람보다 거대한 새도 있었는데, 가장 큰 것은 드로모르니스Dromornis였다. 드로모르니스과에 속하는 지상 조류는 비교적 최근인 5만 년 전까지 호주에서 번성했는데, 이 중 가장 큰 드로모르니스 스티르토니Dromornis stirtoni는 3m에 달하는 키에 가장 큰 개체의 무게가 650kg로 역사상 가장 크고 무거운 새로 여겨진다. 생김새는 가스토르니스와 거의 흡사하다.

이들의 조상은 올리고세 말에서 에오세 초기(대략 2300만 년 전을 기준으로 한다) 등장한 드로모르니스 뮤라이Dromornis murrayi이다. 이 새도 250kg 급이다.[14] 드로모르니스과는 2000만 년 간 존재했다가 5만 년 전에 멸종했으니 꽤 번성한 새였다고 봐도 무방하다. 이와 같은 번성의 비결은 다른 경쟁할 생물체가 적었던 호주 대륙의 독립적인 환경이 가장 큰 이유일 것이다. 가스토르니스와 마찬가지로 드로모르니스는 큰 몸집에 비해 부리의 크기가 작은 편이라 공포새보다는 현생 타조와 비슷하게 채식 위주나 혹은 잡식성 동물일 가능성이 크다. 따라서 남미와 달리 캥거루를 사냥하는 거대새는 없었을 것이다. 이들은 호주의 드넓은 평원에서 비교적 평화롭게 살았지만, 이들을 사냥할 거대 포식자가 없었던 건 아니다. 나중에 설명하겠지만, 공룡 영화에 나와도 될 법한 거대한 도마뱀이 존재했다.

아무튼 이렇게 번영을 누렸던 호주의 거대새는 인간의 도착과 함께 사라지게 된다. 동시에 450kg에 달하는 거대 캥거루, 2톤의 육중한 웜뱃wombat(오소리와 비슷한 외형의 유대류) 거대 도마뱀 등 다양한 대형동물들이 인간의 도착과 함께 자취를 감췄다. 수천만 년 동안 번성한 생물이 인간 도착 이후 5천 년 만에 사라졌으니 인간과의 연관성이 의심되는 건 당연하다. 실제로 그런 증거도 있다.

호주에서 마지막으로 번성한 드로모르니스과 생물이 게니오르니스 Genyornis newtoni이다. 이들은 키가 최대 2.1m에 227kg의 체중이

나가는 거대 조류로 인류의 도착 이후인 4만 5천 년 전 갑자기 자취를 감춘다. 흥미롭게도 콜로라도 대학의 지포드 밀러Gifford Miller와 그의 동료들은 호주에서 게니오르니스의 알 화석이 있는 장소 2000개를 찾아 이중 200개에서 인간이 이 알을 요리하기 위해 불을 피운 흔적을 발견했다.[15] 이 주장이 옳다면 게니오르니스가 멸종한 이유는 인간이 이 새의 알을 맛있게 먹었기 때문일 것이다. 1kg에 달하는 큰 알은 게니오르니스보다 사냥하기 훨씬 쉬웠을 것이다. 사실 5만 년 전 당시 호주에 큰 기후 변화가 있었다는 증거도 부족하기 때문에 인간이 멸종과 관련이 있을 것이란 추정은 상당히 그럴듯하다. 하지만 최근에는 이 알이 모두 게니오르니스의 것이 아니란 주장도 나와서 좀 더 검증이 필요하다.

반면 논쟁의 여지없이 확실하게 인간에 의해 멸종된 거대 새도 존재한다. 날지 못하는 거대 새로 유명한 뉴질랜드의 모아새giant moa가 그 대표적인 경우다. 모아는 디노르니스Dinornis 속의 대형 조류로 2종이 알려져있다. 가장 큰 것은 키가 3.6m에 달하지만 무게는 가장 큰 표본이라도 278kg 정도로 키에 비해서 가벼운 다소 호리호리한 체격이었다. 이들이 멸종된 이유는 폴리네시아계 원주민인 마오리족이 이들을 사냥했기 때문이다. 완전히 멸종된 것은 서기 1500년 이후로 덕분에 모아의 골격은 아주 완전하게 남아있다. 오랜 세월 다른 생태계와 독립된 섬에서 몸집을 키웠던 모아에게는 인간 같은 대형 포식자의 등장은 엄청난 재앙이었을 것이다.

마다가스카르의 코끼리 새 역시 비슷한 경우다. 이들은 마다가스카르 섬의 독립된 생태계에서 몸집을 키운 초식 혹은 잡식 동물이었다. 가장 큰 종은 아에피오르니스 막시무스Aepyornis maximus로 키가 3m에 무게는 500kg 정도 나가 코끼리 새라는 별명에 적합한 덩치를 가지고 있었다.[16] 알 역시 엄청나게 커서 가장 큰 표본은 10kg에 달했다.[17] 달걀보다 100배 이상 큰 거대한 알은 당연히 사람들의 입맛을 사로잡았던 것 같지만, 원주민은 물론 17세기 이후 이 지역을 장악한 유럽인조차 이 새를 보호하자는 생각은 하지 못했다. 결국 17~18세기 이후 코끼리새는 완전히 자취를 감췄다.

하늘을 나는 가장 큰 새

앞서 살펴본 거대 새는 날지 못하는 것들이었다. 그렇다면 하늘을 나는 가장 큰 신생대 포식자는 누구였을까? 이 질문에 대한 후보로 대략 500만 년 전인 마이오세 말기에 살았던 거대 조류인 아르젠타비스 매그니피센스Argentavis magnificens를 들 수 있다. 아르젠타비스는 독수리와 비슷한 외형을 지녔으나 독수리와 근연종이 아니라 멸종된 과의 새다. 날개 너비는 5~6m, 무게는 70kg 정도로 날 수 있는 새 가운데는 가장 무거운 새였다.[18,19] 참고로 날개 너비 추정은 연구에 따라 차이가 있지만, 최근에는 7m를 넘지 못했다고 보고 있다. 이 정도만 해도 현재 하늘을 나는 가장 큰 새인 알바트로스

Diomedea exulans의 3.6m에 비해 훨씬 거대한 크기다.

　아르젠타비스의 크기는 가장 거대한 익룡보다 작지만, 그래도 이런 거대한 새가 하늘로 날아오른다는 것은 보통 어려운 일이 아니다. 이보다 훨씬 가벼운 알바트로스의 경우 물 위에서 날아오르기 위해 긴 거리를 도움닫기 해야 한다. 충분한 양력을 얻으려면 속도가 필요하기 때문이다. 이 문제는 덩치가 훨씬 큰 아르젠타비스에서 더 심각한 문제다. 과학자들은 아르젠타비스가 날기 위해서는 적어도 시속 40km의 속도로 달려야 한다고 추정했다. 아니면 글라이더처럼 활강하는 수밖에 없다. 이점을 감안하면 아르젠타비스는 현재의 안데스 콘돌처럼 산 기슭에서 활강하면서 비행했을 가능성이 크다. 현재의 독수리와 비슷한 외형을 볼 때 아르젠타비스는 매우 적극적인 사냥꾼이었을 것으로 보이며 그 비행 구역은 서울시 보다 약간 작은 500km²에 달했을 것으로 추정된다.

　한편 이보다 더 오래전인 2,500만 년 전에는 아르젠타비스보다 무게는 덜 나가지만 날개 너비는 더 길어서 6.1~7.4m에 달하는 초대형 새가 살았다. 펠라고르니스 샌데르시Pelagornis sandersi는 비교적 최근에 발견된 화석 조류다. 사실 그 화석은 1983년 우스 캘리포니아의 찰스타운Charleston, South Carolina 인근의 찰스타운 국제 공항의 새 터미널 건설현장에서 건설 인부에 의해 처음 발견되었으나 당시에는 주목받지 못했다. 30년의 세월이 지나 2014년에 이를 발표한 고생물학자 댄 크셉카Dan Ksepka는 펠라고르니스의 날개뼈 하나의 길이가 자신의 팔보다 더 길다는 사실을 발견하고 놀라지 않을 수 없었다. 그렇다면 전체 길이가 6~7m 정도는 된다는 셈인데, 이렇게 큰 새가 이륙하기는 쉽지 않기 때문이다.[20] 이 새가 살았던 환경은 바닷가로, 바다에서 풍부한 먹이를 잡았다는 것까지는 이해할 수 있으나 어떻게 이륙했는지는 알기 어렵다. 이 새의 날개 너비는 사실 하늘을 날 수 있는 조류의 이론적 최대 크기를 넘어선다. 사정이 이러니 이보다 더 거대한 거대 익룡이 어떻게 날았을지를 두고 과학자들이 고민에 빠진 것도 이해할만 하다.

아무튼 펠라고르니스의 형태는 분명히 물고기를 잡아먹기 적합한 구조다. 긴 날개는 물론 부리에 있는 이빨 같은 구조물 역시 마찬가지다. 펠라고르니스의 화석은 머리 부분이 매우 온전하게 보존되었는데, 이를 통해서 이 새가 속한 고대 바닷새인 펠라고르니스과 pelagornithidae의 다른 새와 마찬가지로 가짜 이빨pseudo-teeth를 가지고 있었다는 사실을 확인할 수 있다. 마치 익룡과 비슷한 이빨이 부리에 있는데, 그 목적은 먹이를 씹는 것이 아니라 잡은 먹이를 놓치지 않기 위한 것이다. 먹이를 잡으면 현생 조류와 비슷하게 씹지 않고 삼켰을 것이다. 펠라고르니스와 아르젠타비스는 서로 사는 방식이나 사냥 방법은 달랐지만, 모두 의심의 여지없는 신생대 최대의 날짐승이었다.

호주 대륙을 호령한 도마뱀

역사상 가장 거대한 파충류라고 하면 앞서 소개한 거대한 바다 파충류들을 들 수 있다. 같은 시기의 지상에는 거대한 악어가 생태계의 정점에 섰다. 신생대에 들어서도 보통 가장 거대한 파충류라고 하면 악어류를 의미한다. 현존하는 최대 파충류 역시 앞서 무는 힘이 가장 강한 생물로 소개한 바다악어다. 하지만 5만 년 전 인류가 도착하기 전 호주에는 가장 큰 악어류와 경쟁할 수 있는 거대 도마뱀이 살았다. 메갈라니아Megalania 속의 거대 도마뱀은 왕도마뱀 Monitor Lizard, Varanidae(악어의 등장을 경고해준다는 의미로 이런 명칭을 가지고 있다)과에 속하는 도마뱀으로 현존 최대의 왕도매뱀인 코모도왕도마뱀 Komodo dragon, Varanus komodoensis보다 더 거대한 도마뱀이다. 사실 메갈라니아는 코모도왕도마뱀과 매우 가까운 근연종 가운데 코모도왕도마뱀과 같은 바라누스 속으로 분류하는 경우도 있다. 이 경우에는 바라누스 프리수크스Varanus priscus로 부를 수 있지만 여기서는 구분을 위해 메갈라니아로 부르겠다. 일단 살아있는 근연종 가운데 가장 비슷한 습성을 지녔을 것으로 생각되는 코모도왕도마뱀을 살펴보자.

코모도왕도마뱀은 인도네시아령 코모도 섬과 주변 섬에 살고 있는 거대 도마뱀으로 최대 3m, 몸무게 70kg까지 자라는 대형 도마뱀이다.[21] 코모도왕도마뱀이 이렇게 커진 이유는 바로 섬 거대화island gigantism 때문이다. 앞서 소개한 섬 왜소화와 반대로 대형 포식자나 천적이 없는 섬 환경에서는 본래 대륙에서는 작았던 생물도 커지는 경우가 있다. 코모도왕도마뱀 역시 같은 이유로 섬에서 거대화되어 여기서 최상위 포식자 자리를 차지하고 있다. 여기서 메갈라니아의 생태를 이해하기 위해 잠시 코모도왕도마뱀 이야기를 해보자.

코모도왕도마뱀은 이 왕도마뱀이 살고 있는 섬에서는 최상위 포식자로 포유류를 포함해 다양한 먹이를 사냥한다. 그런데 사냥하는

| 코모도왕도마뱀. 메갈라니아도 유사한 외형을 지녔을 것이다.

방법이 독특하다. 코모도왕도마뱀은 냉혈동물로 몸을 활발하게 움직이기 위해서는 햇빛으로 몸을 데워야 할 뿐 아니라 앞서 설명한 캐리어의 제약 (달리면서 숨을 쉬기 어려움)을 가지고 있는 파충류다. 따라서 민첩한 포유류를 사냥한다는 것은 이론적으로 매우 어려워 보이지만, 실기는 이론과 다를 수 있다. 물론 코모도왕도마뱀의 달리기 실력은 형편없지만, 대신 악어처럼 짧은 거리라면 숨쉬지 않고 빠른 속도로 움직일 수 있다. 햇빛을 받으면서 느릿느릿하게 움직이기 때문에 별로 위험해 보이지 않지만, 적당한 거리까지 다가가면 순식간에 먹이 앞으로 다가가 강한 턱으로 먹이를 물어버린다. 여기에서 사냥이 끝나는 경우도 있지만, 사냥감이 발버둥치며 도망가는 경우도 많다. 그러나 이런 경우에 대비해 이 파충류가 지닌 비장의 무기가 등장한다. 코모도왕도마뱀의 침에는 다양한 세균이 살고 있고 이들이 상처를 통해 감염을 일으키면 먹이감은 시름시름 앓다가 패혈증으로 죽게 된다.

이는 널리 알려진 이야기지만, 논쟁이 없는 것은 아니다. 생물학자들은 코모도왕도마뱀이 독을 지녔는지 아닌지를 두고 논쟁을 벌였다. 2002년에 발표된 한 논문에서는 코모도왕도마뱀의 침에 살고 있는 여러 세균이 2차 감염을 일으켜 먹이를 잡는 데 도움을 준다고 주장했지만[22], 포획된 16마리의 코모도왕도마뱀을 이용한 다른 연구에서는 2차 감염은 주변 환경에 의한 것이며 코모도왕도마뱀의 침에 특별히 더 많은 세균이 살고 있는 것은 아니라는 주장이 나왔다.[23] 다만 원인이 무엇이든 간에 코모도왕도마뱀에 물린 동물들이 시름시름 앓다가 죽는 것은 사실이다. 자연 상태에서 여러 번 목격되었기 때문이다.

2009년 멜버른 대학의 연구팀은 코모도왕도마뱀의 독샘에 대한 구체적인 증거를 발견했다. 코모도왕도마뱀이 희귀종으로 보호를 받고 있기 때문에 해부를 하기 힘들었지만, 연구팀은 싱가포르 동물원에서 폐사 직전인 코모도왕도마뱀에 대해 허가를 받아 독샘을 확인할 기회를 얻었다. 이들은 독샘에서 구체적인 독성 단백질을 찾아내 논쟁을 끝낼 수 있는 증거를 발견했다.[24] 코모도왕도마뱀의 아래턱에는 두 개의 독샘이 있으며 이 독의 기능은 피의 지혈을 막고 혈압을 낮춰서 결국 과다 출혈과 쇼크로 사냥감이 죽게 만드는 것이다. 바로 죽지는 않지만, 결국 수일 내로 죽게 되면 주변을 맴돌던 코모도왕도마뱀이 뒤늦은 식사를 하는 것이다. 물론 2차 세균 감염 역시 이 과정에서 역할을 하게 된다. 결론적으로 강력한 턱과 사냥을 돕는 독, 그리고 2차 세균감염까지 같이 활용하는 셈이다.

그렇다면 이제 같은 과에 속하는 메갈라니아를 알아보자. 메갈라니아의 완전한 골격이 발견되지 않아서 크기를 추정하는 데 애를 먹고 있기는 하지만, 이들이 역대 가장 큰 왕도마뱀이라는 데는 이견의 여지가 없다. 구체적인 크기에 대해서는 초기에 코모도왕도마뱀의 2배가 넘는 7m의 몸길이와 600kg 이상의 무게를 지닌 것으로 추정했으나 최근에는 4.5~5.5m 같이 조금 줄어든 추정치가 나오기도 했다.[25] 아무튼 대형 악어와 경쟁할 수 있는 크기라는 점은 분명하다. 하지만 항상 그렇듯이 크다고 좋은 건 아니다. 특히 이 정도 크기의 도마뱀이라면 사냥이 만만치 않은 과제로 떠오른다. 악어처럼 물속에 숨은 건 아닌 것 같은데, 어떻게 느린 왕도마뱀이 민첩한 포유류를 사냥할 수 있을까? 뭔가 다른 무기를 지니지 않았을까?

코도모왕도마뱀의 사례를 생각하면 이들도 독의 도움을 받았을 가능성을 생각할 수 있다. 빠르게 움직이는 유대류나 혹은 거대 새(앞장에서 본 드로모르니스를 비롯한 거대 조류)를 공격하기 위해서는 아마도 필요했을 가능성이 크다. 더구나 코모도왕도마뱀과 더불어 메갈라니아는 왕도마뱀과에서 독을 지닌 그룹에 속한다. 만약 독을 지녔다면 메갈라니아는 독을 품은 척추동물 가운데 가장 큰 축에 속한다. 흥미로운 가정이지만, 확인을 위해서는 더 많은 연구가 필요하다.

마지막으로 흥미로운 질문은 인간과의 관계다. 오래전 공룡 영화에서는 원시인들이 공룡과 싸우는 모습이 나온다. 물론 실제로는 불가능한 이야기다. 그런데 공룡보다 좀 작긴 하지만 거대한 도마뱀과 인류가 실제 같은 장소에서 마주쳤던 역사가 있다. 바로 5만 년 전 호주에 인류가 상륙한 그 시점이다. 당시 호주에는 사람보다 더 큰 새나 대형 악어와 견줄 만큼 거대한 왕도마뱀이 살았고 대형 육식 유대류인 유대류 사자Marsupial lion, Thylacoleo carnifex를 비롯한 맹수가 활보하는 세계였다. 따라서 이 시기에 타임머신을 타고 가면 오래된 공룡 영화에서 볼만한 장면이 펼쳐질지도 모른다.

언뜻 생각하기에 이렇게 큰 크기의 포식자라면 인간이 어떻게 하기 힘들 것만 같지만, 앞서 언급했던 것처럼 반드시 메갈라니아를 사냥하지 않더라도 먹이를 두고 다투든지 아니면 알을 사냥하는 방식으로 개체수를 줄일 수 있다. 메갈라니아의 멸종 원인에 대한 증거는 화석보다 더 찾기 힘들지만, 이들의 멸종 시기 역시 인간의 상륙 시점과 유사하기 때문에 어떤 연관성이 있을 것으로 추정된다. 만약 둘이 경쟁했다면 메갈라니아가 아무리 크더라도 도구를 사용하고 집단을 이뤄 협력하는 인간을 이겨내지는 못했을 것이다.

뱀 이야기

뱀은 지구상에 있는 파충류는 물론 모든 사지 동물 가운데서 가장 독특한 존재다. 사지동물의 일종이면서 네 다리를 없앴기 때문이다. 다리 대신 몸통을 이용해서 움직이는 전략은 언뜻 생각하기에 불편해 보이지만, 생각보다 많은 장점이 있다. 예를 들어 납작 엎드려 풀 사이를 몰래 기어 다닐 수도 있고 좁은 틈을 통과할수도 있으며 나무나 담을 쉽게 타거나 넘을 수 있다. 동시에 긴 몸통을 이용해서 먹이를 감아서 죽일 수 있는 포식자는 뱀이 유일하다. 이와 같은 장점 때문인지 고대 양서류를 비롯해 근연 관계가 없는 많은 생물이 이와 같은 체형을 시도했다. 하지만 파충류 유린목squamates에 속하는 뱀처럼 번성한 무리는 없다.

뱀은 백악기 중반에 땅에 굴을 파고 생활했던 작은 도마뱀에서 진화했다고 생각된다. 다만 정확한 화석상의 증거를 찾기는 쉽지 않았는데, 최근에 하나씩 단서가 발견되고 있다. 2015년 〈사이언스〉에 발표된 테트라포도피스Tetrapodophis amplectus는 1억1천만 년 전에 살았던 파충류로 20cm 정도의 작은 크기지만, 뱀처럼 길쭉한 몸을 가지고 있다. 더 중요한 사실은 1cm 정도되는 다리를 가지고 있다는 것이다.[26] 이를 발견한 포츠머스 대학의 데이브 마틸Dave Martill과 그의 동료들은 테트라포도피스가 뱀과 천공 도마뱀 burrowing lizard(이름처럼 땅에 구멍을 파고 사는 도마뱀)의 중간 단계를 보여주는 화석이라고 주장했다. 확실히 테트라포도피스의 짧은 다리는 걷는 데 사용하기 어려워 이 생물이 뱀처럼 기어다녔다는 추정이 가능하다. 하지만 이 생물의 두개골과 척추는 뱀과 차이가 있어 가까운 연관 그룹이 아니라는 반론도 존재한다.

이 발견이 논쟁이 되는 이유는 뱀의 기원과 관련이 있다. 뱀의 진화를 설명하는 가설로 땅굴 가설과 수영 가설 두 가지가 존재한다. 땅굴 가설은 이름 그대로 땅굴 생활을 하다 보니 거추장스러운 다리를 잃어버렸다는 것이다.[27] 테트라포도피스가 현생 뱀의 조상이라면 땅굴 가설을 지지하는 증거로 볼 수 있다. 하지만 일부 과학자들은 모사사우루스의 근연 그룹과 연관이 있는 물뱀 같은 생물체가 더 가능성 있는 기원이고 뭍으로 올라온 것은 2차적 진화라고 주장한다. 이 논쟁은 아직 결론이 나지 않았지만, 백악기 후반기에 뱀이 등장한 것만은 확실하다.

　뱀의 조상 역시 백악기 말 대멸종에서 많은 타격을 입었으나 시련을 이겨낸 생존자들에게는 큰 보상이 뒤따랐다. 조류와 포유류처럼 뱀 역시 새로운 기회를 얻어 다양하게 적응방산한 것이다. 대멸종에서 그다지 멀지 않은 시점인 5,800만 년 전에서 6,000만 년 전 지상에는 역사상 가장 거대한 뱀이 등장했다. 2009년에 발견된 티타노보아Titanoboa cerrejonensis가 그것으로 지금의 콜롬비아의 정글에서 살던 거대한 뱀이었다. 이를 보고한 과학자들은 길이 12.8m, 무게 1,135kg으로 추정했는데, 역사상 가장 큰 뱀이라고 부르기에 부족함이 없는 크기다.[28] 이렇게 거대한 뱀이 존재할 수 있었던 것은 이 시기에 생태계와 먹이 사슬이 어느 정도 복원된 점도 있겠지만, 다른 대형 포식자가 사라진 것과 따뜻한 기후가 영향을 미쳤을 것으로 보인다. 변온 동물인 뱀은 따뜻한 기후에서 더 활발하게 움직일 수 있기 때문이다. 현재의 대형 뱀도 대부분 열대 지방에서 살고 있다. 티타노보아 다음으로 거대한 뱀은 기간토피스Gigantophis garstini로 몸길이가 9.3~10.7m 정도였다. 지금의 이집트와 알제리 사하라

사막 북쪽에서 살던 대형 파충류로 현재의 근연종보다 훨씬 거대했다.[29]

현재 존재하는 대형 뱀들은 이보다 작지만, 그래도 결코 작은 포식자는 아니다. 대형 뱀의 대표격인 아나콘다green anaconda, Eunectes murinus는 다큐멘터리는 물론 영화로도 제작되어 우리에게 매우 친숙하다. 보통 영화에 등장하는 아나콘다는 실제보다 상당히 과장된 크기로 등장하긴 하지만, 사람도 감기면 죽을 것 같은 대형 아나콘다의 존재는 의심의 여지가 없다. 야생 아나콘다의 크기를 측정하기는 만만치 않지만, 현재까지 발견된 표본들 가운데 가장 무거운 것은 5.21m 길이에 97.5kg 무게를 지닌 아나콘다 암컷이다.[30] 동물원에서 죽은 개체 가운데 가장 긴 것은 1960년 피츠버그 동물원에서 죽은 암컷으로, 살아있을 때 길이가 6.27m에 달했으며 무게는 91kg 정도였다. 물론 야생에는 더 큰 개체도 있을 수 있다. 다만 길이와 무게를 측정하기가 만만치 않은 동물이다 보니 가장 큰 개체의 대해서는 논쟁이 있다. 참고로 현존하는 가장 무거운 뱀은 아나콘다지만, 가장 긴 뱀의 기록은 그물무늬비단뱀Reticulated Python, Python reticulatus이 가지고 있다. 역시 1963년 피츠버그 동물원에서 죽은 개체로 골격 자체는 6.35m, 살을 포함한 크기는 7.29m이다. 다만 살아있을 때 측정한 수치는 이보다 좀 더 컸다는 보고가 있다.[31] 물론 그물무늬비단뱀 역시 야생에 더 큰 개체가 존재할 가능성이 있다.

하지만 뱀이 무서운 이유는 단순히 크기 때문은 아니다. 작은 뱀이라도 독을 지닌 뱀은 사람에게 공포의 대상이다. 뱀 독은 한 가지 물질이 아니라 수십 가지 독성 물질이 포함된 혼합물이다. 사실 고도로 변형된 침이라고 할 수 있는데, 여기에는 다양한 단백질과 폴리펩타이드polypeptide가 들어가 신경을 마비시키거나 혈액과 조직을 용해시킨다. 전자는 신경독neurotoxin이고 후자는 용혈독hemotoxin이라고 부른다. 신경독은 자연계에서 매우 흔한 형태의 독으로 신경 세포를 마비시키거나 파괴한다. 용혈독은 사실 약간 잘못된 이름이라고 할 수 있는데, 실제로는 적혈구는 물론이고 조직도 녹이기 때문이다. 이 독은 신경독보다 효과가 느리지만, 대신 먹이를 일부 소화시켜 소화를 돕는 역할도 겸한다. 코브라과elapidae의 독사는 신경독이 중요하고 살무사과viperidea의 독사는 용혈독이 중요하다. 물론 실제로는 두 가지 모두 가진 독사도 있으며 검은 목 스피팅 코브라black-necked spitting cobra, Naja nigricollis처럼 세포독cytotoxin을 지녀 조직을 괴사시키는 종류도 있다. 물론 어떤 독이든 모두 위험하다. 독을 통해 뱀은 크기의 한계를 극복하고 더 무서운 포식자가 되었다. 흔히 신생대를 포유류의 시기로 부르지만, 포유류를 포함해서 모든 동물이 무서워하는 생물이 바로 뱀이라는 데 의문을 제기하는 사람은 별로 없을 것이다.

chapter 15

$\vdots$

포유류 신생대의 주인공이 되다

중생대 포유류

앞서 설명했듯이 포유류의 조상이 되는 생물들은 트라이아스기 초기에는 번성했으나 결국 공룡을 비롯한 중생대 생물에게 주도권을 넘겨주고 이후 마이너리그 생활을 했다. 그 이유에 대해선 낮은 산소 농도에 공룡이 더 잘 적응했다는 가설을 포함 여러 가지 설명이 있지만, 사실 아직 잘 모르는 부분이 많다. 우리가 확실히 아는 점은 트라이아스기 말부터 포유류는 대부분 작은 생물이었다는 점이다. 2억 년 전 살았던 메가조스트로돈(Megazostrodon)은 몸길이가

10~12cm에 불과한, 쥐나 다람쥐 정도 크기 생물체로 당시 포유류를 대표한다. 그래도 메가조스트로돈은 몸집에 비해 상대적으로 큰 뇌를 지녀 앞으로 포유류의 진화 방향을 예고했다.[1] 메가조스트로돈의 큰 뇌는 민첩하고 정교한 움직임과 연관이 있었던 것으로 보인다. 동시에 후각과 시각이 잘 발달되어 곤충 같은 먹이를 잡는 데 적합할 뿐 아니라 강력한 포식자였을 초기 공룡을 피할 수 있었을 것이다. 만약 산소 가설이 사실이라고 해도 메가조스트로돈의 작은 크기와 상대적으로 큰 폐는 낮은 산소 농도에서도 문제없이 작동했을 것이다. 덕분에 이들은 트라이아스기 멸종을 이겨내고 쥐라기 초반 지층에서도 발견된다. 하지만 이들은 그냥 생존만 한 게 아니라 다음 시대를 착실히 준비하고 있었다.

이 시기 포유류의 조상 그룹인 포유형류Mammaliaformes는 현재 포유류와 비슷하게 단단하게 고정된 영구치와 법랑질tooth enamel(에나멜질이라고 불리는 부분으로 이빨의 노출된 부분을 덮는 단단한 물질이다. 인체에서 가장 단단한 물질이다)을 진화시켰다.[2] 많이 먹으려면 무엇보다 이빨이 좋아야 한다. 이 부분은 다른 동물도 마찬가지지만, 특히 온혈동물인 포유류는 몸집에 비해 많이 먹을 필요가 있다. 그래서 포유류의 조상은 다른 척추동물과는 달리 한 번만 이빨을 교체하는 대신 이빨을 단단하게 고정하는 방식을 택한다. 단단하고 잘 고정된 영구치와 역할이 전문화된 이빨이 더 효율적인 먹이 사냥과 섭취를 돕기 때문이다. 물론 이런 변화는 갑자기 시작된 것이 아니라 수궁류 같은 원시적 무리에서 출발해 중생대에 이르면 거의 현생 포유류와 비슷한 수준까지 이르게 된다.

온혈성 역시 포유류에서 중요한 변화다. 메가조스트로돈과 비슷한 시기에 살았던 모르가누코돈Morganucodon의 경우 포유류의 대표적 특징인 영구치에 더해 털의 흔적을 가지고 있다.[3] 모르가누코돈 속에는 5종이 알려졌는데, 모두 크기는 현재의 쥐와 비슷하다. 오늘날 이런 동물 가운데 상당수가 야행성이므로 중생대 포유류라고 하면 주로 땅에 굴을 파고 사는 야행성 생물체로 묘사된다. 이들은 작고 힘없는 생물체로 곤충을 먹으며 공룡 아래에서 전전긍긍하며 살아간다.

하지만 이런 생물이 금방 멸종하지 않고 중생대에 오랜 기간 살아남아 신생대에 큰 번영을 누렸다는 것은 설득력이 떨어진다. 물론 대부분 작은 크기이긴 했지만, 우리의 편견과는 달리 중생대에 포유류와 그 근연 관계에 있는 동물들은 생각보다 훨씬 다양하게 적응 방산해서 다양한 생태적 지위를 누렸다. 예를 들어 2억 1,000만 년 전 등장한 포유형류인 하라미야비아Haramiyavia clemmenseni의 경우 이 시기 다른 포유류 조상 그룹처럼 곤충을 먹는 동물이 아니라 초식동물이었던 것으로 보인다.[4] 쥐리기의 대표적인 포유형류 그룹인 도코돈트Docodont 역시 대부분 곤충 사냥꾼이었지만, 모두가 땅굴을 파고 생활하지는 않았다. 중생대 비버라고 부를 수 있는 카스토로카우다Castorocauda lutrasimilis는 1억 6,400만 년 전 지금의 내몽 골에 있는 호수에서 살았던 반수생 포유형류로 이름도 비버의 꼬리 라는 뜻이다. 몸길이 42.5cm, 몸무게 500~800g 정도의 작은 생물 체로 생김새만 아니라 실제 생활방식도 수달이나 비버와 비슷해 강 과 호수에서 작은 물고기나 기타 무척추동물을 사냥했던 것으로 보 인다.[5]

이렇게 다양하게 적응방산한 포유류 조상 그룹에서 현생 포유류 의 조상이 등장한다. 가장 원시적인 그룹은 알을 낳는 포유류로 단 공류Monotremata와 멸종 포유류를 포함한 그룹이다. 오리너구리 platypus가 그 대표적 사례라고 할 수 있다. 중생대에는 알을 낳지 않 고 새끼를 낳는 보다 현대적인 포유류 그룹이 등장하는데, 이를 수 아강Theria이라고 하며 현대의 태반 포유류와 캥거루 같은 유대류를 포함한다. 일반적으로 멸종 그룹까지 포함시켜 태반류에 가까운 포 유류는 진수류Eutheria, 유대류에 가까운 포유류는 후수류Metatheria 라고 부른다.

이 가운데 태반 포유류는 비교적 최근에 등장한 그룹으로 아마도 백악기에 등장했을 것으로 추정한다. 그런데 이들은 백악기만 하더 라도 포유류에서 그다지 중요한 그룹이 아니었다. 태반을 지닌 포유 류가 지상의 지배적 생물이 된 계기는 바로 6,600만 년 전의 혜성 혹 은 소행성 충돌이었다. 이때 조류를 제외한 공룡과 익룡, 암모나이트, 모사사우루스, 수장룡 같은 많은 생물체가 모두 멸종하면서 중생대 내내 소수자의 위치에 있었던 진수류와 조류가 폭발적인 적응 방산을 하게 된다.

사실 흔히 오해하는 것과는 달리 이 대멸종 사건 당시 포유류도 엄청난 타격을 입었다. 상식적으로 생각해도 지구가 난리가 났는데 포유류만 무사할 순 없다. 당시 포유류 가운데 90% 정도가 멸종되는 운명을 맞이했는데 후수류 포유류가 더 큰 타격을 입었다. 태반 포유류가 상대적으로 피해가 적었던 이유는 태반 덕분에 새끼가 취약한 시기를 더 잘 버텼기 때문이라는 가설이 있다.[6] 다만 이 가설이 옳다고 해도 태반류의 조상 역시 간신히 살아남은 것은 분명하다. 만약 조금 더 큰 소행성이 충돌했으면 모든 포유류가 사라지고 현재 지구에는 인간이 존재하지 않았을지도 모르는 일이다. 필자가 이 책을 쓴 것도, 이 책을 읽는 독자가 있는 것도 어느 정도는 우연에 기댄 것일지도 모른다.

검치 호랑이

신생대는 포유류의 시대라고 불러도 좋을 만큼 다양한 포유류가 생태계를 지배했다. 물론 이 시기 등장한 포유류 가운데서 극히 일부만 이 장에서 소개할 수 있다. 좀 더 깊이 있는 내용을 원하는 독자에게 도널드 프로세로의 『공룡 이후』를 추천한다. 내용이 전문적인 편이어서 읽기 난해할 수도 있지만, 신생대 포유류에 대한 상세한 이야기를 담고 있어 더 많은 정보를 원하는 독자들에게 적당하다.

여기서는 이 책의 주제와 가장 관련이 깊은 식육목Carnivora의 대표종에 대해서 설명한다. 식육목은 이름 그대로 고기를 먹는 육식 포유류로 크게 개아목Caniformia과 고양이아목Feliformia으로 나뉜다. 개아목에는 개과는 물론 곰상과, 기각상과(물범, 물개, 바다코끼리), 족제비상과 등이 포함된다. 고양이아목 역시 멸종 동물을 제외하고도 고양이상과를 포함 사향고양이, 하이에나, 몽구스 등 다양한 육식 동물이 포함되어 큰 그룹을 형성한다.

식육목이 진화한 것은 대략 4,200만 년 전인데 역시 이 시기 이전에 식육목의 조상과 그 근연 그룹인 식육형류Carnivoramorpha가 존재했다. 식육목은 식육형류 가운데 미아시드Miacids라는 원시적인 육식 포유류에서 진화한 것으로 여겨진다.[7] 식육목의 조상은 매우 빠르게 둘로 나뉘면서 고양이아목과 개아목이 각자의 길을 찾아 진화했다. 먼저 소개할 포식자는 검치 호랑이saber-toothed cat이다.

검치 호랑이에 대한 가장 대표적인 오해는 멸종한 호랑이의 일종이라는 것이다. 하지만 앞서 본 아메바라는 명칭처럼 하나의 그룹을 지칭하는 단어가 아니라 날카로운 칼 같은 이빨인 검치sabertoothed를 지닌 다양한 육식 포유류를 묶어서 부르는 명칭이다. 따라서 넓은 정의로 보면 고양이아목 뿐 아니라 유대류까지 포함한다. 위키피디아 영문판에는 적어도 7종류의 검치 포유류 그룹이 있다고 설명하고 있으며 전통적인 설명으로 보더라도 적어도 4종류의 검치 호랑이가 존재한다.

예를 들어 님라비드Nimravidae는 식육목에 포함시키기는 하지만, 다른 고양이과 동물과는 아주 오래전 갈라진 포유류로 4000만 년 전에서 720만 년 전 번성했던 육식 동물이다. 님라비드 가운데 일부는 외형상 나중에 등장하는 스밀로돈 같은 검치 호랑이와 매우 유사한 모습을 가지고 있지만, 이는 수렴진화에 의한 것이며 사실 다른 계통이라고 할 수 있다. 따라서 가짜 검치 호랑이false saber-toothed cats라는 명칭으로 분류하기도 한다. 역시 가짜 검치 호랑이에 속하는 그룹으로 과거에는 님라비드의 일종으로 분류했다가 현재는 독립된 과로 분류되는 바보우로펠리스과Barbourofelidae도 있다.[8]

우리가 흔히 알고 있는 검치 호랑인 스밀로돈Smilodon이 고양이과 Felidae에 속하는 육식 동물로 250만 년 전에서 1만 년 전까지 살았던 거대 포식자다. 스밀로돈이 유명하게 된 계기는 역시 티라노사우루스처럼 북미에서 잘 보존된 화석이 대거 나왔던 데 있다. LA에 있는 라 브레아 타르 연못La Brea Tar Pits은 다큐멘터리에서도 여러 번 소개된 유명한 지역으로 1913년에서 1915년 사이 엄청난 수의 포유류 화석이 발견돼 신생대 포유류 연구에 적지 않은 기여를 했다. 이렇게 많은 화석이 한 번에 발견된 건 물론 우연이 아니다. 수만 년에 걸쳐 끈적끈적한 타르가 가득한 연못에 초식동물이 먼저 빠졌고, 죽어가던 초식동물을 본 육식동물들이 끼니를 해결하기 위해 덮쳤다가 같이 빠지면서 이 거대한 타르 구덩이는 고생물학자들을 위한 완벽한 타임캡슐이 됐다. 거의 상처 하나 없는 75만 개에 달하는 골격이 완벽하게 보존되어 있었기 때문이다. 이 타르 연못에는 온갖 생물체가 있었지만, 최대 28cm에 달하는 거대한 이빨을 지닌 검치 호랑이의 존재는 고생물학자는 물론 일반 대중까지 매료시키기에 충분했다.

수많은 화석으로부터 과학자들은 스밀로돈이 크게 세 종으로 분류될 수 있다는 것을 알아냈다. 가장 큰 종은 일반적으로 묘사

| 스밀로돈 포풀레이터의 복원도

되는 검치 호랑이의 대표인 스밀로돈 포퓰레이터S. populator로 220~400kg 정도의 체중과 120cm 정도의 키를 가지고 있었다. 평균적인 크기는 현생 시베리아 호랑이보다 더 커서 역사상 가장 큰 고양이과 동물로 여겨진다. 포퓰레이터는 남미 대륙에서 최상위 포식자로 군림했다. 북미 대륙에는 이보다 좀 더 작지만 여전히 크고 강한 스밀로돈 2종이 서식했다. 스밀로돈 페이탈리스S. fatalis는 평균 160~280kg의 무게와 100cm 정도의 키를 지녀 현생 사자나 호랑이 등과 견줄 수 있었다. 역시 북미에 살았던 종으로 가장 작은 스밀로돈인 스밀로돈 그라실리스S. gracilis가 있는데 55~100kg 정도 무게로 현재의 재규어와 비슷한 크기였다.[9] 스밀로돈 페이탈리스는 남미 대륙의 태평양 연안까지 진출하긴 했지만, 주로는 북미를 기반으로 생활했다.

하지만 스밀로돈에서 가장 큰 궁금증은 분류보다 거대한 검치를 어떻게 사용했느냐 하는 질문이다. 칼처럼 생긴 거대한 이빨의 용도는 역시 보통 이빨로는 잡기 힘든 큰 사냥감의 숨통을 끊는 용도라고 밖에 생각할 수 없다. 만약 시체 청소부라면 하나만 유독 큰 이빨이 필요하지 않을 것이다. 짝짓기 용도라면 수컷에만 큰 이빨이 있을 것이다. 하지만 스밀로돈을 포함해서 검치를 지닌 포유류 포식자 가운데 여기에 해당되는 것은 거의 없다. 따라서 검치가 사냥을 위한 것이라는 점에는 의문의 여지가 없지만, 어떻게 사냥했는지를 두고서는 매우 다양한 의견이 나왔다.

검치가 있으면 사냥감의 피부를 뚫고 깊은 곳까지 치명상을 입힐 수 있지만, 여러 가지 단점도 존재한다. 일단 검치 때문에 입이 대단히 크게 벌어지는 구조를 지녀야 하는데, 이 때문에 사실 무는 힘은 오히려 현재의 대형 고양이과 포식자보다 약하다.[10] 그런 만큼 이빨은 크지만 대신 이 이빨을 먹이에 깊숙이 밀어 넣는 일이 만만치 않다. 다른 단점은 이빨이 긴 대신 부러지기도 쉽다는 것이다. 특히 스밀로돈이 먹이로 삼았을 것으로 보이는 대형 초식동물은 힘이 좋기 때문에 몸부림치는 경우 이빨에 큰 손상을 입을 수 있다. 현생 호랑이나 사자를 포함한 고양이과 동물이 모두 스밀로돈처럼 검치를 가지지 않은 건 다 그럴만한 이유가 있는 셈이다. 하지만 분명 검치에도 어떤 유용한 이점이 있었을 것이고 그래서 검치를 가진 대형 포식자가 진화했을 것이다. 다만 현재에는 검치를 지닌 고양이과 동물이 없어 구체적으로 어떤 이점이 있고 어떻게 사냥했을지 추정하기가 쉽지 않다.

스밀로돈의 사냥 방식에 대해서는 여러 가설이 등장했다. 가장 전통적이고 상식적인 설명은 120도까지 벌어지는 큰 입과 검치를 이용해서 목에 있는 큰 혈관이나 기도를 막아 먹이를 신속하게 죽인다는 것이다.[11] 이를 위해 큰 먹이를 제압할 수 있게 튼튼하고 굵은 몸통과 앞다리가 잘 발달되었다는 설명이 있다. 하지만 앞서 설명했듯이 무는 힘이 상대적으로 약하다는 문제가 있다. 그래서 나온 대안적인 가설 가운데 하나는 스밀로돈이 먹이를 넘어뜨린 후 배처럼 부드러운 부분을 물어 치명상을 입히거나 혹은 작은 상처를 입혀 출혈을 유도했다는 것이다.[12] 이 방법은 검치가 먹이의 뼈에 충돌해서 손상을 입는 사태를 막을 수 있다는 장점이 있다. 하지만 살려고 발버둥치는 대형 초식동물의 배를 공격한다는 것은 상식적으로 생각해도 쉽지 않다.

여전히 여러 가설이 충돌하고 있지만, 한 가지 확실한 것은 검치가 만능이 아니라는 점이다. 멋진 검치를 보면 이들이 가장 강력한 포식자로 보이지만, 모든 고양이아목의 포식자가 검치를 지니지 않았다는 점도 시사하는 바가 크다. 아마도 특수한 환경에서 검치가 사냥에 유리했기 때문에 진화했는데, 환경이 바뀌면서 결국 이것 때문에 멸종의 길을 걸었는지도 모른다. 전통적인 해석은 검치를 이용해서 큰 먹이를 사냥하면서 살아가다가 큰 먹이가 줄고 작고 민첩한 먹이가 늘어나면서 결국 적응하지 못하고 사라졌다는 것이다. 또 다른 가설은 인간과의 연관성이다. 인류의 도착 이후 이들이 사라졌기 때문이다. 이 주장에도 나름 근거가 있다.

의외로 들릴지 모르겠지만, 당시 사라진 대형 포식자는 스밀로돈 하나만이 아니다. 아메리카 사자도 같이 사라졌다. 사자는 대형 고양이과 포식자 가운데 가장 성공적인 종으로 본래 아프리카 대륙은 물론 아시아, 유럽, 북미와 남미 대륙에도 살았다. 이 중에서 북미 대륙에 살았던 사자의 아종subspecies을 아메리카 사자American lion, Panthera leo atrox이라고 부른다. 아메리카 사자는 34만 년에서 11,000년 전까지 지금의 미국에서 살았으며 사실 현대의 사자보다 좀 더 컸다. 다 큰 수컷의 크기는 평균 256kg 정도로[13] 스밀로돈 포퓰레이터보다는 작았지만 스밀로돈 그라실리스보다 크고 스밀로돈 페이탈리스와 비슷한 수준이었다. 따라서 당시 북미 대륙의 양대 포식자는 스밀로돈 페이탈리스와 아메리카 사자라고 할 수 있다. 검치가 있는 스밀로돈과 더불어 검치가 없는 아메리카 사자가 비슷한 시기에 같이 사라졌다는 사실은 검치 때문에 멸종한 건 아닐 수도 있다는 점을 시사한다.[14] 어쩌면 이 시기 기후 변화와 인간의 등장 등으로 인해 대형 먹이가 사라지면서 큰 먹이를 사냥해서 먹고 살았던 대형 포식자가 모두 자취를 감추게 된 것일지도 모른다.

여담으로 검치 호랑이에 대해서 더 깊게 알고 싶은 독자라면 『검치호랑이』(송지영 저)를 권장한다. 성형외과 의사인 저자가 그린 상세한 그림과 더불어 전문가들이 보기에도 놀라운 수준의 상세한 설명이 들어가 있다. 하지만 그런 만큼 내용이 매우 전문적이라는 점도 감안하자. 해부학에 대한 기본 지식 없이는 이해가 어려울 수 있다.

역사상 가장 거대한 곰

식육목에서 가장 큰 포식자는 누구일까? 흔히 생각하듯이 호랑이나 곰 같은 육지 동물이 아니라 바다에서 사는 식육류인 기각류 Pinnipeds다. 여기에는 물개, 바다표범, 물범과가 포함된다. 과거에는 별도의 아목으로 분류했다가 이제는 개아목의 상과로 분류한다. 가장 큰 것은 남방코끼리물범southern elephant seal Mirounga leonina으로 최대 3,200kg의 무게를 자랑한다. 앞서 설명했듯이 대개 가장 큰 크기의 포식자는 바다에서 살고 있는 경우가 많다. 중력의 영향을 적게 받는 안정적인 환경과 풍부한 먹이 덕분이다.

지상에서 가장 큰 식육목은 쉽게 예상할 수 있듯이 곰과의 포식자다. 거대한 북극곰은 지상 최대의 포식자로 귀여운 외모와는 달리 북극권에서 가장 강력한 맹수다. 하지만 과거에는 이보다 더 큰 곰이 살았다. 이제는 멸종한 안경곰아과Tremarctinae or short-faced bears의 대형 곰이 그 주인공이다. 현재는 안데스 곰이라고도 부르는 안경곰spectacled bear, Andean short-faced bear, Tremarctos ornatus을 제외하면 모든 종이 멸종한 상태지만, 인류가 북미와 남미 대륙에 처음 발을 들여놓았을 때만 해도 신대륙에는 악토두스short-faced bear, Arctodus spp같은 거대한 안경곰아과의 맹수들이 있었다.

악토두스는 두 개의 종A. simus, A. pristinus이 알려져 있으며 쇼트페이스라는 명칭은 상대적으로 짧은 코와 주둥이 때문에 나왔다. 물론 같은 속인 안데스 안경곰도 마찬가지 특징을 가지고 있다. 이 중 악토두스 시무스는 주로 북미에 살았고 악토두스 프리스티누스는 남미에 살았다. 악토두스의 골격을 보면 상대적으로 팔다리가 긴 편이지만, 그 점을 감안해도 현생곰보다 훨씬 덩치가 좋은 편이다. 악토두스 시무스는 앞서 소개한 라 브레아 타르 구덩이를 비롯해서 북미의 여러 동굴과 지층에서 완전한 골격 화석이 발견되고 근연종도 살아있어 무게 추정이 수월하다. 6개의 표본을 조사한 최근 연구에서는 평균 무게가 900kg에 달하며 가장 큰 것은 거의 1톤(957kg)에 달한다는 결과가 나왔다.[15] 현생 곰처럼 뒷다리로 일어서면 키가 2.4~3m에 달할 정도로 컸으며 네발로 걸을 때도 인간과 키가 비슷했다. 가장 큰 개체는 뒷다리로 섰을 때 3.5m가 넘었을 가능성도 있다.

 과거 긴 팔 다리 때문에 악토두스가 빠른 사냥꾼이라는 가설이 있었다. 예상 속도가 시속 50~70km로 매우 빠르기 때문에 현재 사바나에서 먹이를 사냥하는 사자, 표범, 치타 같은 대형 고양이과 동물처럼 초식 동물을 추적해서 사냥했다는 것이다. 하지만 1톤에 가까운 거구를 생각하면 설령 그런 빠른 속도가 가능하더라도 빠른 속도 변환이 어렵다는 지적이 나왔다. 앞서 티라노사우루스의 경우와 비슷한 문제다. 더구나 이렇게 큰 몸을 고기섭취로만 유지할 경우 상당히 많이 먹어야 하는 문제도 나온다. 적어도 하루 평균 16kg 이상의 고기를 먹어야 하기 때문이다. 2010년에 나온 연구에서는 악토두스가 그다지 빠르진 않지만, 대신 온갖 음식을 다 먹을 수 있는 잡식성 동물이었기 때문에 몸집을 유지할 수 있다는 좀 더 현실적인 주장을 제시했다.[16]

하지만 모든 논쟁이 해결된 것은 아니다. 1995년 연구에서는 질소 15N-15 동위원소 비율을 조사해 악토두스가 육식 동물이라는 주장을 내놓았다. 이 동위 원소는 육식 동물의 체내에 쌓이는 특징이 있기 때문이다.[17] 최근 치아 표면에 대한 연구에서는 악토두스가 뼈처럼 매우 단단한 먹이도 먹었다는 증거가 나왔는데, 이는 하이에나처럼 청소부 역할도 했음을 시사한다.[18] 이에 따라 실제로 사냥을 하는 동물이 아니라 사실은 다른 포식자가 사냥한 동물을 거대한 덩치로 빼앗는 동물이라는 가설까지 등장했다. 필자의 생각은 앞서 제기된 모든 가설을 실천에 옮긴 동물이었다는 것이다. 채식도 하고 사냥도 하고 그것도 모자라 남이 잡은 사냥감도 뺏는 식으로 닥치는 대로 먹는 그런 동물이 아니었을까? 그렇지 않고는 이렇게 큰 몸을 유지하기가 만만치 않았을 것이다. 중생대 육식 공룡은 더 크지 않느냐고 반문할 수 있지만, 현재까지 연구로는 공룡이 포유류처럼 대사량이 큰 온혈동물인지가 불분명하다. 먹는 양은 몸집은 물론 대사량과도 밀접한 연관이 있고 온혈동물은 많이 먹어야 한다.

흥미로운 점은 악토두스보다 덜 유명하지만, 더 거대한 멸종곰이 있다는 사실이다. 악토테리움Arctotherium은 악토두스만큼 화석이 많이 발견되지 않아 정확한 크기 추정은 어렵지만, 19세기 중반에 발견된 악토테리움 안구스타단스A. angustidens의 상완골 humerus 화석을 통해 크기를 추정하면 1~2톤 정도의 거구라는 계산이 나온다. 최근 연구에서는 아마도 대략 1.5톤1,588~1,749kg 정도가 크기의 상한선이었을 것으로 추정된다.[19] 물론 그래도 1~1.5톤 정도의 거대한 곰이라는 결론이 나온다. 120만 년 전쯤 사라지긴 했지만, 역사상 가장 거대한 육상 식육목 포식자였던 것이 분명하다. 흥미롭게도 악토테리움의 대퇴골에서 미토콘드리아 DNA를 추출하는 데 성공했는데, 분석 결과는 악토테리움이 악토두스보다는 현생 안데스 안경곰과 가장 가까운 그룹임을 시사한다.[20]

이렇게 다양하게 번성했던 신대륙의 곰은 인간의 도착과 함께 그 크기와 다양성이 대폭 감소했다. 앞서 대형 고양이과 포식자와 마찬가지 상황이다. 물론 이 시기 고난을 겪은 것은 이들이 전부가 아니다. 당시 가장 큰 육상 동물 중 하나였던 매머드 역시 최후를 맞이한다.

사라진 털매머드

메가파우나Megafauna는 고대 그리스어로 거대 동물이라는 의미로 코끼리나 지금은 사라진 매머드 같은 대형동물을 뜻한다. 고생물학자들은 1만 년에서 1만 3천 년 전 북미와 남미 대륙에서 대규모로 거대 생물체가 멸종되었다는 점을 밝혀냈다. 흥미로운 사실은 호주나 마다가스카르, 태즈매니아 같은 고립된 지역에서도 비슷한 멸종 사건이 인류의 상륙과 비슷한 시점에 일어났다는 것이다. 따라서 인간이 이런 거대 동물 멸종Megafauna extinction과 연관이 있다는 주장이 자연스럽게 제기됐다.

앞장에서 살펴봤듯이 인류가 호주에 상륙하기 전에는 독자적으로 진화한 다양한 동물들이 자신만의 생태계를 꾸려가고 있었다. 유대류 검치 호랑이라고 불리는 덩치 큰 사냥꾼을 비롯해서 거대 도마뱀인 메갈라니아, 뛰지 못할 만큼 큰 캥거루 등 수십 종의 거대 동물이 존재했던 것이다. 하지만 호주의 거대 동물들은 인류가 도착한 후 얼마 지나지 않아 자취를 감춘다.[21] 당시 대규모 기후 변화가 있었던 것이 아니기 때문에 이들의 멸종 원인에 대해서는 여러 논쟁이 오갔다.

이보다 더 많은 논쟁이 벌어진 부분은 북미와 남미의 대량 멸종 사건이다. 우리가 앞서 설명한 거대 동물을 포함해 매머드나 마스토돈 같은 대형 초식 동물까지 순식간에 사라졌기 때문이다. 이 시기는 마지막 빙하기가 있던 시기로 다시 갑자기 기온이 내려가는 등 기후 변동이 심했던 시기다. 따라서 기후 변화 역시 가능한 원인으로 제시되긴 했지만, 이 동물들이 이미 몇 차례 큰 기후변화를 겪고 살아남았기 때문에 인간이 오기 전까지 번성하다 갑자기 사라진 점은 설명하기 어려운 미스터리다. 하지만 얼마 안되는 숫자의 초기 인류가 거대한 털매머드Mammuthus primigenius를 멸종시킬 수 있었을까?

매머드는 대지에 사는 것이라는 의미의 타타르어에서 나온 단어로 장비목Proboscidea의 대형 초식동물이다. 물론 코끼리와 근연 관계로 특히 아시아 코끼리Elephas와 가깝다. 털매머드는 종종 현생 코끼리보다 훨씬 크게 묘사되지만, 수컷 성체의 평균적인 크기는 키 2.7~3.4m에 무게 6톤으로 현재의 아프리카 코끼리와 비슷하거나 조금 큰 정도였다. 여러 종의 매머드가 유라시아, 아프리카, 북미 대륙에서 500만 년 전부터 번성했지만, 이 가운데 대표종인 털매머드는 1만 년 전쯤 사라졌다. 북극해의 브란겔랴 섬Wrangel Island에 고립된 일부 털매머드가 크기가 작아진 채 한동안 더 살아남았지만, 이들도 4,500년 전쯤 사라졌다. 아무튼 이들의 위풍당당한 모습을 보면 인간 때문에 사라졌다는 설명은 무리가 있어 보인다. 우리가 동물원에서 보는 아시아 코끼리보다 훨씬 큰 털매머드를 돌창이나 돌도끼로 사냥할 수 있을까? 이 질문에 대한 답은 우리보다는 원시 인류가 가지고 있다.

대략 1만 년 전쯤 아메리카 대륙에는 초기 인류 이주자가 만든 클로비스 문화Clovis culture가 발달했다. 클로비스 문화의 가장 큰 특징은 클로비스 포인트Clovis point라고 불리는 좌우 대칭인 뾰족한 돌이다. 길이는 4~20cm, 폭은 2~2.5cm 정도로 가장 일반적인 추론은 나무 막대기에 끼워 창처럼 사용했다는 것이다. 아무튼 여러분이 이런 무기를 든 상태에서 아프리카 코끼리와 비슷한 체격인 매머드를 사냥한다고 가정해보자. 성공하면 몇 톤에 달하는 고기를 얻을 수 있기는 하지만, 세상에 쉬운 일은 없다. 잘못해서 매머드를 화나게 만들면 고기를 구하기는커녕 생명도 지키기 힘들 것이다. 만약 필자라면 더 안전하게 잡을 수 있는 사슴 정도 크기의 초식 동물(물론 순순히 잡혀주지 않겠지만)을 선택할 것이다.

그러나 놀랍게도 초기 인류가 털매머드나 마스토돈을 사냥한 증거들이 있다. 호모 사피엔스는 물론이고 네안데르탈인이 남긴 증거도 있다. 무스테리안Mousterian(4~16만년 전)기의 네안데르탈인이 던진 창에 맞은 흔적이 이탈리아에서 발견된 털매머드의 화석에 남아 있기 때문이다.[22] 물론 죽은 다음 찔렀다는 주장도 가능하지만, 일반적으로 죽은 동물에서 고기를 발라내기 위한 흔적은 사냥할 때 남기는 흔적과는 달라서 구분이 가능하다. 물론 우연히 죽은 매머드를 만난 경우에 인류의 조상은 그 기회를 놓치지 않았을 것이다. 사자에게 당한 어린 매머드 화석에서 인간의 도구에 의해 살을 발라낸 것으로 보이는 흔적이 발견되었는데, 이는 인류의 조상 역시 시체 청소부 역할을 마다하지 않았다는 것을 시사한다.[23] 아마도 현재의 육식 동물처럼 인간도 사냥도 하고 청소부 역할도 하면서 삶을 영위했을 것이다. 클로비스인 역시 예외가 아니라서 이들이 매머드를 포함해서 대형 포유류를 사냥한 증거들이 발견되었다.[24,25] 만물의 영장인 인간답게 좀 더 머리를 써서 함정을 이용해서 사냥했다는 증거도 있다.

하지만 이런 증거들이 털매머드나 마스토돈이 초기 인류의 남획으로 멸종되었다는 주장을 뒷받침하기는 힘들다. 당시 전 세계 인구라고 해봐야 지금과는 비교할 수 없을 만큼 적어서 설령 주식이 매머드 고기라고 해도 지구상에 있던 매머드를 비롯한 많은 대형동물을 멸종에 이르게 하긴 어렵다. 그래서 나왔던 가설 가운데 하나는 초기 인류가 마구잡이로 매머드나 대형 포유류를 사냥했다는 것이지만(이를 오버킬 가설overkill hypothesis이라고 한다), 쉽게 예상할 수 있듯이 이를 입증할 증거가 부족하다. 대부분의 포유류 화석에는 인간이 도축한 흔적이 남아있지 않다. 따라서 인류가 어떤 형태로든 대량 멸종에 크게 관여하지 않았다고 믿는 연구자도 많다.[26] 그러나 동시에 기후 변화만으로 멸종했다는 것 역시 여러 번의 빙하기와 간빙기를 살아온 이들에게 적절하지 않을 수 있다. 그래서 인류와 함께 건너온 바이러스처럼 보통은 진지하게 논의되기 힘든 가설까지 등장했다.

아마도 여기서 그 원인에 대해서 명쾌하게 설명하기는 어려울 것이다. 하지만 한 가지 확실한 것은 크기에 구애받지 않고 아무리 큰 먹이라도 잡을 수 있는 새로운 포식자가 등장했다는 것이다. 바로 인간의 등장이다. 인간은 도구를 이용해서 사냥을 하고 함정을 파거나 여러 명이 서로 협력해서 사냥을 하는 등 이전에는 보기 힘든 새로운 방식으로 지구 생태계의 정점에 섰다. 그것만으로도 엄청난 변화지만, 지구 생태계에 더 큰 변화를 가져온 것은 바로 농경과 목축이다. 이 책의 마지막 장은 인간에 대해서 이야기 할 것이다.

chapter 16

∴

인류의 시대

사라진 포식자

프랑스 남부에 위치한 쇼베 동굴Chauvet Cave에는 당시 살았던 다양한 동물의 벽화가 있다. 벽화의 연대는 3만 년 정도로 이 가운데 눈길을 끄는 것은 바로 사자의 모습이다. 당시 유럽에 사자가 살았기 때문이다. 오늘날 사자를 떠올리면 잘 상상이 되지 않겠지만, 사실 사자는 매우 성공적인 고양이과 포식자로 앞에서 언급한 것처럼 북미 대륙은 물론 아프리카, 아시아, 유럽 대륙 등 광범위한 지역에서 번성한 생물이다. 그러다 보니 사자 자체도 수십 가지 아종

subspecies이 존재해 그 환경에 맞게 적응했다. 1만 년 전 지구에서 사라진 대형동물과 인간과의 관계는 앞서 살펴봤듯이 불분명하지만, 사자가 지금처럼 제한된 장소에서 사는 동물이 된 것은 인간과 분명한 연관성이 있다.

유럽 사자의 대표격인 유럽 동굴 사자Panthera leo spelaea는 사실 유럽뿐 아니라 유라시아 대륙과 알래스카 등 북미 대륙 일부까지 살았던 흔적이 있어 유라시아 동굴 사자라고 불리기도 한다. 일부 연구자들은 동굴 사자를 사자와는 독립된 종으로 분류하기도 하지만,[1] 최근에 화석에서 얻은 DNA는 현대 사자와 가까운 관계라는 것을 다시 확인시켰다.[2] 따라서 일반적으로 사자의 아종으로 분류하는데, 현대의 아프리카 사자와는 달리 추운 기후에 적응한 사자이다. 유럽 동굴 사자 표본의 골격 크기는 대부분 현대 사자와 비슷하지만, 높은 위도로 갈수록 몸집이 커지는 다른 동물과 비슷하게 더 큰 개체도 발견되고 있어 현재의 사자보다 약간 더 컸던 것으로 생각된다. 유럽 동굴 사자는 37만 년 전부터 1만 년 전까지 유라시아 대륙과 북미 대륙 일부에서 번성하다가 사라졌다. 하지만 이후 신기하게도 유럽에 사자가 사라지지 않았다. 이른바 유럽 사자European lion가 그 자리를 대신했기 때문이다.

과학자들은 유럽 동굴 사자가 아프리카에서 건너온 것이 아니라 더 이전에 유럽에서 살았던 사자인 화석 사자Panthera leo fossilis

에서 진화된 것으로 보고있다. 이 화석 사자 역시 사자의 아종으로, 70만 년에서 30만 년 사이 유럽에서 살았다. 따라서 유럽 동굴 사자 다음에 등장한 유럽 사자 역시 완전히 사라진 것이 아니라 유럽 동굴 사자에서 진화되었다고 추론하는 것이 합리적이지만, 그 크기는 유럽 동굴 사자보다 약간 작은 사자의 다른 아종인 페르시아 사자 Panthera leo persica(인도 사자, 아시아 사자라고도 부른다)와 유사해 어쩌면 유럽 동굴 사자가 사라진 후 그 자리를 대신했을 가능성도 있다. 물론 마지막 빙하기 이후 따뜻해진 유럽으로 아시아 사자가 이주하면서 혼혈이 일어난 결과일지도 모른다. 어떤 것이 진실이든지 간에 이 유럽 사자의 멸종은 분명히 인간과 관련이 있다.

이 주장의 근거는 역사 기록으로도 쉽게 확인된다. 그리스인을 비롯해서 고대 유럽인은 사자를 적극적으로 사냥했다. 사자를 사냥하는 것 자체가 명예로 여겨진 것 이외에도 가축과 사람에게 피해를 준다는 현실적인 이유도 있었을 것이다. 그리스 신화의 영웅 헤라클레스의 12가지 과제 중 첫 번째가 네메아의 사자Nemean lion라는 괴물 사자를 퇴치하는 일이었다는 것 역시 우연은 아닐 것이다. 사자를 죽인 후 헤라클레스는 흔히 이 사자로 만든 가죽을 두르고 곤봉을 든 모습으로 묘사된다. 이 이야기는 당시 사회에서 사자를 퇴치하는 일이 영웅적으로 여겨지는 일이라는 점을 암시한다. 실제로 당대의 기록을 보면 사자는 개체수가 줄어 잡기 힘들어질수록 인기 있는 사냥감이었다. 하지만 기원전 1세기에서 서기 1세기에는 더 이상 유럽에 사냥할 사자가 남지 않았다는 기록이 등장한다. 따라서 원형 경기장에 등장하는 사자는 사실 아프리카나 아시아에서 들여온 수입산이었다.

설령 로마 제국 시대에 유럽 사자가 살아남았다고 해도 결국 사라

| 네메아의 사자와 싸우는 헤라클레스. 루벤스 작.

지는 것은 시간문제였을 것이다. 서식지가 줄어들면 사자 같은 최상위 포식자가 가장 취약해지기 때문이다. 여기에 인기 있는 사냥감이 된 것은 멸종에 이르는 길을 재촉했을 것이다. 인간은 육지의 상당 부분을 농경과 목축을 위해 개조했고 여기에 방해가 되는 생물은 가차없이 제거했다. 유럽의 상위 포식자였던 곰과 늑대 역시 개체 수가 크게 감소했고 사자 등 대형 고양이과 포식자는 아예 사라졌다. 유럽과 아시아 지역에서 크게 번성했던 페르시아 사자 역시 현재는 500마리 남짓 남아있어 멸종 위기종으로 지정된 상태다. 만약 인위적으로 보호하려는 노력이 없었다면 이 역시 벌써 멸종했을 것이다.

아프리카 사자는 이보다 사정이 좋기는 하지만, 이들 역시 멸종 위기에서 완전히 자유롭지 못하다. 1950년대에는 아프리카 전체에 개체수가 40만 마리 정도였지만, 1990년대에는 10만 마리 정도로 줄었고 2002~2004년 추정에서는 16,500~47,000마리까지 감소했다.[3] 다른 연구에서는 20년마다 사자 개체수가 30~50% 정도 감소하는 것으로 나타났다.[4] 사자의 조상은 80~100만 년 전 정도에 아프리카에서 등장해 아프리카는 물론 유럽, 아시아 대륙과 신대륙까지 호령한 가장 성공적인 포식자 가운데 하나였다. 하지만 이제는 서식지가 크게 감소하면서 멸종의 위기로 조금씩 다가서고 있다. 물론 이것은 사자만의 문제가 아니라 지구상의 많은 동식물이 직면한 현실이다.

우리 인간은 지구의 육지의 상당 부분을 농경과 목축을 위해 개조했다. 동시에 지구상 곳곳에 동물이 지나다니기 어려운 도로를 건설하고 사람이 살 건물을 지었다. 20세기 이전까지 그럭저럭 개체수를 유지할 수 있었던 많은 동물이 이제는 하나씩 자취를 감추고 있고 이제 과학자들은 여섯 번째 대멸종과 인류세Anthropocene에 대한 이야기를 하고 있다. 당연히 사라지는 것은 사자 하나만이 아니기 때문이다. 그런데 사라지는 생물만 있는 건 아니다. 이제 지구상에는 인간과 인간이 먹는 생물이 크게 번성하고 있다.

소의 행성 (Planet of the Cows)

필자가 자주 가는 웹사이트 가운데 국제 전자 전기 기술자 협회 Institute of Electrical and Electronics Engineers에서 만든 IEEE Spectrum가 있다. 웹사이트의 특징상 주로 전자 전기 기술 관련 뉴스가 주를 이루지만, 하루는 이곳에서 정말 독특한 제목의 글을 봤다. 바로 소의 행성Planet of the Cows이다.[5] 이 글에 따르면 오늘날 지구 육지에서 생물량으로 가장 큰 비중을 차지하는 척추동물은 크게 두 종이다. 바로 사람Homo sapiens과 소Bos taurus다. 이미 인류의 숫자가 75억 명에 이르렀으니 사람의 생물량이 엄청나게 크다는 점은 놀라운 일이 아니다. 하지만 소가 차지하는 생물량이 사람보다 많다는 점은 의외였다. 전 세계 소 사육두수는 대략 15억 마리[6] 정도

인데 마리 당 무게는 평균 400kg에 달한다. 그 결과 소의 무게를 모두 합치면 6억톤 정도로 4억톤이 채 안되는 사람보다 1.5배는 더 크다. 그야말로 지구 생태계의 우점종인 셈이다.

소가 유별나게 큰 비중을 차지하는 이유는 상대적으로 몸집이 크고 고기는 물론 우유 생산이나 농업 등 다른 용도로 많이 사용되기 때문이다. 대형 초식동물인 소는 잡식성인 돼지나 닭에 비해 소화기관이 크고 얻을 수 있는 고기에 비해 몸집이 크다. 여기에 닭의 경우 부화에서 출하까지 기간이 짧지만 소는 키우는 데 걸리는 시간이 길다는 점도 고려해야 한다. 또 우유 생산 등의 이유로 빨리 도축되지 않고 오래 생존할 수 있다. 다시 말해 수명이 길고 무겁다 보니 생물량도 그만큼 큰 것이다.

오늘날 소는 지구 생태계 자원의 상당량을 소비하고 있다. 유네스코UNESCO의 국제 물, 환경 교육기관으로 네덜란드에 본부를 둔 IHE International Institute for Infrastructural Hydraulic and Environmental Engineering가 2010년에 내놓은 보고서에 의하면 1kg의 소고기를 만들기 위해서는 19.2~70.1kg의 먹이가 필요하다.[7] 이렇게 많이 필요한 이유는 잘 소화되지 않는 풀을 주식으로 먹는 초식동물이기 때문이다. 더구나 소 한 마리를 도축하면 나오는 고기는 많지 않다. 우리나라는 예외적으로 내장도 먹고 뼈까지 국물로 잘 우려내는 등 귀한 소를 버리는 부분 없이 활용하지만, 많은 국가에서 고기만 먹으므로 소고기는 당연히 비쌀 수밖에 없다.

그런데 사실 풀만 먹여서는 소를 빨리 키울 수 없다. 단백질과 양분이 풍부한 콩과 곡물을 먹여야 빨리 자라게 할 수 있다. 이런 이유로 막대한 양의 콩과 옥수수가 가축 사료용으로 재배된다. 인구가 꾸준히 증가하고 중국 등 신흥국을 중심으로 육류 소비량이 빠르게 늘면서 사료용 곡물에 대한 수요가 크게 증가하자 막대한 숲과 초원이 개간되는 동시에 작물을 키우는 데 필요한 물의 수요 역시 크게 증가했다. IHE 보고서를 다시 인용하면 소고기 1톤 생산을 위해서는 평균 1만5천 m^3의 물이 필요하다.[8] 막대한 양의 물이 작물을 키우는 데 사용되고 다시 이 물은 가축 사료로 주는데, 사실 얻어지는 고기는 들어가는 자원의 양을 생각하면 아주 작은 양에 불과하다. 풀을 먹인다고 해도 목초지가 필요하니 엄청난 양의 토지가 필요한 건 마찬가지다. 따라서 이 수요를 감당하려면 막대한 토지가 필요하다.

2006년, 유엔 식량 농업 기구FAO에서 내놓은 '가축의 긴 그림자 LIVESTOCK'S LONG SHADOW, environmental issues and options'에 따르면 인간이 재배하는 작물의 40%가 가축을 위해 사용되고 있으며 얼어붙지 않은ice-free 육지의 26%가 목축을 위해 사용되고 있다.[9] 그리고 이 보고서가 나온 후 인류는 식량 생산을 위해서 더 많은 육지를 변형했다. 따라서 숲의 면적은 계속해서 줄어들고 있다. 2000년에서 2005년 사이 아마존 열대 우림에서 남한보다 더 큰 열대우림이 사라졌다.[10]

문제가 심각해지자 육식 자체를 비판하는 사람들도 생겨났다. 과도한 육식이 지구 환경을 파괴하고 지구 온난화를 가속시킨다는 것이다. 결론부터 말하자면 지나친 육식은 건강에는 물론 지구 환경에도 해롭지만, 사실 육식을 제외하고 생각해도 인류 문명 자체가 생태학적 자원을 포함 지구의 자원을 과도하게 소비하고 있다. 인류 자체가 이제 지구를 먹는 포식자가 된 것이다.

농업의 딜레마

육식을 하지 않더라도 우리가 먹고살기 위해서는 지구의 상당 부분을 작물 재배를 위해 사용해야 한다. 그리고 충분한 작물 재배를 위해 많은 비료와 농약이 필요하다. 덕분에 우리가 굶주리지 않을 수 있으니 우리는 항상 이 사실에 고마워해야 한다. 인류 역사에서 굶주림에서 항상 자유로웠던 인구는 소수에 불과했고 지금도 여전히 굶주리는 사람이 있다는 점을 잊으면 안 된다. 하지만 이것과는 별개로 대규모 농업은 지구 생태계에 큰 영향을 미친다. 우리가 주식으로 삼는 쌀부터 살펴보자.

유엔 식량농업기구FAO의 데이터에 의하면 2014년 전 세계 쌀 생산량은 7억 5150만 톤이다.[1] 전체 생산량의 반은 중국과 인도에서 생산된다. 재배 면적은 162,716,862 헥타르 혹은 162.7만km²다. 평균 면적 당 생산량은 헥타르10,000㎡ 당 4.6톤 정도다. 얼마나 집약적 농업을 하는지, 농약과 비료는 얼마나 사용하는지, 그리고 기후(이모작, 삼모작이 가능한지)가 면적 당 생산량에 큰 영향을 미친다. 벼농사 자체는 사실 그렇게 환경에 큰 부담을 주는 것 같지는 않지만, 많은 면적의 숲과 초원을 농경지로 바꿨다는 것 이외에도 막대한 양의 물을 소비해야 한다는 문제가 있다. 논에 안정적으로 물을 공급하기 위해 많은 저수지와 댐, 관계시설이 필요하며 그만큼 야생 생태계의 몫이 줄고 또 다른 환경 오염의 문제를 일으킨다.

온실가스 배출은 현대 농업의 대표적 문제다. 농작물을 재배하면 이산화탄소를 더 흡수할 것 같지만, 사실 이전에 있던 숲과 초원이 더 많은 이산화탄소를 유기물의 형태로 보존하기 때문에 개간할수록 대기 중 이산화탄소 농도는 증가한다. 동시에 논에 물을 대서 토양과 산소의 접촉을 격리시키면 내부에서는 메탄 생성균에 의해 메탄가스가 형성된다. 벼농사는 농업 부분에서 발생하는 메탄 가스의 11% 정도를 발생시키며 메탄가스는 이산화탄소보다 수십 배 강력한 온실가스다.[12] (참고로 쌀농사보다 더 강력한 메탄가스 생성 요인은 소다. 소 같은 반추 동물의 장에서는 많은 양의 메탄가스가 생성되기 때문이다.) 따라서 농업 자체가 지구 온난화에 기여할 수밖에 없다. 만약 기계를 많이 사용하는 현대적 농업 방식을 사용하면 여기에 들어가는 추가적인 화석연료로 인해 그만큼 온실가스 배출량은 증가한다.

밀의 경우에도 상황이 크게 다르지 않다. 2014년 재배 밀 재배 면적은 220,417,745헥타르 혹은 220.4만km²이며 생산량은 7억2900만 톤이다. 밀과 쌀은 세계인의 주곡작물로 인류의 배를 채워주는 고마운 존재다. 하지만 의외로 밀과 쌀보다 생산량이 많은 작물이 바로 옥수수maize다. 재배 면적은 184,800,969헥타르 혹은 184.8만km²로 밀보다 작지만 생산량은 10억 톤이 넘는다.[13] 물론 주로 사료용으로 쓰이기 때문에 우리가 직접 먹는 양은 많지 않다. 그외에도 다 언급하기 힘든 수많은 작물이 우리의 식탁에 오르거나 사료로 사용되기 위해서 재배된다. 물론 일부는 바이오 연료 같은 다른 용도로도 사용된다.

하지만 이 과정에서 막대한 물과 토지를 사용하는 것과 동시에 작물 생산량을 증가시키기 위해서 사용되는 비료가 다른 문제를 일으킨다. 흔히 현대 농업의 문제로 농약을 먼저 생각하지만, 환경에 미치는 영향을 고려하면 화학 비료 역시 만만치 않다. 암모니아를 원료로 제조한 질소 비료에서 산화 질소N_2O가 배출되는데, 같은 무게의 이산화탄소와 비교해서 온실효과가 거의 300배 정도 강력하기 때문이다.[14] 농업 부분은 인위적인 산화 질소 배출의 80%를 차지하고 있다. 동시에 숲을 개간해서 농지를 만들 경우 역시 막대한 이산화탄소를 배출한다. 따라서 농업과 목축업이 온실가스 배출에 기여하는 부분이 적지 않아서 인위적 온실가스 배출의 10~13%를 차지한다.[15] 물론 이 수치는 보고서마다 차이는 있지만, 농업 부분이

10~20% 사이를 차지한다는 추정은 대개 일치한다. 이는 흔히 온실가스의 주범으로 불리는 운송 수단(주로 내연 기관으로 움직이는 차량)에 의한 온실가스 배출과 비슷한 수준이다.

동시에 극지방, 사막, 높은 산 등 농경이나 목축업이 힘든 지역을 제외하고 인류가 농경과 목축을 위해 변형시킨 토지의 양은 지구 육지 표면의 거의 절반에 달한다.[16] 물의 경우 사용 가능한 담수 자원의 70%가 농업에 사용된다.[17] 하지만 아직도 풍족하게 먹지 못하는 사람이 많고 인류는 더 많은 식량 자원을 필요로 한다. 사실 절대적인 식량 생산이 부족한 것보다는 배분의 문제가 더 크게 걸려있기는 하지만, 인구가 늘고 경제가 성장함에 따라 식량 수요가 증가할 것은 분명하다. 그런데 아이러니하게도 이렇게 식량 생산을 늘리려는 시도가 자원 고갈 및 기후 변화를 더 심하게 만든다.

그래도 희망적으로 생각하면 지구 기온이 상승해 작물의 북방 한계선이 올라가면 작물 생산량은 더 늘어날 수 있다. 주로 혜택을 보는 국가는 캐나다와 러시아처럼 고위도 국가지만, 아무튼 전 세계 식량 재배량은 증가할 가능성이 있는 것이다. 여기에 대기 중 이산화탄소 농도가 증가한 것도 식물 성장에 긍정적인 영향을 미칠 수 있다. 광합성에는 햇빛, 물과 더불어 이산화탄소가 필요한데, 사실 대기 중 이산화탄소 농도는 최초의 식물이 등장한 이후 계속해서 감소해왔다. 따라서 현재 식물은 낮은 이산화탄소 농도에 적응해왔지만, 다시 이산화탄소 농도가 올라가면 그만큼 더 많은 광합성을 할 수 있다.

그러나 기후 변화에 따른 효과는 매우 복합적이다. 최근 인류는 예전에는 보지 못했던 이상 기후에 시달리고 있다. 지구 기온이 상 승하면서 지구 기후의 변동성이 커지고 있고 이는 가뭄, 폭우, 폭설, 한파 등 다양한 기상 이변으로 나타난다. 2017년 〈네이처 지오사이 언스Nature Geoscience〉에 국내 연구자가 발표한 논문에 의하면 기 온이 올라가도 가뭄 같은 기상 이변이 더 흔해지면서 지난 30년간 북미의 식량 생산은 약간 감소했다.[18] 물론 재배 면적을 늘리는 방식 으로 대응을 할 순 있지만, 기후 변화가 생태계는 물론 식량 생산에 도 우호적이진 않은 셈이다. 그럼에도 우리는 식량이 필요하기 때문 에 앞으로 점점 더 많은 토지를 개간하고 더 많은 화학 비료를 사용 할 수밖에 없는 입장이다.

마지막 최상위 포식자의 미래

앞서 소개한 대부분의 최상위 포식자들은 결국 멸종이라는 운명 을 피할 수 없었다. 생자필멸의 법칙은 태양도 예외가 아닌데, 하물 며 지구의 생물 종 단위에서는 더 말할 필요도 없다. 더 큰 범위인 속, 과, 목, 강 단위의 멸종도 얼마든지 있었던 일이다. 이런 운명을 고려하면 인류라는 종 역시 영원히 지속될 순 없고 언젠가는 최후를 맞이할 것이다. 하지만 그 시기가 100년 이내인지 아니면 100만 년 이내인지는 지금을 사는 우리에게 중요한 문제다.

물론 인류의 능력이 어느 때보다 커지고 숫자도 많아진 지금 인류라는 종 전체의 멸종은 쉽게 생각할 수 없는 일이기는 하다. 그러나 인류의 상당수가 환경 파괴와 기후 변화로 인해 고통받는 미래는 충분히 상상할 수 있다. 좀 더 정확하게 말하면 이는 상상이 아니라 현실이기도 하다. 이전엔 보기 힘든 기상 이변과 기후 난민이 그 증거다. 2014년부터 2016년까지 3년 연속으로 지구 평균 기온의 최고치를 연속으로 갱신했으며 이 글을 쓰는 2017년 역시 상당한 더위가 기승을 부렸다. 그래도 기후 변화에 어느 정도 대응이 가능한 선진국 국민은 사정이 나은 편이다. 진짜 문제는 개발도상국의 힘 없는 이들이다. 기상 이변으로 인한 식량 부족이나 가격 상승, 해수면 상승 같은 변화는 이들을 가장 힘들게 만들 것이다.

하지만 그렇다고 해서 우리가 산업화 이전이나 문명화 이전으로 다시 돌아갈 수도 없다. 지금처럼 많은 사람을 먹여 살리고, 풍족하진 않아도 어느 정도 삶의 질을 보장하기 위해서는 다른 대안이 없다. 따라서 우리에게 남은 선택지는 현대 산업 문명과 지구 생태계가 조화를 이루도록 노력하는 것이다. 비록 보존과 개발을 둘러싼 논쟁에서 보통 개발이 이기기는 하지만, 미래가 무조건 비관적인 것만은 아니다. 대표적으로 오존층을 지키기 위한 국제적인 노력은 상당한 결실을 맺었다.

온실가스 규제는 이보다 훨씬 어려운 결단을 내려야 하지만, 이 역시 아무 성과가 없는 것은 아니다. 비록 일부 국가들이 충실하게 이행하지 않거나 탈퇴할 가능성이 있지만, 온실가스 감축을 위해 많은 나라가 함께 노력하기로 큰 틀에서 합의를 본 파리 기후 협약이 대표적 성과다. 다만 이미 19세기와 비교해서 지구 평균 기온은 섭씨 1도 가까이 상승했고 당분간 획기적인 배출 감소를 기대할 수 없는 만큼 지구 생태계에 큰 영향이 우려되는 섭씨 2도 상승은 불가피할지도 모른다. 그러나 노력을 통해 개선될 여지가 없는 건 아니다.

후손들에게 안심하고 마실 물과 먹거리가 부족하고 극심한 이상 기후에 시달리는 미래를 물려주고 싶은 사람은 거의 없을 것이다. 하지만 이를 위한 행동은 여러 가지 정치 경제적 이해관계가 얽혀 있어 간단한 문제가 아니다. 하지만 당장 손해를 보더라도 긴 안목에서 미래의 우리와 우리 후손들을 위한 투자가 필요하다. 지금까지 이 책에서 소개한 최상위 포식자들은 모두 풍성한 지구 생태계의 결실이었다. 인류 역시 예외일 수 없다. 우리가 지구 생태계의 일부로 살아가기 위해서는 반드시 그 생태계가 필요하다.

chapter 1

1   https://en.wikipedia.org/wiki/Adenosine_triphosphate

2   Rich PR (December 2003). "The molecular machinery of Keilin's respiratory chain". Biochem. Soc. Trans. 31 (Pt 6): 1095–105. PMID 14641005. doi:10.1042/BST0311095.

chapter 2

1   Schopf, J. William (29 June 2006). "Fossil evidence of Archaean life". Philosophical Transactions of the Royal Society B. London: Royal Society. 361 (1470): 869–885

2   Elizabeth A. Bell, Patrick Boehnke, T. Mark Harrison, and Wendy L. Mao. Potentially biogenic carbon preserved in a 4.1 billion-year-old zircon. PNAS, October 19, 2015 DOI: 10.1073/pnas.1517557112

3   Andrew D. Czaja et al, Sulfur-oxidizing bacteria prior to the Great Oxidation Event from the 2.52 Ga Gamohaan Formation of South Africa, Geology (2016). DOI: 10.1130/G38150.1

4   Woese C; Fox G (1977). "Phylogenetic structure of the prokaryotic domain: the primary kingdoms". Proceedings of the National Academy of Sciences of the United States of America. 74 (11): 5088–90.

5   Woese C (June 1998). "The universal ancestor". Proceedings of the National Academy of Sciences of the United States of America. 95 (12): 6854–9.

6   Knoll, Andrew H.; Javaux, E J; Hewitt, D.; Cohen, P. (29 June 2006). "Eukaryotic organisms in Proterozoic oceans". Philosophical Transactions of the Royal Society B. 361 (1470): 1023–38.

7   Retallack, G.J.; Krull, E.S.; Thackray, G.D. & Parkinson, D. H. (2013). "Problematic urn-shaped fossils from a Paleoproterozoic (2.2 Ga) paleosol in South Africa.". Precambrian Research. 235: 71–87.

8   Sagan, Lynn (1967). "On the origin of mitosing cells". Journal of Theoretical Biology. 14 (3): 225–274

9   Margulis, L.; Dolan, M.F.; Guerrero, R. (2000). "The chimeric eukaryote:origin of the nucleus from the Karyomastigont in Amitochondriate protists". Proceedings of the National Academy of Sciences of the United States of America. 97 (13): 6954–6959.

10 Tom Cavalier-Smith (May 1989). "Archaebacteria and Archezoa". Nature. 339 (6220): 100–101. doi:10.1038/339100a0. PMID 2497352.

11 Cavalier-Smith T (1991). "Archamoebae: the ancestral eukaryotes?". BioSystems. 25 (1-2): 25–38.

12 Poole, Anthony; Penny, David (21 June 2007). "Engulfed by speculation" (PDF). Nature. 447 (7147): 913. doi:10.1038/447913a. PMID 17581566. Retrieved 15 March 2011.

13 http://www.darpa.mil/program/pathogen-predators

14 Kadouri DE, To K, Shanks RM, Doi Y. Predatory bacteria: a potential ally against multidrug-resistant Gram-negative pathogens. PLoS One. 2013 May 1;8(5):e63397.

chapter 3

1 Sosa Torres, Martha E.; Saucedo-Vázquez, Juan P.; Kroneck, Peter M.H. (2015). "Chapter 1, Section 2 "The rise of dioxygen in the atmosphere"". In Peter M.H. Kroneck and Martha E. Sosa Torres. Sustaining Life on Planet Earth: Metalloenzymes Mastering Dioxygen and Other Chewy Gases. Metal Ions in Life Sciences. 15. Springer. pp. 1–12.

2 Planavsky, Noah J.; et al. (24 January 2014). "Evidence for oxygenic photosynthesis half a billion years before the Great Oxidation Event". Nature (journal). Retrieved 14 March 2016.

3 Baxt LA, Singh U. New insights into Entamoeba histolytica pathogenesis. Curr Opin Infect Dis. 2008 Oct;21(5):489-94.

4 Diamond LS, Clark CG (1993). "A redescription of Entamoeba histolytica Schaudinn, 1903 (emended Walker, 1911) separating it from Entamoeba dispar Brumpt, 1925". Journal of Eukaryotic Microbiology. 40 (3): 340–344.

5 Brown M, Reed S, Levy JA, Busch M, McKerrow JH (Jan 1991). "Detection of HIV-1 in Entamoeba histolytica without evidence of transmission to human cells.". AIDS. 5 (1): 93-6.

6 Brock DA, Douglas TE, Queller DC, Strassmann JE (20 January 2011 2011). "Primitive agriculture in a social amoeba". Nature 469 (7330): 393–396. doi:10.1038/nature09668. PMID 21248849

7 Pierre Stallforth, Debra A. Brock, Alexandra M. Cantley, Xiangjun Tian, David C. Queller, Joan E. Strassmann, and Jon Clardy. A bacterial symbiont is converted from an inedible producer of beneficial molecules into food by a single mutation in the gacA gene. PNAS, July 29, 2013 DOI: 10.1073/pnas.1308199110

8 Patrick J. Keeling (2004). "Diversity and evolutionary history of plastids and their hosts". American Journal of Botany. 91 (10): 1481–1493.

9 Eva C. M. Nowack, Gene transfers from diverse bacteria compensate for reductive genome evolution in the chromatophore of Paulinella chromatophora 12214–12219, doi: 10.1073/pnas.1608016113

10 Eva C. M. Nowack, Gene transfers from diverse bacteria compensate for reductive genome evolution in the chromatophore of Paulinella chromatophora 12214–12219, doi: 10.1073/pnas.1608016113

chapter 4

1 Herron, MD; Hackett, JD; Aylward, FO; Michod, RE (2009). "Triassic origin and early radiation of multicellular volvocine algae". Proceedings of the National Academy of Sciences, USA. 106 (9): 3254–3258.

2 King, N.; Westbrook, M.J.; Young, S.L.; Kuo, A.; Abedin, M.; Chapman, J.; Fairclough, S.; Hellsten, U.; Isogai, Y.; Letunic, I.; et al. (14 February 2008). "The genome of the choanoflagellate Monosiga brevicollis and the origin of metazoans". Nature. 451 (7180): 783–8.

3 Macdonald, F. A.; Schmitz, M. D.; Crowley, J. L.; Roots, C. F.; Jones, D. S.; Maloof, A. C.; Strauss, J. V.; Cohen, P. A.; Johnston, D. T.; Schrag, D. P. (4 March 2010). "Calibrating the Cryogenian". Science. 327 (5970): 1241–1243. doi:10.1126/science.1183325

4 Love, G.D., Grosjean, E., Stalvies, C., Fike, D.A., Grotzinger, J.P., Bradley, A.S., Kelly, A.E., Bhatia, M., Meredith, W., Snape, C.E., Bowring, S.A., Condon, D.J., and Summons, R.E. (5 February 2009). "Fossil steroids record the appearance of Demospongiae during the Cryogenian period". Nature. 457 (7230): 718–721. doi:10.1038/nature07673

5 Flourishing Sponge-Based Ecosystems after the End-Ordovician Mass Extinction. Current Biology, DOI: 10.1016/j.cub.2016.12.061

6 Lei Chen, Shuhai Xiao, Ke Pang, Chuanming Zhou, Xunlai Yuan. Cell differentiation and germ-soma separation in Ediacaran animal embryo-like fossils. Nature, 2014; DOI: 10.1038/nature13766

7 Erik R. Hanschen et al. The Gonium pectorale genome demonstrates co-option of cell cycle regulation during the evolution of multicellularity, Nature Communications (2016). DOI: 10.1038/ncomms11370

8 Chen, J-Y.; Oliveri, P; Li, CW; Zhou, GQ; Gao, F; Hagadorn, JW; Peterson, KJ; Davidson, EH (2000). "Putative phosphatized embryos from the Doushantuo Formation of China". Proceedings of the National Academy of Sciences. 97 (9): 4457–4462. Bibcode:2000PNAS...97.4457C. doi:10.1073/pnas.97.9.4457

9 Jean-Paul Roux, Carl D van der Lingen, Mark J Gibbons, Nadine E Moroff, Lynne J Shannon, Anthony DM Smith, Philippe M Cury. Jellyfication of Marine Ecosystems as a Likely Consequence of Overfishing Small Pelagic Fishes: Lessons from the Benguela. Bulletin of Marine Science, 2013; 89 (1): 249 DOI: 10.5343/bms.2011.1145

10 Fedonkin M. A.; Gehling J. G.; Grey K.; Narbonne G. M.; Vickers-Rich P. (2007). The Rise of Animals. Evolution and Diversification of the Kingdom Animalia. Johns Hopkins University Press

11 Buss, L. W.; Seilacher, A. (1994). "The Phylum Vendobionta: A Sister Group of the Eumetazoa?". Paleobiology. 20 (1): 1–4. ISSN 0094-8373

12 Ivantsov, A. Y. (2011). "Feeding traces of Proarticulata - the Vendian metazoa". Paleontological Journal. 45 (3): 237–248. doi:10.1134/S0031030111030063.

13 Retallack, G.J. (2007). "Growth, decay and burial compaction of Dickinsonia, an iconic Ediacaran fossil" (PDF). Alcheringa: an Australasian Journal of Palaeontology. 31 (3): 215–240. doi:10.1080/03115510701484705

chapter 5

1 Canfield, D.E.; Poulton, S.W.; Narbonne, G.M. (2007). "Late-Neoproterozoic Deep-Ocean Oxygenation and the Rise of Animal Life". Science. 315 (5808): 92–5. Bibcode:2007Sci...315...92C. doi:10.1126/science.1135013

2 Towe, K.M. (1970-04-01). "Oxygen-Collagen Priority and the Early Metazoan Fossil Record". Proceedings of the National Academy of Sciences (abstract). 65 (4): 781–788. Bibcode:1970PNAS...65..781T. doi:10.1073/pnas.65.4.781

3   Catling, D.C; Glein, C.R; Zahnle, K.J; McKay, C.P (June 2005). "Why O2 Is Required by Complex Life on Habitable Planets and the Concept of Planetary "Oxygenation Time"". Astrobiology. 5 (3): 415–438. Bibcode:2005AsBio...5..415C. doi:10.1089/ast.2005.5.415

4   John R. Paterson, Diego C. Garcia-Bellido, Michael S. Y. Lee, Glenn A. Brock, James B. Jago, Gregory D. Edgecombe. Acute vision in the giant Cambrian predator Anomalocaris and the origin of compound eyes. Nature, 2011; 480 (7376): 237 DOI:10.1038/nature10689

5   Peiyun Cong, Xiaoya Ma, Xianguang Hou, Gregory D. Edgecombe, Nicholas J. Strausfeld. Brain structure resolves the segmental affinity of anomalocaridid appendages. Nature, 2014; DOI: 10.1038/nature13486

6   Van Roy, Peter; Daley, Allison C.; Briggs, Derek E. G. (2015). "Anomalocaridid trunk limb homology revealed by a giant filter-feeder with paired flaps". Nature. 522 (7554): 77–80. doi:10.1038/nature14

7   Jakob Vinther, Martin Stein, Nicholas R. Longrich, David A. T. Harper. A suspension-feeding anomalocarid from the Early Cambrian. Nature, 2014; 507 (7493): 496 DOI: 10.1038/nature13010

8   Whittington, H. B. (June 1975). "The enigmatic animal Opabinia regalis, Middle Cambrian Burgess Shale, British Columbia". Philosophical Transactions of the Royal Society B. 271 (910): 1–43 271.

9   Han, Jian; Morris, Simon Conway; Ou, Qiang; Shu, Degan; Huang, Hai (2017). "Meiofaunal deuterostomes from the basal Cambrian of Shaanxi (China)". Nature. doi:10.1038/nature21072

chapter 6

1   Frey, R.C. 1995. "Middle and Upper Ordovician nautiloid cephalopods of the Cincinnati Arch region of Kentucky, Indiana, and Ohio." (PDF). U.S. Geological Survey, p.73

2   Klug, C., K. De Baets, B. Kröger, M.A. Bell, D. Korn & J.L. Payne (2015). Normal giants? Temporal and latitudinal shifts of Palaeozoic marine invertebrate gigantism and global change. Lethaia 48(2): 267–288. doi:10.1111/let.12104

3   Kroger, B; Yun-Bai, Zhang (2008). "Pulsed cephalopod diversification during the Ordovician". Palaeogeography Palaeoclimatology Palaeoecology. 273: 174–183. doi:10.1016/j.palaeo.2008.12.015.

4 Shu, D. G.; Morris, S. C.; Han, J.; Zhang, Z. F.; Yasui, K.; Janvier, P.; Chen, L.; Zhang, X. L.; Liu, J. N.; Li, Y.; Liu, H. -Q. (2003), "Head and backbone of the Early Cambrian vertebrate Haikouichthys", Nature, 421 (6922): 526–529, Bibcode:2003Natur.421..526S, doi:10.1038/nature01264

5 Shu, D-G.; Luo, H-L.; Conway Morris, S.; Zhang, X-L.; Hu, S-X.; Chen, L.; Han, J.; Zhu, M.; Li, Y.; Chen, L-Z. (1999), "Lower Cambrian vertebrates from south China". Nature. 402 (6757): 42. Bibcode:1999Natur.402...42S. doi:10.1038/46965

6 Gabbott, S.E.; R. J. Aldridge; J. N. Theron (1995). "A giant conodont with preserved muscle tissue from the Upper Ordovician of South Africa". Nature. 374 (6525): 800–803. doi:10.1038/374800a0.

7 Zhu, Min; Yu, Xiaobo; Ahlberg, Per Erik; Choo, Brian; Lu, Jing; Qiao, Tuo; Qu, Qingming; Zhao, Wenjin; Jia, Liantao; Blom, Henning; Zhu, You'an (2013). "A Silurian placoderm with osteichthyan-like marginal jaw bones". Nature. 502 (7470): 188–193. doi:10.1038/nature12617. ISSN 0028-0836.

8 Zhu, Min, et al. "A Silurian maxillate placoderm illuminates jaw evolution." Science 354.6310 (2016): 334–336.

9 Anderson, P.S.L.; Westneat, M. (2009). "A biomechanical model of feeding kinematics for Dunkleosteus terrelli (Arthrodira, Placodermi)". Paleobiology. 35 (2): 251–269. doi:10.1666/08011.1

10 Anderson, P.S.L.; Westneat, M. (2009). "A biomechanical model of feeding kinematics for Dunkleosteus terrelli (Arthrodira, Placodermi)". Paleobiology. 35 (2): 251–269. doi:10.1666/08011.1

11 Braddy, Simon J.; Poschmann, Markus; Tetlie, O. Erik (2007). "Giant claw reveals the largest ever arthropod". Biology Letters. 4 (1): 106–109. doi:10.1098/rsbl.2007.0491

12 http://www.sciencemag.org/news/2017/04/killer-tail-spine-likely-helped-ancient-sea-scorpion-subdue-its-prey

13 Barry the giant sea worm discovered by aquarium staff after mysterious attacks on coral reef. Daily Mail. London. 2009-03-31.

14 Fauchald, K. (1992). "A review of the genus Eunice (Polychaeta: Eunicidae) based upon type material" (PDF). Smithsonian Contributions to Zoology. 523: 1–422. doi:10.5479/si.00810282.523

chapter 7

1 Martin R. Smith. Cord-forming Palaeozoic fungi in terrestrial assemblages, Botanical Journal of the Linnean Society (2016). DOI: 10.1111/boj.12389

2 The oldest fossils reveal evolution of non-vascular plants by the middle to late Ordovician Period (≈450–440 m.y.a.) on the basis of fossil spores Transition of plants to land

3 C. M. Berry et al. Lycopsid forests in the early Late Devonian paleoequatorial zone of Svalbard, Geology (2015). DOI: 10.1130/G37000.1

4 Heather M. Wilson & Lyall I. Anderson (2004). "Morphology and taxonomy of Paleozoic millipedes (Diplopoda: Chilognatha: Archipolypoda) from Scotland". Journal of Paleontology. 78 (1): 169–184. doi:10.1666/0022–3360(2004)

5 Martin Nyffeler et al, An estimated 400-800 million tons of prey are annually killed by the global spider community, The Science of Nature (2017). DOI: 10.1007/s00114-017-1440-1

6 Gauthier Chapelle & Lloyd S. Peck (May 1999). "Polar gigantism dictated by oxygen availability". Nature. 399 (6732): 114–115. doi:10.1038/20099

7 Robert Dudley (April 1998). "Atmospheric oxygen, giant Paleozoic insects and the evolution of aerial locomotion performance". The Journal of Experimental Biology. 201 (Pt8): 1043–1050.

8 Mitchell, F.L. and Lasswell, J. (2005): A dazzle of dragonflies Texas A&M University Press, 224 pages: page 47.

9 Adrian P. Hunt; Spencer G. Lucas; Allan Lerner; Joseph T. Hannibal (2004). "The giant Arthropleura trackway Diplichnites cuithensis from the Cutler Group (Upper Pennsylvanian) of New Mexico". Geological Society of America Abstracts with Programs. 36 (5): 66.

10 N. Scott Rugh. "Fossil Insects and Crustaceans. Armored beasts in the San Diego Natural History Museum's Paleontology Collection". San Diego Natural History Museum. Retrieved March 25, 2011.

11 Kamenz, C. et al. (2008) Biology Letters 4, 212–215; doi:10.1098/rsbl.2007.0597

12 Paul A. Selden, José A. Corronca & Mario A. Hünicken (2005). "The true identity of the supposed giant fossil spider Megarachne" (PDF). Biology Letters. 1 (1): 44–48. doi:10.1098/rsbl.2004.027

chapter 8

1 Zhu, M.; Zhao, W. (2009). "The Xiaoxiang Fauna (Ludlow, Silurian) – a window to explore the early diversification of jawed vertebrates". Rendiconti della Società Paleontologica Italiana. 3 (3): 357–358.

2 Zhu, M.; Zhao, W.; Jia, L.; Lu, J.; Qiao, T.; Qu, Q. (2009). "The oldest articulated osteichthyan reveals mosaic gnathostome characters". Nature. 458: 469–474. doi:10.1038/nature07855

3 Choo, Brian; Zhu, Min; Zhao, Wenjin; Jia, Liaotao; Zhu, You'an (2014). "The largest Silurian vertebrate and its palaeoecological implications". Scientific Reports. 4. doi:10.1038/srep0524

4 Andrews, Mahala; Long, John; Ahlberg, Per; Barwick, Richard; Campbell, Ken (2006). "The structure of the sarcopterygian Onychodus jandemarrai n. sp. from Gogo, Western Australia: with a functional interpretation of the skeleton". Transactions of the Royal Society of Edinburgh. 96: 197–307. doi:10.1017/s0263593300001309

5 Thomson, K. S. (1968). "A new Devonian fish (Crossopterygii: Rhipidistia) considered in relation to the origin of the Amphibia". Postilla.

6 Edward B. Daeschler, Neil H. Shubin and Farish A. Jenkins, Jr (6 April 2006). "A Devonian tetrapod-like fish and the evolution of the tetrapod body plan". Nature. 440 (7085): 757–763. doi:10.1038/nature04639

7 Massive increase in visual range preceded the origin of terrestrial vertebrates, PNAS. Published online before print March 7, 2017. DOI: 10.1073/pnas.1615563114

8 Stephanie E. Pierce; Jennifer A. Clack; John R. Hutchinson (2012). "Three-dimensional limb joint mobility in the early tetrapod Ichthyostega". Nature. 486: 524–527. doi:10.1038/nature11124

9 Coates, Michael I.; Clack, Jennifer A. (1995). "Romer's gap: tetrapod origins and terrestriality". Bulletin du Muséum national d'Histoire naturelle. 17: 373–388.

10 Godfrey, S. J. 1988. Isolated tetrapod remains from the Carboniferous of West Virginia. Kirtlandia 43, 27–36.

11 Palmer, D., ed. (1999). The Marshall Illustrated Encyclopedia of Dinosaurs and Prehistoric Animals. London: Marshall Editions. p. 53. ISBN 1-84028-152-9.

12 Beaumont, E. H.; Smithson, T. R. (1998). "The cranial morphology and relationships of the aberrant Carboniferous amphibian Spathicephalus mirus Watson". Zoological Journal of the Linnean Society. 122: 187. doi:10.1111/j.1096-3642.1998.tb02529.x

13 Smithson, T.R. & Rolfe, W.D.I. (1990): Westlothiana gen. nov. :naming the earliest known reptile. Scottish Journal of Geology no 26, pp 137–138.

14 R. L. Paton, T. R. Smithson and J. A. Clack, "An amniote-like skeleton from the Early Carboniferous of Scotland", (abstract), Nature 398, 508–51

15 Benton M.J. and Donoghue P.C.J. 2006. Palaeontological evidence to date the tree of life. Molecular biology and evolution. 24(1): 26–53

16 Haines, Tim; Paul Chambers (2006). The Complete Guide to Prehistoric Life. Canada: Firefly Books. p. 38.

17 Johanson, Z. & Ahlberg, P.E. (1998) A complete primitive rhizodont from Australia. Nature 394: 569–573.

18 Holland, Timothy; Warren, Anne; Johanson, Zerina; Long, John; Parker, Katherine; Garvey, Jillian (1 January 2007). "A New Species of Barameda (Rhizodontida) and Heterochrony in the Rhizodontid Pectoral Fin". Journal of Vertebrate Paleontology. 27 (2): 295–315.

chapter 9

1 "Exhibit Specimens: Dimetrodon". American Museum of Natural History. Archived from the original on 4 July 2012. Retrieved 2 July 2012.

2 Berman, D.S.; Reisz, R.R.; Martens, T.; Henrici, A.C. (2001). "A new species of Dimetrodon (Synapsida: Sphenacodontidae) from the Lower Permian of Germany records first occurrence of genus outside of North America" (PDF). Canadian Journal of Earth Sciences

3 Fröbisch, J.; Schoch, R.R.; Müller, J.; Schindler, T.; Schweiss, D. (2011). "A new basal sphenacodontid synapsid from the Late Carboniferous of the Saar-Nahe Basin, Germany" Acta Palaeontologica Polonica. 56 (1): 113–120.

4 Bramwell, C.D.; Fellgett, P.B. (1973). "Thermal regulation in sail lizards". Nature. 242 (5394): 203–205. doi:10.1038/242203a0

5 Haack, S.C. (1986). "A thermal model of the sailback pelycosaur". Paleobiology. 12 (4): 450–458.

6 Tomkins, J.L.; LeBas, N.R.; Witton, M.P.; Martill, D.M.; Humphries, S. (2010). "Positive allometry and the prehistory of sexual selection". The American Naturalist. 176 (2): 141–148. doi:10.1086/653001

7 Schoch, Rainer R. (2009). "Evolution of life cycles in early amphibians". Annual Review of Earth and Planetary Sciences. 37: 135–162. doi:10.1146/annurev.earth.031208.100113

8 Gaines, Richard M. (2001). Coelophysis. ABDO Publishing Company. p. 17. ISBN 1-57765-488-9.

9 Levy, D.L., & Heald, R. (2015). "Biological Scaling Problems and Solutions in Amphibians." Cold Spring Harbor Perspectives in Biology, a019166.

10 Romer, A. S. (1966) [1933]. Vertebrate Paleontology (3rd ed.). University of Chicago Press.

11 Carroll, R. L. (1988). Vertebrate Paleontology and Evolution. New York: W. H. Freeman and Company. p. 69

12 Microbiota and food residues including possible evidence of pre-mammalian hair in Upper Permian coprolites from Russia. Piotr Bajdek1, Martin Qvarnström2, Krzysztof Owocki3, Tomasz Sulej3, Andrey G. Sennikov4,5, Valeriy K. Golubev4,5 and Grzegorz Niedźwiedzki2. Article first published online: 25 NOV 2015 DOI: 10.1111/let.12156

13 Ivakhnenko, M. F. (2001). "Tetrapods from the East European Placket-Late Paleozoic Natural Territorial Complex.". Proceedings of the Paleontological Institute of the Russian Academy of Sciences (in Russian). 283: 1–200 [103].

14 deBraga, M.; Rieppel, O. (1997). "Reptile phylogeny and the interrelationships of turtles". Zoological Journal of the Linnean Society. 120: 281–354. doi:10.1111/j.1096-3642.1997.tb01280.x.

15 Juan Carlos Cisneros, Fernando Abdala, Tea Jashashvili, Ana de Oliveira Bueno, Paula Dentzien-Dias. Tiarajudens eccentricusandAnomocephalus africanus, two bizarre anomodonts (Synapsida, Therapsida) with dental occlusion from the Permian of Gondwana. Royal Society Open Science, 2015; 2 (7): 150090 DOI: 10.1098/rsos.150090

16 https://phys.org/news/2016-09-palaeontologists-uncover-age-old-secret-hollywood.html

17 Carl T. Bergstrom; Lee Alan Dugatkin (2012). Evolution. Norton. p. 515.

18 Sahney S; Benton MJ (2008). "Recovery from the most profound mass extinction of all time". Proceedings of the Royal Society B. 275 (1636): 759–765. doi:10.1098/rspb.2007.1370

19 Darcy E. Ogdena & Norman H. Sleep (2011). "Explosive eruption of coal and basalt and the end-Permian mass extinction". Proceedings of the National Academy of Sciences of the United States of America. 109 (1): 59–62. Bibcode:2012PNAS..109...59O. doi:10.1073/pnas.1118675109

chapter 10

1 Michael J. Benton (2006). When Life Nearly Died. The Greatest Mass Extinction of All Time. London: Thames & Hudson

2 Huttenlocker AK, Botha-Brink J (2013). "Body size and growth patterns in the therocephalian Moschorhinus kitchingi (Eutheriodontia) before and after the end-Permian extinction in South Africa". Paleobiology. 39 (2): 253–77. doi:10.1666/12020

3 "Proterosuchus". Prehistoric Wildlife. Retrieved 4 November 2014.

4 Brusatte, S.L.; Benton, M.J.; Desojo, J.B.; Langer, M.C. (2010). "The higher-level phylogeny of Archosauria (Tetrapoda: Diapsida)". Journal of Systematic Palaeontology. 8 (1): 3–47. doi:10.1080/14772010903537732

5 Nesbitt, SJ. (2011). "The early evolution of archosaurs: relationships and the origin of major clades" (PDF). Bulletin of the American Museum of Natural History. 352: 1–292. doi:10.1206/352.1

6 Sidor, C. A., R. Damaiani, et W. R. Hammer, 2008. "A new Triassic temnospondyl from Antarctica and a review of Fremouw Formation biostratigraphy." Journal of Vertebrate Paleontology, 28(3):654–663.

7 Gauthier, J.A.; Nesbitt, S.J.; Schachner, E.R.; Bever, G.S.; Joyce, W.G. (2011). "The bipedal stem crocodilian Poposaurus gracilis: inferring function in fossils and innovation in archosaur locomotion"

8 Parker, W. G.; Stocker, M. R.; Irmis, R. B. (2008). "A new desmatosuchine aetosaur (Archosauria; Suchia) from the Upper Triassic Tecovas Formation (Dockum Group) of Texas". Journal of Vertebrate Paleontology. 28 (2): 692–701.

9 Small, Bryan John (December 1985). The Triassic thecodontian reptile Desmatosuchus: osteology and relationships (Masters thesis). Texas Tech University.

10 Thulborn, T.; Turner, S. (2003). "The last dicynodont: an Australian Cretaceous relict". Proceedings of the Royal Society B: Biological Sciences. 270 (1518): 985–993. doi:10.1098/rspb.2002.2296

11 Agnolin, F. L.; Ezcurra, M. D.; Pais, D. F.; Salisbury, S. W. (2010). "A reappraisal of the Cretaceous non-avian dinosaur faunas from Australia and New Zealand: Evidence for their Gondwanan affinities". Journal of Systematic Palaeontology. 8 (2): 257–300. doi:10.1080/14772011003594870

12 Jenkins, Farish A. (20 August 2009). "Limb posture and locomotion in the Virginia opossum (Didelphis marsupialis) and in other non-cursorial mammals". Journal of Zoology. 165 (3): 303–315.

13 Palmer, D., ed. (1999). The Marshall Illustrated Encyclopedia of Dinosaurs and Prehistoric Animals. London: Marshall Editions.

14 Botha, J.; Lee-Thorp, J.; Chinsamy, A. (2005). "The palaeoecology of the non-mammalian cynodonts Diademodon and Cynognathus from the Karoo Basin of South Africa, using stable light isotope analysis". Palaeogeography, Palaeoclimatology, Palaeoecology. 223 (3–4): 303. doi:10.1016/j.palaeo.2005.04.016

15 Hopson, J. A. and Kitching, J. W. (2001). A probainognathian cynodont from South Africa and the phylogeny of non-mammalian cynodonts. Bulletin of the Museum of Comparative Zoology 156(1):5-35

chapter 11

1 Sterling J. Nesbitt et al, The earliest bird-line archosaurs and the assembly of the dinosaur body plan, Nature (2017). DOI: 10.1038/nature22037

2 aul C. Sereno, Ricardo N. Martínez & Oscar A. Alcober (2013) Osteology of Eoraptor lunensis (Dinosauria, Sauropodomorpha). Basal sauropodomorphs and the vertebrate fossil record of the Ischigualasto Formation (Late Triassic: Carnian-Norian) of Argentina. Journal of Vertebrate Paleontology Memoir 12: 83-179 DOI:10.1080/02724634.2013.820113

3 Matthew G. Baron, David B. Norman, Paul M. Barrett. A new hypothesis of dinosaur relationships and early dinosaur evolution. Nature 543, 501–506 (23 March 2017) doi:10.1038/nature21700

4 Schwartz, Hilde L.; Gillette, David D. (1994). "Geology and taphonomy of the Coelophysis quarry, Upper Triassic Chinle Formation, Ghost Ranch, New Mexico". Journal of Paleontology. 68 (5): 1118-1130.

5 Ezcurra, M.D. (2007). "The cranial anatomy of the coelophysoid theropod Zupaysaurus rougieri from the Upper Triassic of Argentina". Historical Biology. 19 (2): 185-202.

6 O'Connor, P.M.; Claessens, L.P.A.M. (2005). "Basic avian pulmonary design and flow-through ventilation in non-avian theropod dinosaurs". Nature 436 (7048): 253-6.Bibcode 2005Natur.436..253O. DOI:10.1038/nature03716

7 Wang, S.C.; Dodson, P. (2006). "Estimating the Diversity of Dinosaurs". Proceedings of the National Academy of Sciences of the United States of America. 103 (37): 13601-13605. Bibcode:2006PNAS..10313601W. doi:10.1073/pnas.0606028103

8 Mortimer, Mickey (21 July 2003). "And the largest Theropod is...". The Dinosaur Mailing List. Archived

9 Bybee, Paul J.; Lee, AH; Lamm, ET (2006). "Sizing the Jurassic theropod dinosaur Allosaurus: Assessing growth strategy and evolution of ontogenetic scaling of limbs". Journal of Morphology. 267 (3): 347-359. doi:10.1002/jmor.10406

10 Breithaupt, Brent (1996). "The discovery of a nearly complete Allosaurus from the Jurassic Morrison Formation, eastern Bighorn Basin, Wyoming". In Brown, C.E.; Kirkwood, S.C.; Miller, T.S. Forty-Seventh Annual Field Conference Guidebook. Casper, Wyoming: Wyoming Geological Association. pp. 309-313.

11 Hanna, Rebecca R. (2002). "Multiple injury and infection in a sub-adult theropod dinosaur (Allosaurus fragilis) with comparisons to allosaur pathology in the Cleveland-Lloyd Dinosaur Quarry Collection". Journal of Vertebrate Paleontology. 22 (1): 76-90.

12 Bakker, Robert T. (1998). "Brontosaur killers: Late Jurassic allosaurids as sabre-tooth cat analogues" (PDF). Gaia. 15: 145-158

13 https://phys.org/news/2014-10-kung-fu-stegosaur.html

14 Xu Xing, X; Clark, James M.; Forster, Catherine A.; Norell, Mark A.; Erickson, Gregory M.; Eberth, David A.; Jia Chengkai; & Zhao Qi.; Forster, Catherine A.; Norell, Mark A.; Erickson, Gregory M.; Eberth, David A.; Jia, Chengkai; Zhao, Qi (2006). "A basal tyrannosauroid dinosaur from the Late Jurassic of China". Nature. 439 (7077): 715-718

15 Brusatte, S.L.; Norell, Mark A.; Carr, Thomas D.; Erickson, Gregory M.; Hutchinson, John R.; Balanoff, Amy M.; Bever, Gabe S.; Choiniere, Jonah N.; Makovicky, Peter J.; Xu, Xing (2010). "Tyrannosaur paleobiology: new research on ancient exemplar organisms". Science. 329 (5998): 1481-1485. Bibcode:2010Sci...329.1481B

16 Hutchinson, J. R.; Bates, K. T.; Molnar, J.; Allen, V.; Makovicky, P. J. (2011). "A Computational Analysis of Limb and Body Dimensions in Tyrannosaurus rex with Implications for Locomotion, Ontogeny, and Growth". PLoS ONE. 6 (10): e26037. doi:10.1371/journal.pone.0026037

17 Hutchinson, J.R. (2004). "Biomechanical Modeling and Sensitivity Analysis of Bipedal Running Ability. II. Extinct Taxa" (PDF). Journal of Morphology. 262 (1): 441–461. doi:10.1002/jmor.10240

18 Hutchinson JR, Garcia M (February 2002). "Tyrannosaurus was not a fast runner". Nature. 415 (6875): 1018–21.

19 Horner, J.R. (1994). "Steak knives, beady eyes, and tiny little arms (a portrait of Tyrannosaurus as a scavenger)". The Paleontological Society Special Publication. 7: 157–164.

20 Erickson, Gregory M.; Makovicky, Peter J.; Currie, Philip J.; Norell, Mark A.; Yerby, Scott A.; Brochu, Christopher A. (2004). "Gigantism and comparative life-history parameters of tyrannosaurid dinosaurs". Nature. 430 (7001): 772–775. doi:10.1038/nature02699

21 R. A. DePalma, D. A. Burnham, L. D. Martin, B. M. Rothschild, P. L. Larson. Physical evidence of predatory behavior in Tyrannosaurus rex. Proceedings of the National Academy of Sciences, 2013; DOI:10.1073/pnas.1216534110

22 Therrien, F.; Henderson, D.M. (2007). "My theropod is bigger than yours...or not: estimating body size from skull length in theropods". Journal of Vertebrate Paleontology. 27 (1): 108–115.

23 dal Sasso, C.; Maganuco, S.; Buffetaut, E.; Mendez, M.A. (2005). "New information on the skull of the enigmatic theropod Spinosaurus, with remarks on its sizes and affinities". Journal of Vertebrate Paleontology. 25 (4): 888–896.

24 Nizar Ibrahim, Paul C. Sereno, Cristiano Dal Sasso, Simone Maganuco, Matteo Fabbri, David M. Martill, Samir Zouhri, Nathan Myhrvold, and Dawid A. Iurino.Semiaquatic adaptations in a giant predatory dinosaur. Science, 11 September 2014 DOI: 10.1126/science.1258750

25 Amiot, R.; Buffetaut, E.; Lécuyer, C.; Wang, X.; Boudad, L.; Ding, Z.; Fourel, F.; Hutt, S.; Martineau, F.; Medeiros, A.; Mo, J.; Simon, L.; Suteethorn, V.; Sweetman, S.; Tong, H.; Zhang, F.; Zhou, Z. (2010). "Oxygen isotope evidence for semi-aquatic habits among spinosaurid theropods". Geology. 38 (2): 139–142.

26 Gimsa, J., Sleigh, R., Gimsa, U., (2015) : "The riddle of Spinosaurus aegyptiacus' dorsal sail". University of Rostock, Chair for Biophysics, Gertrudenstr. 11A, 18057

27 Bailey, J.B. (1997). "Neural spine elongation in dinosaurs: sailbacks or buffalo-backs?". Journal of Paleontology. 71 (6): 1124–1146.

28 Paul, Gregory S. (1988). Predatory Dinosaurs of the World. New York: Simon & Schuster. p. 464. ISBN 978-0-671-61946-6.

29 Osborn, Henry F. (1924a). "Three new Theropoda, Protoceratops zone, central Mongolia". American Museum Novitates. 144: 1–12.

30 Barsbold, Rinchen (1974). "Saurornithoididae, a new family of theropod dinosaurs from Central Asia and North America". Paleontologica Polonica. 30: 5–22.

31 Manning, P. L.; Payne, D.; Pennicott, J.; Barrett, P. M.; Ennos, R. A. (2006). "Dinosaur killer claws or climbing crampons?". Biology Letters. 2 (1): 110–112. doi:10.1098/rsbl.2005.0395

32 Norell, Mark A.; Makovicky, Peter J. (2004). "Dromaeosauridae". In Weishampel, David B.; Dodson, Peter; Osmólska, Halszka. The Dinosauria (Second ed.). Berkeley: University of California Press. pp. 196–209.

33 Hone, David; Choiniere, Jonah; Sullivan, Corwin; Xu, Xing; Pittman, Michael; Tan, Qingwei (2010). "New evidence for a trophic relationship between the dinosaurs Velociraptor and Protoceratops". Palaeogeography, Palaeoclimatology, Palaeoecology. 291 (3–4): 488–492.

chapter 12

1 Witton, M.P., Martill, D.M. and Loveridge, R.F. (2010). "Clipping the Wings of Giant Pterosaurs: Comments on Wingspan Estimations and Diversity." Acta Geoscientica Sinica, 31 Supp.1: 79-81

2 Witton, M.P., Habib M.B. (2010). "On the Size and Flight Diversity of Giant Pterosaurs, the Use of Birds as Pterosaur Analogues and Comments on Pterosaur Flightlessness." PLoS ONE, 5(11): e13982. doi:10.1371/journal.pone.0013982

3 Lehman, T. and Langston, W. Jr. (1996). "Habitat and behavior of Quetzalcoatlus: paleoenvironmental reconstruction of the Javelina Formation (Upper Cretaceous), Big Bend National Park, Texas", Journal of Vertebrate Paleontology, 18: 48A

4 Humphries, S., Bonser, R.H.C., Witton, M.P. and Martill, D.M. (2007). "Did Pterosaurs Feed by Skimming? Physical Modelling and Anatomical

Evaluation of an Unusual Feeding Method." PLoS Biol, 5(8): e204. doi:10.1371/journal.pbio.0050204

5   Witton MP, Naish D. A reappraisal of azhdarchid pterosaur functional morphology and paleoecology. PLoS One. 2008 May 28;3(5):e2271. doi: 10.1371/journal.pone.0002271.

6   Pereda-Suberbiola, Xabier; Bardet, N., Jouve, S., Iarochène, M., Bouya, B., and Amaghzaz, M. (2003). "A new azhdarchid pterosaur from the Late Cretaceous phosphates of Morocco". In: Buffetaut, E., and Mazin, J.-M. (eds.). Evolution and Palaeobiology of Pterosaurs. Geological Society of London, Special Publications, 217. p.87

7   Darren Naish et al. Neck biomechanics indicate that giant Transylvanian azhdarchid pterosaurs were short-necked arch predators, PeerJ (2017). DOI: 10.7717/peerj.2908

8   Scott, C. (2012). "Change of Die". In McArthur, C. & Reyal, M. Planet Dinosaur. Firefly Books. pp. 200–208. I

9   Sereno, Paul C.; Larson, Hans C. E.; Sidor, Christian A.; Gado, Boubé (2001). "The Giant Crocodyliform Sarcosuchus from the Cretaceous of Africa". Science. 294 (5546): 1516–9. Bibcode:2001Sci...294.1516S. doi:10.1126/science.106652

10 Blanco, R. E.; Jones, W. W.; Villamil, J. N. (2014-04-16). "The 'death roll' of giant fossil crocodyliforms (Crocodylomorpha: Neosuchia): Allometric and skull strength analysis". Historical Biology. 27 (5): 1.

11 Schwimmer, David R. (2002). "The Life and Times of a Giant Crocodylian". King of the Crocodylians: The Paleobiology of Deinosuchus. Indiana University Press. pp. 1–16.

12 Erickson, G.M., Gignac, P.M., Steppan, S.J., Lappin, A.K., Vliet, K.A., Brueggen, J.D., Inouye, B.D., Kledzik, D., Webb, G.J.W. (2012). "Insights into the Ecology and Evolutionary Success of Crocodilians Revealed through Bite-Force and Tooth-Pressure Experimentation". PLoS ONE. 7 (3): e31781. Bibcode:2012PLoSO...731781E. doi:10.1371/journal.pone.0031781. PMC 3303775 Freely accessible. PMID 22431965.

13 Brochu, Christopher A. (2003). "Review of King of the Crocodylians: The Paleobiology of Deinosuchus". Palaios. 18 (1): 79-82. doi:10.1669/0883-

14 Schwimmer, David R.; Williams, G. Dent (1996). "New specimens of Deinosuchus rugosus, and further evidence of chelonivory by Late Cretaceous eusuchian crocodiles". Journal of Vertebrate Paleontology. 16 (Supplement to 3): 64

chapter 13

1 Pimiento, Catalina; Dana J. Ehret; Bruce J. MacFadden; Gordon Hubbell (10 May 2010). Stepanova, Anna, ed. "Ancient Nursery Area for the Extinct Giant Shark Megalodon from the Miocene of Panama". PLoS ONE. Panama: PLoS.org. 5 (5): e10552. Bibcode:2010PLoSO...510552P. doi:10.1371/journal.pone.0010552

2 Pimiento, C.; Clements, C. F. (2014-10-22). "When Did Carcharocles megalodon Become Extinct? A New Analysis of the Fossil Record". PLoS ONE. 9 (10): e111086. doi:10.1371/journal.pone.0111086

3 Pimiento, C.; Clements, C. F. (2014-10-22). "When Did Carcharocles megalodon Become Extinct? A New Analysis of the Fossil Record". PLoS ONE. 9 (10): e111086. doi:10.1371/journal.pone.0111086

4 Klimley, Peter; Ainley, David (1996). Great White Sharks: The Biology of Carcharodon carcharias. Academic Press.

5 Wroe, S.; Huber, D. R.; Lowry, M.; McHenry, C.; Moreno, K.; Clausen, P.; Ferrara, T. L.; Cunningham, E.; Dean, M. N.; Summers, A. P. (2008). "Three-dimensional computer analysis of white shark jaw mechanics: how hard can a great white bite?" (PDF). Journal of Zoology. 276 (4): 336-342. doi:10.1111/j.1469-7998.2008.00494.x

6 Pimiento, C.; MacFadden, B. J.; Clements, C. F.; Varela, S.; Jaramillo, C.; Velez-Juarbe, J.; Silliman, B. R. (2016-03-30). "Geographical distribution patterns of Carcharocles megalodon over time reveal clues about extinction mechanisms". Journal of Biogeography. 43 (8): 1645-1655. doi:10.1111/jbi.12754

7 Grigoriev, D.W. (2014). "Giant Mosasaurus hoffmanni (Squamata, Mosasauridae) from the Late Cretaceous (Maastrichtian) of Penza, Russia". Proceedings of the Zoological Institute RAS. Russia. 318 (2): 148-167. Retrieved 26 June 2016.

8 Lindgren, J. (2005). "The first record of Hainosaurus (Reptilia, Mosasauridae) from Sweden". Journal of Paleontology. 79 (6). doi:10.1666/0022-

9 G. L. Bell, Jr.; Polcyn, M. J. (2005). "Dallasaurus turneri, a new primitive mosasauroid from the Middle Turonian of Texas and comments on the phylogeny of the Mosasauridae (Squamata)." Netherlands Journal of Geoscience (Geologie en Mijnbouw) 84 (3) pp. 177-194.

10 Huene, F. von (1937). "Die Frage nach der Herkunft der Ichthyosaurier". Bulletin of the Geological Institute Uppsala. 27: 1-9.

11 Michael W. Maisch (2010). "Phylogeny, systematics, and origin of the Ichthyosauria – the state of the art" (PDF). Palaeodiversity. 3: 151–214.

12 Caldwell, M. W. (1996). "Ichthyosauria: A preliminary phylogenetic analysis of diapsid affinities". Neues Jahrbuch für Geologie und Paläontologie, Abhandlungen. 200: 361–386.

13 Motani; et al. (2014). "A basal ichthyosauriform with a short snout from the Lower Triassic of China". Nature. doi:10.1038/nature13866

14 Ryosuke Motani, Da-yong Jiang, Andrea Tintori, Olivier Rieppel, Guan-bao Chen.Terrestrial Origin of Viviparity in Mesozoic Marine Reptiles Indicated by Early Triassic Embryonic Fossils. PLoS ONE, 2014; 9 (2): e88640 DOI:10.1371/journal.pone.0088640

15 Kosch, Bradley F. (1990). "A revision of the skeletal reconstruction of Shonisaurus popularis (Reptilia: Ichthyosauria)". Journal of Vertebrate Paleontology. 10 (4): 512–514.

16 Ji, C.; Jiang, D. Y.; Motani, R.; Hao, W. C.; Sun, Z. Y.; Cai, T. (2013). "A new juvenile specimen of Guanlingsaurus (Ichthyosauria, Shastasauridae) from the Upper Triassic of southwestern China". Journal of Vertebrate Paleontology. 33 (2): 340. doi:10.1080/02724634.2013.723082

17 Sander, P. Martin; Chen, Xiaohong; Cheng, Long; Wang, Xiaofeng (2011). Claessens, Leon, ed. "Short-Snouted Toothless Ichthyosaur from China Suggests Late Triassic Diversification of Suction Feeding Ichthyosaurs". PLoS ONE. 6 (5): e19480. doi:10.1371/journal.pone.0019480

18 McGowan, C. (1995). "Temnodontosaurus risor is a Juvenile of T. platyodon (Reptilia: Ichthyosauria)". Journal of Vertebrate Paleontology. 14 (4): 472–479

19 Valentin Fischer; Michael W. Maisch; Darren Naish; Ralf Kosma; Jeff Liston; Ulrich Joger; Fritz J. Krüger; Judith Pardo Pérez; Jessica Tainsh; Robert M. Appleby (2012). "New Ophthalmosaurid Ichthyosaurs from the European Lower Cretaceous Demonstrate Extensive Ichthyosaur Survival across the Jurassic-Cretaceous Boundary". PLoS ONE. 7 (1): e29234. PMC 3250416 Freely accessible. PMID 22235274. doi:10.1371/journal.pone.0029234.

20 Bardet, N (1992). "Stratigraphic evidence for the extinction of the ichthyosaurs". Terra Nova. 4 (6): 649–656. doi:10.1111/j.1365–3121.1992. tb00614.x.

21 Espen M. Knutsen, Patrick S. Druckenmiller and J ø rn H. Hurum (2012). "A new species of Pliosaurus (Sauropterygia: Plesiosauria) from the Middle Volgian of central Spitsbergen, Norway". Norwegian Journal of Geology. 92 (2–3): 235–258.

22 Kear BP. 2003. Cretaceous marine reptiles of Australia: a review of taxonomy and distribution. Cretaceous Research 24: 277–303.

23 McHenry, Colin R. "Devourer of Gods: The Palaeoecology of the Cretaceous Pliosaur Kronosaurus Queenslandicus." The University of Newcastle Australia, Apr. 2009.

24 O'Gorman, J.P. (2016). "A Small Body Sized Non-Aristonectine Elasmosaurid (Sauropterygia, Plesiosauria) from the Late Cretaceous of Patagonia with Comments on the Relationships of the Patagonian and Antarctic Elasmosaurids". Ameghiniana. 53 (3): 245–268. doi:10.5710/AMGH.29.11.2015.2928.

25 Landois, H. 1895. Die Riesenammoniten von Seppenrade, Pachydiscus Zittel Seppenradensis H. Landois. Jahresbericht des Westfälischen Provinzial-Vereins für Wissenschaft und Kunst 23: 99–108.

26 Teichert, C. & B. Kummel 1960. Size of endoceroid cephalopods. Breviora Museum of Comparative Zoology 128: 1–7.

27 Teichert, C. & B. Kummel 1960. Size of endoceroid cephalopods. Breviora Museum of Comparative Zoology 128: 1–7.

28 Anderton, H.J. 2007. Amazing specimen of world's largest squid in NZ. New Zealand Government website.

29 "NZ fishermen land colossal squid". BBC News. 2007-02-22. Retrieved 2015-08-02.

30 Nilsson et al. A Unique Advantage for Giant Eyes in Giant Squid. Current Biology, March 15, 2012 DOI:10.1016/j.cub.2012.02.031

31 Gingerich, Philip D.; Wells, N. A.; Russell, Donald E.; Shah, S. M. Ibrahim (April 22, 1983). "Origin of Whales in Epicontinental Remnant Seas: New Evidence from the Early Eocene of Pakistan" (PDF). Science. 220 (4595): 403–6. doi:10.1126/science.220.4595.40

32 Konami Ando, Shin-ichi Fujiwara, Farewell to life on land – thoracic strength as a new indicator to determine paleoecology in secondary aquatic mammals, First published: 10 July 2016 DOI: 10.1111/joa.12518

33 Snively, Eric; Fahlke, Julia M.; Welsh, Robert C. (25 February 2015). "Bone-Breaking Bite Force of Basilosaurus isis (Mammalia, Cetacea) from the Late Eocene of Egypt Estimated by Finite Element Analysis". PLOS ONE. 10 (2): e0118380. doi:10.1371/journal.pone.0118380

34 Lambert, Olivier; Bianucci, Giovanni; Post, Klaas; de Muizon, Christian; Salas-Gismondi, Rodolfo; Urbina, Mario; Reumer, Jelle (1 July 2010). "The giant bite of a new raptorial sperm whale from the Miocene epoch of Peru". Nature. 466 (7302): 105–108.

35 "Assessment and Update Status Report on the Blue Whale Balaenoptera musculus" (PDF). Committee on the Status of Endangered Wildlife in Canada. 2002. Retrieved 19 April 2007.

36 Current Biology, Lambert et al.: "Earliest Mysticete from the Late Eocene of Peru Sheds New Light on the Origin of Baleen Whales" http://www.cell.com/current-biology/fulltext/S0960-9822(17)30435-9 , DOI: 10.1016/j.cub.2017.04.026

37 Independent evolution of baleen whale gigantism linked to Plio-Pleistocene ocean dynamics, Proceedings of the Royal Society B, rspb.royalsocietypublishing.org/lookup/doi/10.1098/rspb.2017.0546

chapter 14

1 http://www.nature.com/news/south-korea-surrenders-to-creationist-demands-1.10773

2 Erickson, Gregory M.; Rauhut, Oliver W. M.; Zhou, Zhonghe; Turner, Alan H.; Inouye, Brian D.; Hu, Dongyu; Norell, Mark A. (2009). Desalle, Robert, ed. "Was Dinosaurian Physiology Inherited by Birds? Reconciling Slow Growth in Archaeopteryx". PLoS ONE. 4 (10): e7390. Bibcode:2009PLoSO...4.7390E. doi:10.1371/journal.pone.0007390. PMC 2756958

3 Senter, P. (2006). "Scapular orientation in theropods and basal birds and the origin of flapping flight". Acta Palaeontologica Polonica. 51 (2): 305–313.

4 Chatterjee, S.; Templin, R.J. (2007). "Biplane wing planform and flight performance of the feathered dinosaur Microraptor gui". Proceedings of the National Academy of Sciences. 104 (5): 1576–1580. doi:10.1073/pnas.0609975104. PMC 1780066 Freely accessible. PMID 17242354.

5 Chatterjee, S. (1991). "Cranial anatomy and relationships of a new Triassic bird from Texas." Philosophical Transactions of the Royal Society B: Biological Sciences, 332: 277–342.

6 Bono, R.K.; Clarke, J.; Tarduno, J.A.; Brinkman, Donald (2016). "A Large Ornithurine Bird (Tingmiatornis arctica) from the Turonian High Arctic: Climatic and Evolutionary Implications". Scientific Reports. 6. doi:10.1038/srep38876

7 Blanco, R. E.; Jones, W. W. (2005). "Terror birds on the run: a mechanical model to estimate its maximum running speed". Proceedings of the Royal Society B. 272 (1574): 1769–1773. doi:10.1098/rspb.2005.3133. PMC 1559870 Freely accessible. PMID 16096087.

8 Alvarenga, H. M. F.; Höfling, E. (2003). "Systematic revision of the Phorusrhacidae (Aves: Ralliformes)". Papéis Avulsos de Zoologia. 43 (4): 55–91. doi:10.1590/S0031-10492003000400001

9 MacFadden, Bruce J.; Labs-Hochstein, Joann; Hulbert, Richard C.; Baskin, Jon A. (2007). "Revised age of the late Neogene terror bird (Titanis) in North America during the Great American Interchange". Geology. 35 (2): 123–126. doi:10.1130/G23186A.1

10 Bertelli, S.; Chiappe, L. M.; Tambussi, C. (2007). "A new phorusrhacid (Aves: Cariamae) from the middle Miocene of Patagonia, Argentina". Journal of Vertebrate Paleontology. 27 (2): 409. doi:10.1671/0272-4634(2007)27[409:ANP ACF]2.0.CO;2

11 Alvarenga, Herculano M. F. & Höfling, Elizabeth (2003): Systematic revision of the Phorusrhacidae (Aves: Ralliformes). Papéis Avulsos de Zoologia 43(4): 55–91

12 Witmer, Lawrence; Rose, Kenneth (1991). "Biomechanics of the jaw apparatus of the gigantic Eocene bird Diatryma: Implications for diet and mode of life". Paleobiology. 17 (2): 95–120.

13 Angst D.; Lécuyer C.; Amiot R.; Buffetaut E.; Fourel F.; Martineau F.; Legendre S.; Abourachid A.; Herrel A. (2014). "Isotopic and anatomical evidence of an herbivorous diet in the Early Tertiary giant bird Gastornis. Implications for the structure of Paleocene terrestrial ecosystems". Naturwissenschaften. 101: 313–322. doi:10.1007/s00114-014-1158-2

14 https://phys.org/news/2016-02-ancestor-biggest-bird.html

15 Frédérik Saltré et al. Climate change not to blame for late Quaternary megafauna extinctions in Australia, Nature Communications (2016). DOI: 10.1038/ncomms10511

16 Alexander, R. M. (1998). "All-time giants: the largest animals and their problems". Palaeontology. 41 (6): 1231–1245.

17 Spotila, J. R., Weinheimer, C. J., & Paganelli, C. V. (1981). Shell resistance and evaporative water loss from bird eggs: effects of wind speed and egg size. Physiological zoology, 195–202.

18 Chatterjee, S.; Templin, R. J.; Campbell, K. E. (2007-07-24). "The aerodynamics of Argentavis, the world's largest flying bird from the

Miocene of Argentina". Proceedings of the National Academy of Sciences of the United States of America. 104 (30): 12398–12403. doi:10.1073/pnas.0702040104. PMC 1906724 . PMID 17609382.

19 Ksepka, D.T. (2004). "Flight performance of the largest volant bird". Proceedings of the National Academy of Sciences of the United States of America. 111 (29): 10624–10629. Bibcode:2014PNAS..11110624K. PMC 4115518

20 Ksepka, D. T. (7 July 2014). "Flight performance of the largest volant bird". Proceedings of the National Academy of Sciences. 111: 10624–10629. PMC 4115518

21 Ciofi, Claudio (2004). Varanus komodoensis. Varanoid Lizards of the World. Bloomington & Indianapolis: Indiana University Press. pp. 197–204. ISBN 0-253-34366-6.

22 Montgomery, JM; Gillespie, D; Sastrawan, P; Fredeking, TM; Stewart, GL (2002). "Aerobic salivary bacteria in wild and captive Komodo dragons" (PDF). Journal of wildlife diseases. 38 (3): 545–51.

23 Goldstein E.J.C., Tyrrell K.L., Citron D.M., Cox C.R., Recchio I.M., Okimoto B., Bryja J. & Fry B.G.; Tyrrell; Citron; Cox; Recchio; Okimoto; Bryja; Fry (2013). "Anaerobic and aerobic bacteriology of the saliva and gingiva from 16 captive Komodo dragons (Varanus Komodoensis): New implications for the "Bacteria as Venom" model". Journal of Zoo and Wildlife Medicine. 44 (2): 262–272.

24 Fry BG, Wroe S, Teeuwisse W, et al. (2009). "A central role for venom in predation by Varanus komodoensis (Komodo Dragon) and the extinct giant Varanus (Megalania) priscus". Proc. Natl. Acad. Sci. U.S.A. 106 (22): 8969–74. Bibcode:2009PNAS..106.8969F. PMC 2690028

25 Hecht, M. (1975). "The morphology and relationships of the largest known terrestrial lizard, Megalania prisca Owen, from the Pleistocene of Australia". Proceedings of the Royal Society of Victoria. 87: 239–250.

26 David M. Martill; Helmut Tischlinger; Nicholas R. Longrich (2015). "A four-legged snake from the Early Cretaceous of Gondwana". Science. 349 (6246): 416–419.

27 Hongyu Yi, Mark A. Norell. The burrowing origin of modern snakes, Science Advances, DOI: 10.1126/sciadv.1500743

28 Head, J. J.; Bloch, J. I.; Hastings, A. K.; Bourque, J. R.; Cadena, E. A.; Herrera, F. A.; Polly, P. D.; Jaramillo, C. A. (2009). "Giant boid snake from the paleocene neotropics reveals hotter past equatorial temperatures". Nature. 457 (7230): 715–718.

29 Head, J.; Polly, D. (2004). "They might be giants: morphometric methods for reconstructing body size in the world's largest snakes". Journal of Vertebrate Paleontology. 24 (Supp. 3): 68A-69A.

30 Rivas, Jesús Antonio (2000). The life history of the green anaconda (Eunectes murinus), with emphasis on its reproductive Biology (Ph.D. thesis). University of Tennessee.

31 Barker, David G.; Barten, Stephen L.; Ehrsam, Jonas P.; Daddono, Louis (2012). "The Corrected Lengths of Two Well-known Giant Pythons and the Establishment of a new Maximum Length Record for Burmese Pythons, Python bivittatus". Bull. Chicago Herp. Soc. 47 (1): 1-6.

chapter 15

1 Jenkins FA Jr, Parrington FR. The postcranial skeletons of the Triassic mammals Eozostrodon, Megazostrodon and Erythrotherium. Philos Trans R Soc Lond B Biol Sci. 1976 Feb 26;273(926):387-431.

2 Line, S. R. P.; Novaes, P. D. (2005). "The development and evolution of mammalian enamel: Structural and functional aspects". Brazilian Journal of Morphological Sciences. 22 (2): 67-72.

3 Alexander F. H. van Nievelt and Kathleen K. Smith, "To replace or not to replace: the significance of reduced functional tooth replacement in marsupial and placental mammals", Paleobiology, Volume 31, Issue 2 (June 2005) pages 324-346

4 Luo ZX, Gatesy SM, Jenkins FA Jr, Amaral WW, Shubin NH. Mandibular and dental characteristics of Late Triassic mammaliaform Haramiyavia and their ramifications for basal mammal evolution. Proc Natl Acad Sci U S A. 2015 Dec 22;112(51):E7101-9.

5 Ji, Q., Z.-X. Luo, C.-X. Yuan, A. R. Tabrum. February 24, 2006. "A swimming mammaliaform from the Middle Jurassic and ecomorphological diversification of early mammals". Science, 311:5764 pp.1123-1127. http://science.sciencemag.org/content/311/5764/1123

6 Williamson TE, Brusatte SL, Wilson GP (2014) The origin and early evolution of metatherian mammals: the Cretaceous record. ZooKeys 465: 1-76. DOI: 10.3897/zookeys.465.8178

7 Heinrich, R.E.; Strait, S.G.; Houde, P. (2008). "Earliest Eocene Miacidae (Mammalia: Carnivora) from northwestern Wyoming". Journal of

Paleontology. 82 (1): 154–162. doi:10.1666/05-118.1

8 Michale Morlo, Stéphane Peigné, and Doris Nagel (January 2004). "A new species of Prosansanosmilus: implications for the systematic relationships of the family Barbourofelidae new rank (Carnivora, Mammalia)". Zoological Journal of the Linnean Society. 140 (1): 43. doi:10.1111/j.1096-3642.2004.00087. x.

9 Christiansen, Per; Harris, John M. (2005). "Body size of Smilodon (Mammalia: Felidae)". Journal of Morphology. 266 (3): 369–84. PMID 16235255. doi:10.1002/jmor.10384.

10 Hecht, J. (1 October 2007). "Sabre-tooth cat had a surprisingly delicate bite". New Scientist. The study used finite element analysis, a computerized technique common in engineering.

11 McHenry, C. R.; Wroe, S.; Clausen, P. D.; Moreno, K.; Cunningham, E. (2007). "Supermodeled sabercat, predatory behavior in Smilodon fatalis revealed by high-resolution 3D computer simulation". PNAS. 104 (41): 16010–16015. Bibcode:2007PNAS..10416010M. PMC 2042153 Freely accessible. PMID 17911253. doi:10.1073/pnas.0706086104.

12 Anyonge, W. (1996). "Microwear on canines and killing behavior in large carnivores: saber function in Smilodon fatalis". Journal of Mammalogy. 77 (4): 1059–1067. JSTOR 1382786. doi:10.2307/1382786.

13 Christiansen, Per, & Harris, John M. (2009). "Craniomandibular Morphology and Phylogenetic Affinities of Panthera atrox: Implications for the Evolution and Paleobiology of the Lion Lineage". Journal of Vertebrate Paleontology. 29 (3): 934–945. doi:10.1671/039.029.0314.

14 DeSantis, L. R. G.; Schubert, B. W.; Scott, J. R.; Ungar, P. S. (2012). "Implications of diet for the extinction of saber-toothed cats and American lions". PLoS ONE. 7 (12): e52453. Bibcode:2012PLoSO...752453D. PMC 3530457 Freely accessible. PMID 23300674. doi:10.1371/journal.pone.0052453.

15 Figueirido; et al. (2010). "Demythologizing Arctodus simus, the 'short-faced' long-legged and predaceous bear that never was". Journal of Vertebrate Paleontology. 30 (1): 262–275. doi:10.1080/02724630903416027.

16 Figueirido; et al. (2010). "Demythologizing Arctodus simus, the 'short-faced' long-legged and predaceous bear that never was". Journal of Vertebrate Paleontology. 30 (1): 262–275. doi:10.1080/02724630903416027.

17 Bocherens, H.; Emslie, S. D.; Billiou, D.; Mariotti A. (1995). "Stable isotopes (13C, 15N) and paleodiet of the giant short-faced bear (Arctodus simus)". CR Acad Sci. 320: 779–784

18 Donohue, Shelly L.; DeSantis, Larisa R. G.; Schubert, Blaine W.; Ungar, Peter S. (2013). "Was the Giant Short-Faced Bear a Hyper-Scavenger? A New Approach to the Dietary Study of Ursids Using Dental Microwear Textures". PLoS One. 8 (10): e77531. doi:10.1371/journal.pone.0077531

19 Soibelzon, L. H.; Schubert, B. W. (January 2011). "The Largest Known Bear, Arctotherium angustidens, from the Early Pleistocene Pampean Region of Argentina: With a Discussion of Size and Diet Trends in Bears". Journal of Paleontology. Paleontological Society. 85 (1): 69–75. doi:10.1666/10-037.1. Retrieved 2011-06-01.

20 Kieren J. Mitchell; Sarah C. Bray; Pere Bover; Leopoldo Soibelzon; Blaine W. Schubert; Francisco Prevosti; Alfredo Prieto; Fabiana Martin; Jeremy J. Austin & Alan Cooper (2016). "Ancient mitochondrial DNA reveals convergent evolution of giant short-faced bears (Tremarctinae) in North and South America". Biology Letters. 12 (4): 20160062. PMC 4881349 Freely accessible. PMID 27095265. doi:10.1098/rsbl.2016.0062.

21 Roberts, R. G.; Flannery, T. F.; Ayliffe, L. K.; Yoshida, H.; Olley, J. M.; Prideaux, G. J.; Laslett, G. M.; Baynes, A.; Smith, M. A.; Jones, R.; Smith, B. L. (2001-06-08). "New Ages for the Last Australian Megafauna: Continent-Wide Extinction About 46,000 Years Ago". Science. 292 (5523): 1888–1892. Bibcode:2001Sci...292.1888R. PMID 11397939. doi:10.1126/science.1060264.

22 Mussi, M.; Villa, P. (2008). "Single carcass of Mammuthus primigenius with lithic artifacts in the Upper Pleistocene of northern Italy". Journal of Archaeological Science. 35 (9): 2606–2613. doi:10.1016/j.jas.2008.04.014.

23 Aviss, B. (4 April 2012). "Woolly mammoth carcass may have been cut into by humans". BBC. Retrieved 9 April 2012. http://www.bbc.co.uk/nature/17525070

24 Overstreet, D. F.; Kolb, M. F. (2003). "Geoarchaeological contexts for Late Pleistocene archaeological sites with human-modified woolly mammoth remains in southeastern Wisconsin, U.S.A". Geoarchaeology. 18: 91–114. doi:10.1002/gea.10052.

25 Grayson, Donald K.; Meltzer, David J. (December 2012). "Clovis Hunting and Large Mammal Extinction: A Critical Review of the Evidence". Journal of World Prehistory. 16 (4): 313–359. doi:10.1023/A:1022912030020. Retrieved 20 April 2015.

26 Grayson, Donald K.; Meltzer, David J. (December 2012). "Clovis Hunting and Large Mammal Extinction: A Critical Review of the Evidence". Journal of World Prehistory. 16 (4): 313–359. doi:10.1023/A:1022912030020. Retrieved 20 April 2015.

chapter 16

1 Christiansen, Per (2008). "Phylogeny of the great cats (Felidae: Pantherinae), and the influence of fossil taxa and missing characters". Cladistics. 24 (6): 977–992. doi:10.1111/j.1096-0031.2008.00226.x.

2 Burger, J.; Rosendahl, W.; Loreille, O.; Hemmer, H.; Eriksson, T.; Götherström, A.; Hiller, J.; Collins, M. J.; Wess, T.; Alt, K. W. (2004). "Molecular phylogeny of the extinct cave lion Panthera leo spelaea". Molecular Phylogenetics and Evolution. 30 (3): 841–849. PMID 15012963. doi:10.1016/j.ympev.2003.07.020. Retrieved 2011-12-17.

3 Chardonnet, P. (2002). Conservation of African lion. Paris, France: International Foundation for the Conservation of Wildlife.

4 Bauer, H.; Packer, C.; Funston, P.F.; Henschel, P.; Nowell, K. (2016). "Panthera leo". IUCN Red List of Threatened Species. Version 2016.2. International Union for Conservation of Nature.

5 http://spectrum.ieee.org/energy/environment/planet-of-the-cows

6 FAOSTAT. [Agricultural statistics database] Food and Agriculture Organization of the United Nations, Rome. http://faostat3.fao.org/

7 Mekonnen, M.M.; Hoekstra, A.Y. The Green, Blue and Grey Water Footprint of Farm Animals and Animal Products. Value of Water Research Report Series no. 48, UNESCO-IHE, Delft, the Netherlands, 2010.

8 Mekonnen, M.M.; Hoekstra, A.Y. The Green, Blue and Grey Water Footprint of Farm Animals and Animal Products. Value of Water Research Report Series no. 48, UNESCO-IHE, Delft, the Netherlands, 2010.

9 teinfeld, Henning; Gerber, Pierre; Wassenaar, Tom; Castel, Vincent; Rosales, Mauricio; de Haan, Cees (2006), Livestock's Long Shadow: Environmental Issues and Options (PDF), Rome: FAO

10 Barreto, P.; Souza Jr. C.; Noguerón, R.; Anderson, A. & Salomão, R. 2006. Human Pressure on the Brazilian Amazon Forests. Imazon. Retrieved September 28, 2006.

11 http://www.fao.org/faostat/en/#data/

12 IPCC. Climate Change 2013: The physical Science Basis. United Nations Environment Programme, 2013:Ch.6, p.507 IPCC.ch

13 http://www.fao.org/faostat/en/#data/

14 "Human alteration of the nitrogen cycle, threats, benefits and opportunities" Archived 14 January 2009 at the Wayback Machine. UNESCO – SCOPE Policy briefs, April 2007

15 teinfeld, Henning; Gerber, Pierre; Wassenaar, Tom; Castel, Vincent; Rosales, Mauricio; de Haan, Cees (2006), Livestock's Long Shadow: Environmental Issues and Options (PDF), Rome: FAO

16 Vitousek, P.M.; Mooney, H.A.; Lubchenco, J.; Melillo, J.M. (1997). "Human Domination of Earth's Ecosystemsz". Science. 277 (5325): 494–99. doi:10.1126/science.277.5325.494.

17 Pimentel, D.; Berger, D.; Filberto, D.; Newton, M.; et al. (2004). "Water Resources: Agricultural and Environmental Issues". BioScience. 54 (10): 909–18. doi:10.1641/0006-3568(2004)054[0909:WRAAEI]2.0.CO;2

18 Jin-Soo Kim et al. Reduced North American terrestrial primary productivity linked to anomalous Arctic warming, Nature Geoscience (2017). DOI: 10.1038/ngeo2986

전파과학사에서는 독자 여러분의 책에 관한 아이디어와 원고 투고를 기다리고 있습니다. 전파과학사의 임프린트 디아스포라 출판사는 종교(기독교), 경제·경영서, 문학, 건강, 취미 등 다양한 장르의 국내 저자와 해외 번역서를 준비하고 있습니다. 출간을 고민하고 계신 분들은 이메일 chonpa2@hanmail.net로 간단한 개요와 취지, 연락처 등을 적어 보내주세요.

포식자: 박테리아에서 인간까지

—

초판 1쇄 인쇄 2018년 2월 12일
초판 1쇄 발행 2018년 2월 21일

—

지은이 정주영
펴낸이 손영일
편 집 이이재
디자인 황지영

—

펴낸곳 전파과학사
출판등록 1956년 7월 23일 제10-89호
주 소 서울시 서대문구 증가로 18, 204호
전 화 02-333-8877(8855)
팩 스 02-334-8092
이메일 chonpa2@hanmail.net
홈페이지 www.s-wave.co.kr
블로그 http://blog.naver.com/siencia

ISBN 978-89-7044-798-8 (30470)